"十三五"国家重点图书出版规划项目

哈佛大学植物标本馆
馆藏中国维管束植物
模式标本集

第7卷

双子叶植物纲（6）

Chinese Type Specimens of Vascular Plants Deposited in Harvard University Herbaria

Volume 7

DICOTYLEDONEAE(6)

国家植物标本资源库　中国科学院植物研究所系统与进化植物学国家重点实验室　编

林　祁　包伯坚　刘慧圆　编著

National Plant Specimen Resource Center & State Key Laboratory of Systematic and Evolutionary Botany, Institute of Botany, the Chinese Academy of Sciences Edit

Editors LIN Qi, BAO Bojian & LIU Huiyuan

河南科学技术出版社

·郑州·

图书在版编目（CIP）数据

哈佛大学植物标本馆馆藏中国维管束植物模式标本集 . 第 7 卷，双子叶植物纲 . 6 / 国家植物标本资源库，中国科学院植物研究所系统与进化植物学国家重点实验室编；林祁，包伯坚，刘慧圆编著 . —郑州：河南科学技术出版社 , 2022.9

ISBN 978-7-5725-0951-3

Ⅰ . ①哈… Ⅱ . ①国… ②中… ③林… ④包… ⑤刘… Ⅲ . ①双子叶植物—标本—中国—图集 Ⅳ . ① Q949.408-34

中国版本图书馆 CIP 数据核字 (2022) 第 129347 号

出版发行：河南科学技术出版社
地址：郑州市郑东新区祥盛街 27 号　邮编：450016
电话：（0371）65737028 65788613
网址：www.hnstp.cn
总 策 划：周本庆
策划编辑：杨秀芳　陈淑芹
责任编辑：崔军英
责任校对：耿宝文
整体设计：张　伟　张德琛
责任印制：朱　飞
印　　刷：北京盛通印刷股份有限公司
经　　销：全国新华书店
开　　本：720 mm × 1 000 mm　1/8　**印张**：63.5　**字数**：507 千字
版　　次：2022 年 9 月第 1 版　2022 年 9 月第 1 次印刷
定　　价：1600.00 元

前　言

哈佛大学植物标本馆成立于1864年，是世界十大植物标本馆之一，目前由6个标本室（A、AMES、ECON、FH、GH、NEBC）组成，馆藏植物标本500余万份，其中有模式标本10万余份，特别是有中国维管束植物模式标本1万余份（含主模式、等模式、后选模式、等后选模式、新模式、等新模式、附加模式、等附加模式、合模式、等合模式、副模式、等副模式）。

书中所收录的模式标本是在同一学名下（种、亚种、变种、变型）遴选出1份或2份（雌株和雄株标本或花期和果期标本）最重要的馆藏模式标本，经整理并扫描后编撰而成《哈佛大学植物标本馆馆藏中国维管束植物模式标本集》（共11卷）。

全套书共收有模式标本5 459份，含1 405份主模式、2 842份等模式、12份后选模式、48份等后选模式、2份新模式、1份等新模式、1份附加模式、270份合模式、829份等合模式、22份副模式、27份等副模式。这些标本隶属于177科、1 013属、4 410种、20亚种、860变种和85变型。全书各科依据《中国植物志》系统排列，属、种、亚种、变种、变型的名称按字母顺序排列。每张扫描模式标本相片的图注解释均标注中名、学名、原始文献、模式类型（主模式、等模式、后选模式、等后选模式、新模式、等新模式、附加模式、等附加模式、合模式、等合模式、副模式、等副模式）、采集地点（国名、省名、县名、山名）、海拔、采集时间（年－月－日）、采集人和采集号。本书中的采集人根据《中国植物标本馆索引》（傅立国，1993）书写，采集地根据《中国地名录——中华人民共和国地图集地名索引》（国家测绘局地名研究所，1995）书写。

本套书是研究与鉴定中国植物的重要著作，可供国内外植物分类学者及有关植物学科研、教学和生产部门人员参考。

第7卷包括被子植物门双子叶植物纲卫矛科至猕猴桃科的模式标本（翅子藤科、省沽油科和茶茱萸科排在第6卷，鼠李科编排在第5卷），共479份，含133份主模式、236份等模式、2份后选模式、3份等后选模式、1份新模式、33份合模式、65份等合模式、6份等副模式，隶属于14科、56属、355种、3亚种、102变种和7变型。

感谢国家标本资源共享平台负责人马克平研究员、植物标本子平台负责人覃海宁研究员，以及哈佛大学植物标本馆馆长Charles Davis教授和David E. Boufford教授在本书编撰过程中给予的支持和帮助。

林祁

2021年1月

Introduction

Harvard University Herbaria were founded in 1864 and it is one of the top ten largest herbaria in the world. The Harvard University Herbaria include six integrated herbaria and they are Herbarium of the Arnold Arboretum (A), Oakes Ames Orchid Herbarium (AMES), Economic Herbarium of Oakes Ames (ECON), Farlow Herbarium (FH), Gray Herbarium (GH) and New England Botanical Club Herbarium (NEBC). The current collections contain more than five million specimens and over 100 thousand type specimens of vascular plants and mosses. Especially included are more than 10,000 type specimens (holotype, isotype, lectotype, isolectotype, neotype, isoneotype, epitype, isoepitype, syntype, isosyntype, paratype, isoparatype) of Chinese plants.

Type specimens in this book were produced by selecting the most important type specimens deposited at Harvard University Herbaria under the same scientific name (species, subspecies, variety and form), and then they were also reviewed and scanned. After compilation,***Chinese Type Specimens of Vascular Plants Deposited in Harvard University Herbaria*** which consists of 11 volumes is completed.

Chinese Type Specimens of Vascular Plants Deposited in Harvard University Herbaria includes 5 459 type specimens, comprising 1 405 holotypes, 2 842 isotypes, 12 lectotypes, 48 isolectotypes, 2 neotypes, 1 isoneotype, 1 epitype, 270 syntypes, 829 isosyntypes, 22 paratypes, 27 isoparatypes, and belonging to 177 families, 1 013 genera, 4 410 species, 20 subspecies, 860 varieties and 85 forms. The taxa are arranged by family according to the system of ***Flora Reipublicae Popularis Sinicae***. Infra-family taxa are alphabetized by genera, species, subspecies, varieties and forms. The explanation of each taxon is listed in the figure caption with Chinese name, scientific name, original publication, nature of specimen (holotype/ isotype/ lectotype/ isolectotype/ neotype/ isoneotype/ epitype/ isoepitype/ syntype/ isosyntype/ paratype/ isoparatype), type locality (country/ province/ county/ mountain if present), altitude, collection date, collector and collection number. The collector and type locality in this book follow ***Index Herbariorum Sinicorum*** (L. K. Fu, 1993) and ***Gazetteer of China***: ***An Index to the Atlas of the People's Republic of China*** (Chinese Academy of Surveying & Mapping, 1995) respectively.

This book is a very important works for researching and identifying Chinese plants. It could also be used as a reference by plant taxonomists and people from botanic research institutions, educational institutions and production departments at home and abroad.

Volume 7 of ***Chinese Type Specimens of Vascular Plants Deposited in Harvard University Herbaria*** includes 479 type specimens from Celastraceae to Actinidiaceae (Hippocrateaceae, Staphyleaceae and Icacinaceae in Volume 6, Rhamnaceae in Volume 5), comprising 133 holotypes, 236 isotypes, 2 lectotypes, 3 isolectotypes, 1 neotype, 33 syntypes, 65 isosyntypes, 6 isoparatypes, and belonging to 14 families, 56 genera, 355 species, 3 subspecies, 102 varieties and 7 forms.

Greatest thanks to the director MA Keping of National Specimen Information Infrastructure (NSII) and Prof. QIN Haining, and the curator Charles Davis of Harvard University Herbaria and Prof. David E. Boufford, for their support and help throughout the publication of the book.

Lin Qi

January 2021

目录／Contents

双子叶植物纲（6）
Dicotyledoneae (6)

卫矛科
Celastraceae

过山枫 ***Celastrus aculeata*** Merr. in Lingnan Sci. J. 13(1): 37. 1934. **Isotype:** China. Guangdong: Zengcheng, 1932-04-04, W. T. Tsang 20092 (A).

小南蛇藤 ***Celastrus articulatus*** Thunb. var. ***cuneata*** Rehd. & Wils. in Sargent, Pl. Wils. 2: 350. 1915. **Holotype:** China. Hubei: Yichang, alt. 31~610 m, 1907-(04-11)-??, E. H. Wilson 2308 (A).

古田南蛇藤 ***Celastrus chungii*** Merr. in Sunyatsenia 3(4): 253. 1937. **Holotype:** China. Fujian: Kutien (=Gutian), 1928-05-29, H. H. Chung 4018 (A).

厚叶南蛇藤 ***Celastrus crassifolia*** Chen H. Wang in Contrib. Bot. Surv. N.-W. China 1: 62. 1939. **Isotype:** China. Sichuan: Emeishan, Emei Shan, alt. 1 500 m, 1932-04-20, T. T. Yu 445 (A).

贵州南蛇藤 ***Celastrus esquirolii*** Lévl. in Feede, Repert. Sp. Nov. 13: 262. 1914. **Isotype:** China. Guizhou: Precise locality not known, 1905-08-01, J. Esquirol s. n. (A).

罗甸南蛇藤 ***Celastrus esquiroliana*** Lévl., Fl. Kouy-Tchéou 69. 1914. **Isotype:** China. Guizhou: Tong Tcheou (=Luodian), alt. 1 000 m, 1902-06-??, J. Esquirol 3612 (A).

大芽南蛇藤 ***Celastrus gemmatus*** Loes. in Engler, Bot. Jahrb. Syst. 30: 468. 1902. **Isosyntype:** China. Yunnan: Mengzi, alt. 1 678 m, A. Henry 9782 A (A).

灰叶南蛇藤 ***Celastrus glaucophyllus*** Rehd. & Wils. in Sargent, Pl. Wils. 2(2): 347. 1915. **Holotype:** China. Sichuan: Mupin (=Baoxing), alt. 1 220~1 525 m, 1908-(06-10)-??, E. H. Wilson 952 (A).

亨利南蛇藤 ***Celastrus hindsii*** Benth. var. ***henryi*** Loes. in Engler, Bot. Jahrb. Syst. 29: 444. 1900. **Isosyntype:** China. Hubei: Yichang, (1885-1888)-??-??, A. Henry 3495 (GH).

粉背南蛇藤 ***Celastrus hypoglaucus*** Hemsl. in Ann. Bot. Oxford 9: 150. 1895. **Isosyntype:** China. Hubei: Yichang,(1885-1888)-??-??, A. Henry 2837 (GH).

宽叶短梗南蛇藤 ***Celastrus loeseneri*** Rehd. & Wils. in Sargent, Pl. Wils. 2(2): 350. 1915. **Holotype:** China. Hubei: Xingshan, alt. 1 220~1 830 m, 1907-05-??, E. H. Wilson 357 A (A).

乐昌南蛇藤 ***Celastrus lokchongensis*** Masam. in Trans. Nat. Hist. Soc. Taiwan 25: 15. 1935. **Isotype:** China. Guangdong: Lochang (=Lechang), alt. 408 m, 1928-10-15, Y. Tsiang 1346 (A).

皱叶南蛇藤 *Celastrus rugosa* Rehd. & Wils. in Sargent, Pl. Wils. 2(2): 349. 1915. **Holotype:** China. Sichuan: Ebian, Wa Shan, alt. 1 525~1 830 m, 1908-(06-10)-??, E. H. Wilson 1106 (A).

穗状南蛇藤 ***Celastrus spiciformis*** Rehd. & Wils. in Sargent, Pl. Wils. 2(2): 348. 1915. **Holotype:** China. Hubei: Xingshan, alt. 1 830 m, 1907-06-??, E. H. Wilson 2312 (A).

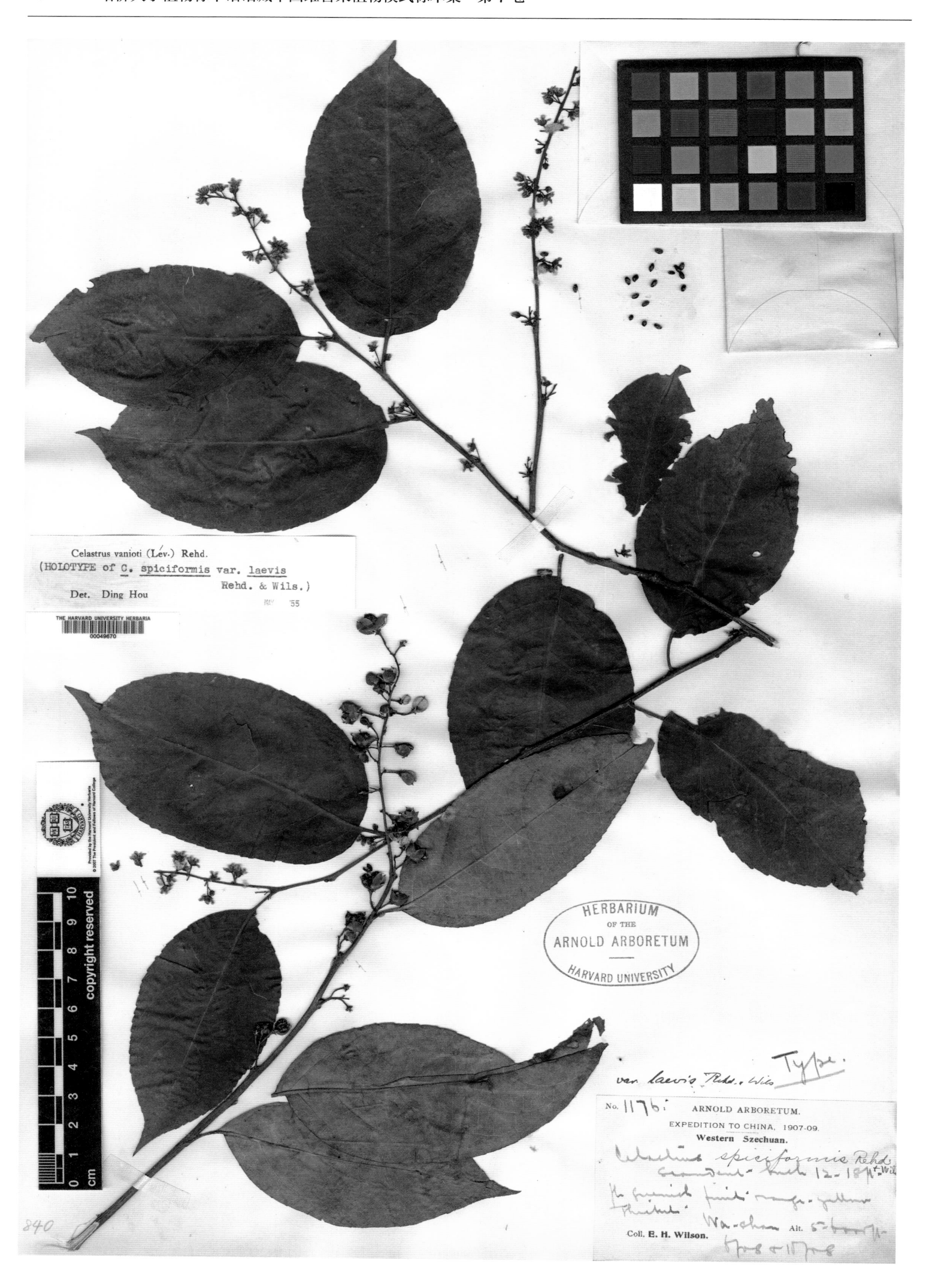

光叶南蛇藤 ***Celastrus spiciformis*** Rehd. & Wils. var. ***laevis*** Rehd. & Wils. in Sargent, Pl. Wils. 2(2): 349. 1915. **Holotype:** China. Sichuan: Ebian, Wa Shan, alt. 1 525~1 830 m, 1908-(06-10)-??, E. H. Wilson 1176 (A).

云南南蛇藤 ***Celastrus yunnanensis*** Lévl., Catal. Pl. Yun-Nan 32. 1915. **Isotype:** China. Yunnan: Kiao-Kia (=Qiaoqia), 1911-06-??, alt. 400 m, E. E. Maire s. n. (A).

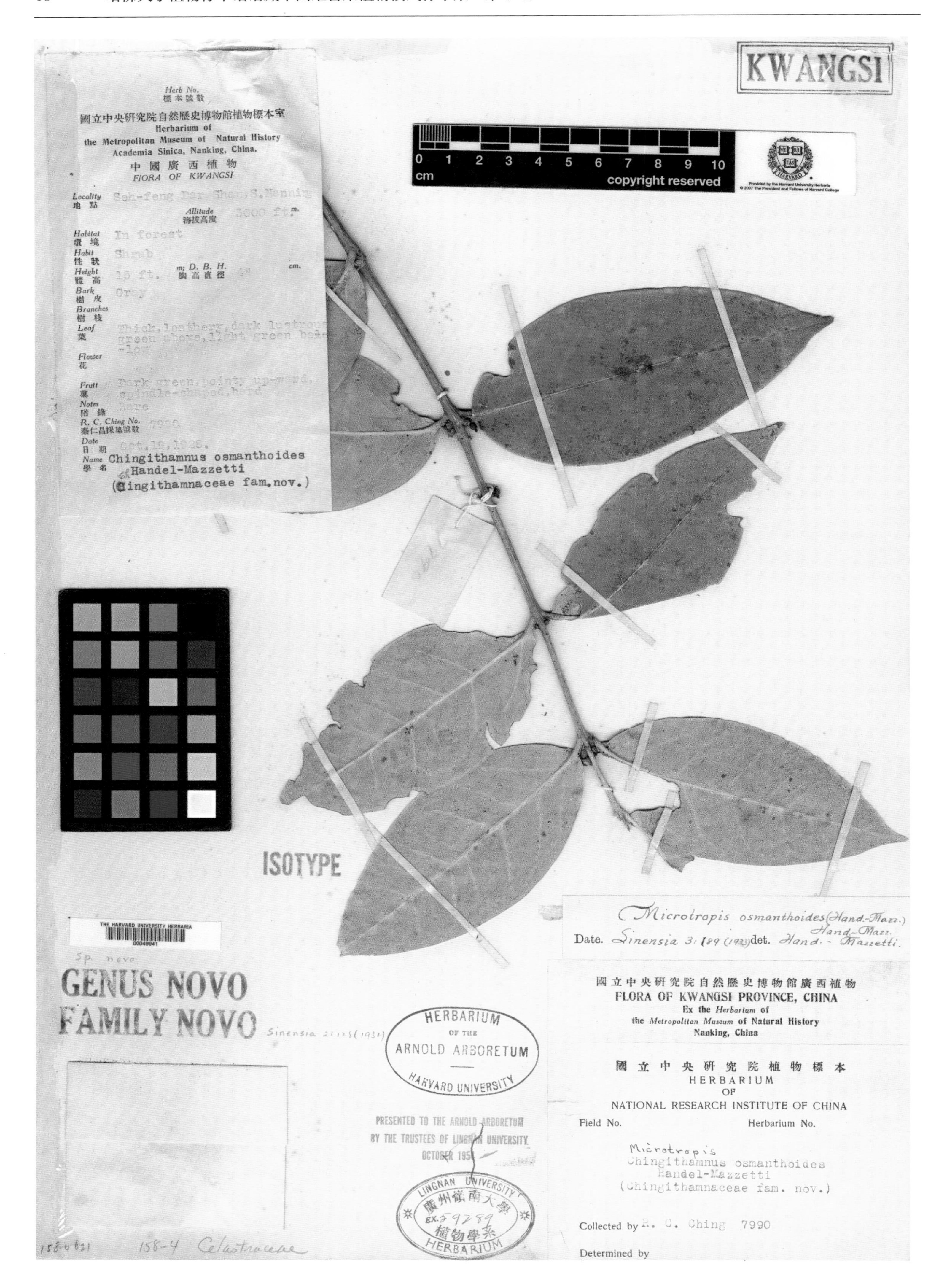

木樨假卫矛 *Chingithamnus osmanthoides* Hand.-Mazz. in Sinensia 2: 128. 1932. **Isotype:** China. Guangxi: Nanning, alt. 915 m, 1928-10-19, R. C. Ching 7990 (A).

十齿花 ***Dipentodon sinicus*** Dunn in Bull. Misc. Inform. Kew 1911(7): 311, f. 1–10. 1911. **Isosyntype:** China. Yunnan: Mengzi, alt. 1 830 m, A. Henry 10741 (A).

星刺卫矛 ***Euonymus actinocarpus*** Loes. in Engler, Bot. Jahrb. Syst. 30: 459. 1902. **Isotype:** China. Hubei: Yichang, (1885-1888)-??-??, A. Henry 4399 (GH).

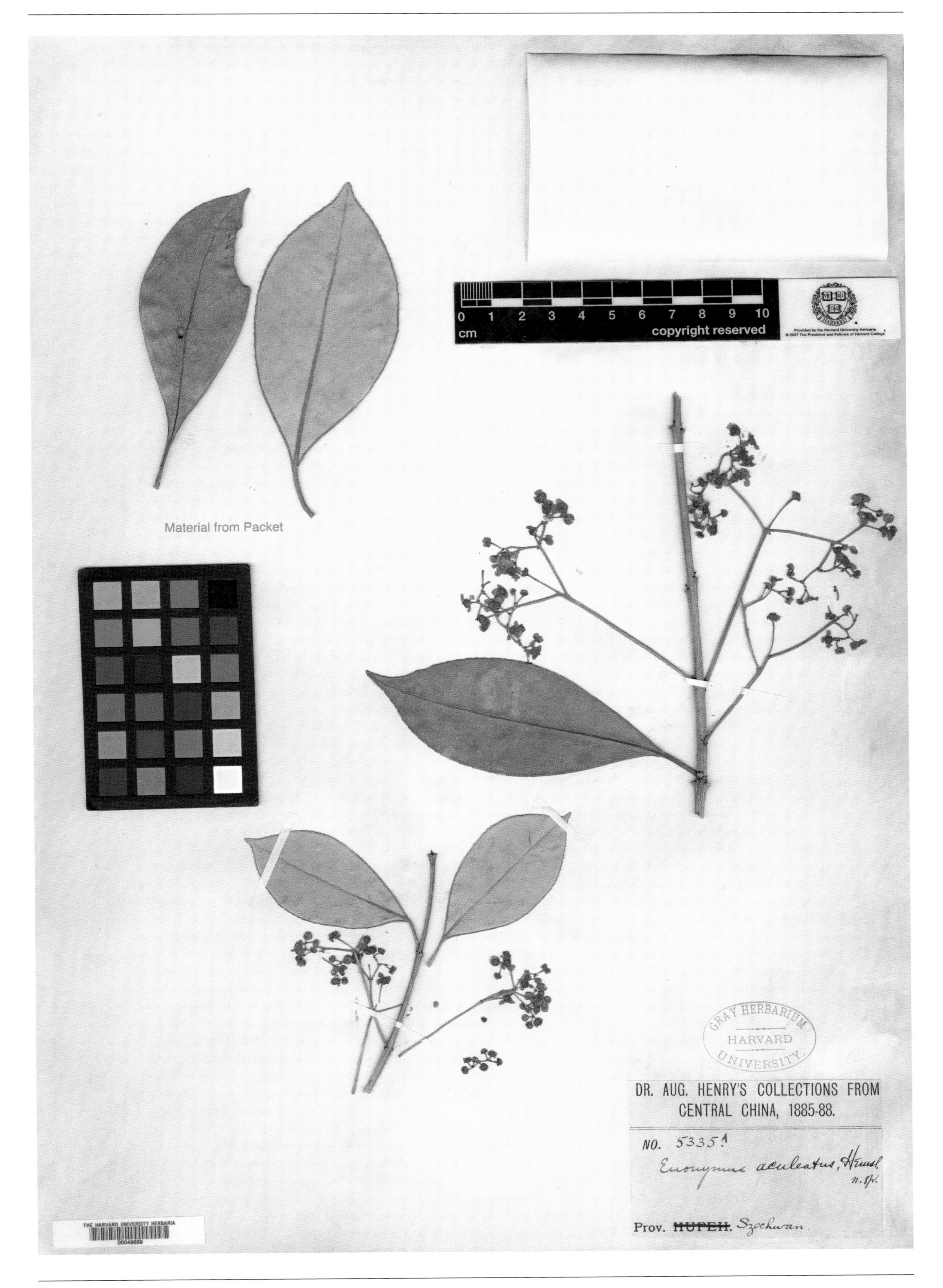

软刺卫矛 ***Euonymus aculeatus*** Hemsl. in Bull. Misc. Inform. Kew 1893: 209. 1893. **Isosyntype:** China. Hubei: Badong, (1885-1888)-??-??, A. Henry 5335 A (GH).

开枝卫矛 ***Euonymus alatus*** (Thunb.) Sieb. var. ***aperta*** Loes. in Sargent, Pl. Wils. 1(3): 494. 1913. **Isosyntype:** China. Sichuan: Kangding, alt. 1 525~2 288 m, 1908-09-??, E. H. Wilson 3102 (A).

疏柔毛卫矛 ***Euonymus alatus*** (Thunb.) Sieb. var. ***pilosus*** Loes. & Rehd. in Sargent, Pl. Wils. 1(3): 494. 1913. **Isotype:** China. Jilin: Weichang, 1909-??-??, W. Purdom 30 (A).

冬青沟瓣 ***Euonymus aquifolium*** Loes. & Rehd. in Sargent, Pl. Wils. 1(3): 484. 1912. **Holotype:** China. Sichuan: Ebian, Wa Shan, alt. 1 983 m, 1908-11-??, E. H. Wilson 1366 (A).

南川卫矛 ***Euonymus bockii*** Loes. in Engler, Bot. Jahrb. Syst. 29: 439, pl. 4, f. H–K. 1900. **Isosyntype:** China. Chongqing: Nanchuan, C. Rock & A. Rosthorn 192 (A).

安顺卫矛 ***Euonymus bodinieri*** Lévl. in Feede, Repert. Sp. Nov. 13: 261. 1914. **Isotype:** China. Guizhou: Gan Chouen (=Anshun), 1910-06-??, J. Cavalerie 3824 (A).

百齿卫矛 ***Euonymus centidens*** Lévl. in Feede, Repert. Sp. Nov. 13: 262. 1914. **Isotype:** China. Yunnan: Long-Ky, alt. 700 m, 1912-06-??, E. E. Maire s. n. (A).

镇康卫矛 ***Euonymus chenkangensis*** C. W. Wang in Bull. Fan Mem. Inst. Biol. 10: 283. 1941. **Isotype:** China.Yunnan: Zhenkang, alt. 2 800 m, 1936-03-20, C. W. Wang 72472 (A).

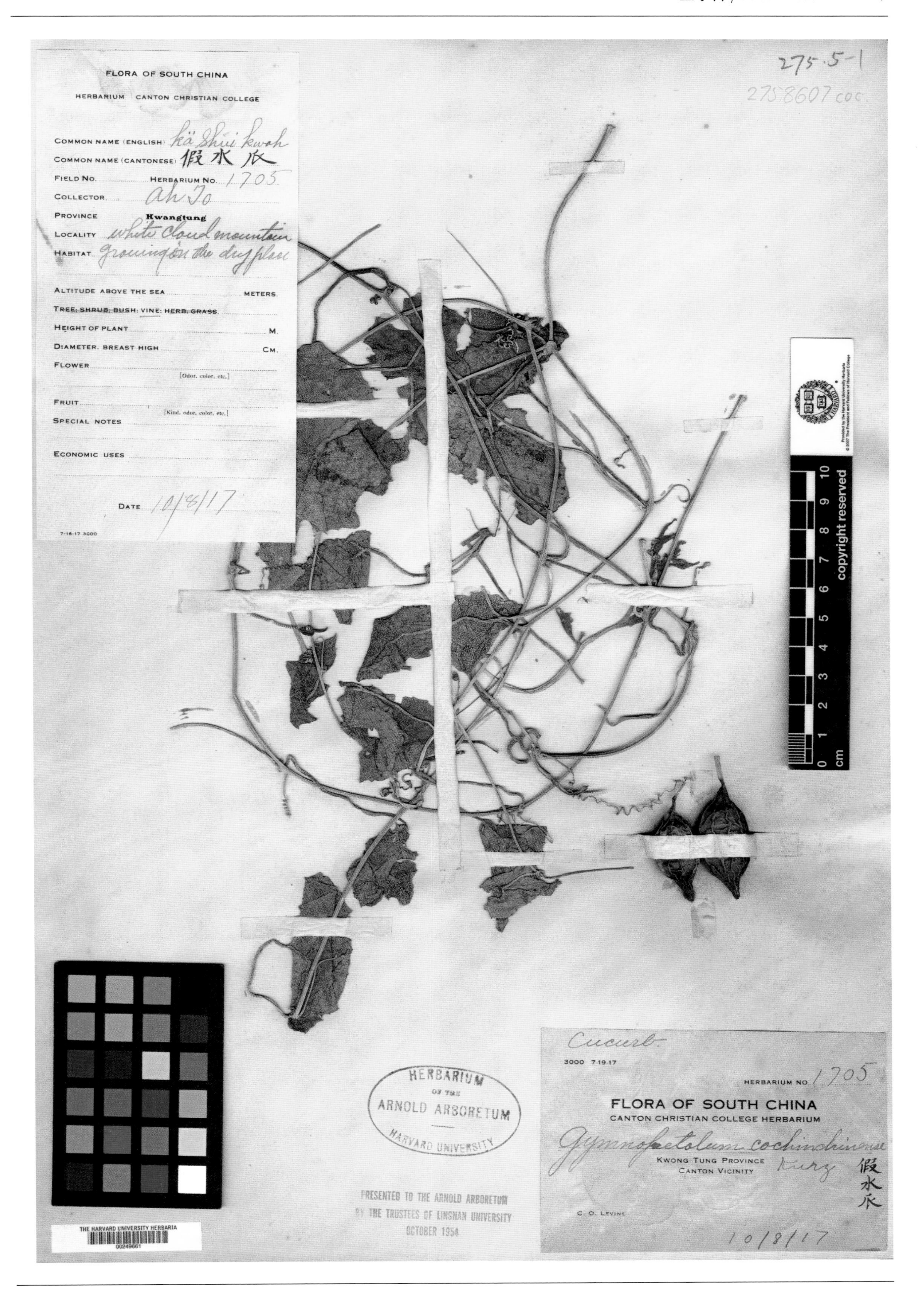

假水瓜 ***Euonymus chinensis*** Lour., Fl. Cochinch. 1: 156. 1790. **Neotype:** China. Guangdong: Guangzhou, Baiyun Shan, 1917-10-08, C. O. Levine s. n. (=Canton Christian College Herb. 1705) (A).

湖北卫矛 ***Euonymus chinensis*** Lindl. var. ***hupehensis*** Loes. in Engler, Bot. Jahrb. Syst. 29: 436. 1901. **Isosyntype:** China. Hubei: Western Hubei, Precise locality not known, (1885-1888)-??-??, A. Henry 7764 (GH).

小果卫矛 ***Euonymus chinensis*** Lindl. var. ***microcarpa*** Oliv. ex Loes. in Engler, Bot. Jahrb. Syst. 30(5): 456. 1902. **Isosyntype:** China. Hubei: Yichang, (1885-1888)-??-??, A. Henry 1397 (A).

密花卫矛 ***Euonymus contractus*** Sprague in Bull. Misc. Inform. Kew 1908: 34. 1908. **Isotype:** China. Sichuan: Ebian, alt. 1 068 m, 1903-08-19, E. H. Wilson 3327 (A).

角翅卫矛 ***Euonymus cornutus*** Hemsl. in Bull. Misc. Inform. Kew 1893: 209. 1893. **Isosyntype:** China. Hubei: Fang Xian, A. Henry 5442 A (GH).

粗脉卫矛 ***Euonymus dasydictyon*** Loes. & Rehd. in Sargent, Pl. Wils. 1(3): 496. 1913. **Holotype:** China. Sichuan: Mupin (=Baoxing), alt. 1 525~2 440 m, 1908-(06-07)-??, E. H. Wilson 3110 (A).

裂果卫矛 ***Euonymus dielsiana*** Loes. ex Diels in Engler, Bot. Jahrb. Syst. 29: 440, pl. 4: 1. 1900. **Isosyntype:** China. Hubei: Yichang, 1887-10-??, A. Henry 3962 (GH).

宽叶卫矛 ***Euonymus dielsiana*** Loes. ex Diels var. ***latifolia*** Loes. ex Diels in Engler, Bot. Jahrb. Syst. 30: 455. 1902. **Holotype:** China. Yunnan: Mengzi, alt. 1 983 m, A. Henry 10810 (A).

双歧卫矛 ***Euonymus distichus*** Lévl. in Feede, Repert. Sp. Nov. 13: 261. 1914. **Isotype:** China. Guizhou: Guiyang, 1898-07-27, E. Bodinier 2455 (A).

长梗卫矛 ***Euonymus dolichopus*** Merr. ex J. S. Ma in Harvard Papers Bot. 10: 95, f. 9. 1997, “dolichopa”. **Isotype:** China. Guangxi: Shangsi, 1934-10-(01-16), W. T. Tsang 24459 (A).

长梗卫矛 ***Euonymus elegantissima*** Loes. & Rehd. in Sargent, Pl. Wils. 1(3): 496. 1913. **Holotype:** China. Hubei: Fang Xian, alt. 1 525~2 135 m, 1907-05-26, E. H. Wilson 3114 (A).

垂丝细齿卫矛 ***Euonymus euscaphioides*** F. H. Chen & M. C. Wang var. ***serrulata*** Chen & M. C. Wang in Acta Phytotax. Sin. 3(2): 236. 1954. **Isotype:** China. Jiangxi: Yifeng, 1947-10-15, Y. K. Hsiung 06397 (A).

鸦椿卫矛 ***Euonymus euscaphis*** Hand.-Mazz. in Anz. Akad. Wiss. Wien, Math.-Nat. Kl. 58: 148. 1921. **Isotype:** China. Hunan: Tsingtschou(=Jingzhou), alt. 450 m, 1917-08-01, H. R. E. Handel-Mazzetti 361 (=11031) (A).

纤细鸦椿卫矛 ***Euonymus euscaphis*** Hand.-Mazz. var. ***gracilipes*** Rehd. in in J. Arnold Arbor. 8: 158. 1927. **Holotype:** China. Jiangxi: Wuyuan, Changgon Shan, alt. 854 m, 1925-08-17, R. C. Ching 3249 (A).

平伐卫矛 ***Euonymus feddei*** Lévl. in Fedde, Repert. Sp. Nov. 13: 260. 1914. **Isotype:** China. Guizhou: Guiding, Pin-Fa, 1908-04-??, J. Cavalerie 3353 (A).

钟元卫矛 ***Euonymus fengii*** Chun & How in Acta Phytotax. Sin. 7(1): 44, pl. 15: 1. 1958. **Isotype:** China. Hainan: Ledong, 1936-06-12, S. K. Lau 27097 (A).

榕叶卫矛 ***Euonymus ficoides*** C. Y. Cheng ex J. S. Ma in Harvard Papers Bot. 10: 94, f. 6. 1997. **Isotype:** China. Yunnan: Malipo, alt. 1 700 m, 1947-10-31, K. M. Feng 12627 (A).

淡黄卫矛 ***Euonymus flavescens*** Loes. in Engler, Bot. Jahrb. Syst. 29: 437, pl. 4: A. 1900. **Isosyntype:** China. Hubei: Yichang, 1887-10-??, A. Henry 3337 (GH).

弗氏卫矛 ***Euonymus forbesiana*** Loes. in Engler, Bot. Jahrb. Syst.30: 457. 1902. **Isotype:** China. Yunnan: Feng Chen Lin, alt. 2 135 m, A. Henry 10841 (A).

腾冲卫矛 ***Euonymus forrestii*** Comber ex Hand.-Mazz. in Notes Roy. Bot. Gard. Edinb. 18: 242. 1934. **Isotype:** China. Yunnan: Tengchong, alt. 2 135 m, 1925-04-??, G. Forrest 26318 (A).

白树卫矛 ***Euonymus geloniifolium*** Chun & How in Acta Phytotax. Sin. 7(1): 45, pl. 15: 2. 1958. **Isotype:** China. Hainan: Sanya, 1933-08-19, C. Wang 33770 (A).

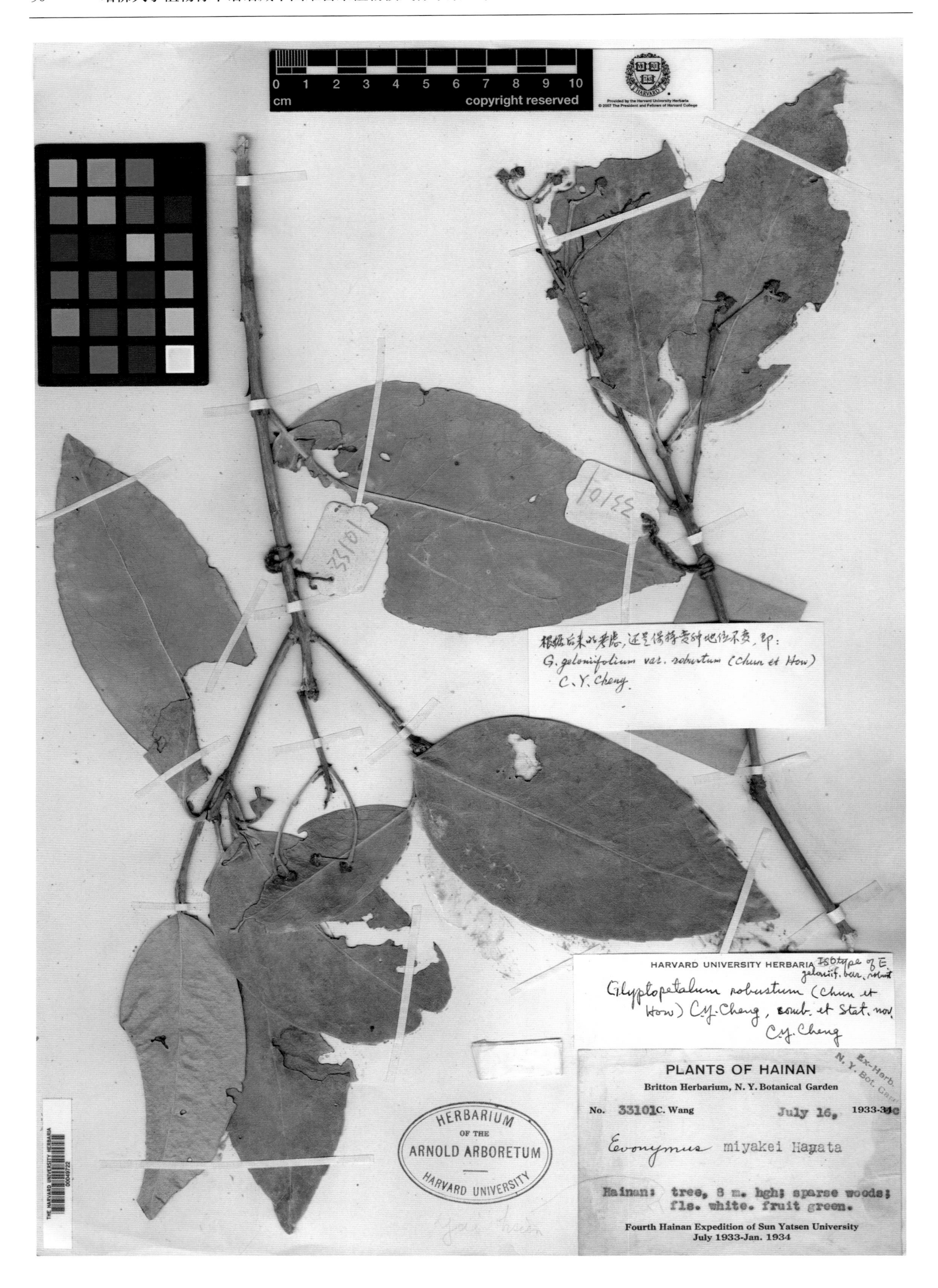

大白树卫矛 ***Euonymus geloniifolium*** Chun & How var. ***robustum*** Chun & How in Acta Phytotax. Sin. 7(1): 47. 1958.
Isoparatype: China. Hainan: Sanya, 1933-07-16, C. Wang 33101 (A).

纤齿卫矛 ***Euonymus giraldii*** Loes. ex Diels in Engler, Bot. Jahrb. Syst. 29: 442, pl. 5: C. 1900. **Isotype:** China. Shaanxi: Taibai, Taibai Shan, 1899-09-??, J. Giraldi s. n. (A).

窄翅卫矛 ***Euonymus giraldii*** Loes. ex Diels var. ***angustialata*** Loes. in Sargent, Pl. Wils. 1(3): 495. 1913. **Isosyntype:** China. Hubei: Xingshan, alt. 1 220~2 135 m, 1907-06-05, E. H. Wilson 356 (A).

窄翅卫矛 ***Euonymus giraldii*** Loes. ex Diels var. ***angustialata*** Loes. in Sargent, Pl. Wils. 1(3): 495. 1913: **Isosyntype:** China. Sichuan: Songpan, alt. 2 135~2 745 m, 1910-08-??, E. H. Wilson 4566 (A).

海南卫矛 ***Euonymus hainanensis*** Chun & How in Acta Phytotax. Sin. 7(1): 47, pl. 16: 1. 1958. **Isotype:** China. Hainan: Sanya, 1933-09-30, C. Wang 34384 (A).

厚叶卫矛 ***Euonymus hemsleyana*** Loes. in Engler, Bot. Jahrb. Syst. 30: 460. 1902. **Isosyntype:** China. Yunnan: Mengzi, alt. 1 373 m, A. Henry 9120 (A).

秀英卫矛 ***Euonymus huae*** J.S. Ma in Harvard Papers Bot. 10: 96, f. 11. 1997. **Holotype:** China. Sichuan: Tianquan, alt. 610 m, 1939-(07-08)-??, S. Y. Hu 1596 (A).

湖广卫矛 ***Euonymus hukuangensis*** C.Y. Cheng ex J. S. Ma in Harvard Papers Bot. 10: 94, f. 5. 1997. **Holotype:** China. Guangdong: Ruyuan, 1933-06-15, S. P. Ko 52914 (A).

短梗湖北卫矛 ***Euonymus hupehensis*** Loes. var. ***brevipedunculata*** Loes. in Engler, Bot. Jahrb. Syst. 30: 454. 1902. **Isosyntype:** China. Yunnan: Mengzi, alt. 1 678 m, A. Henry 10514 A (A).

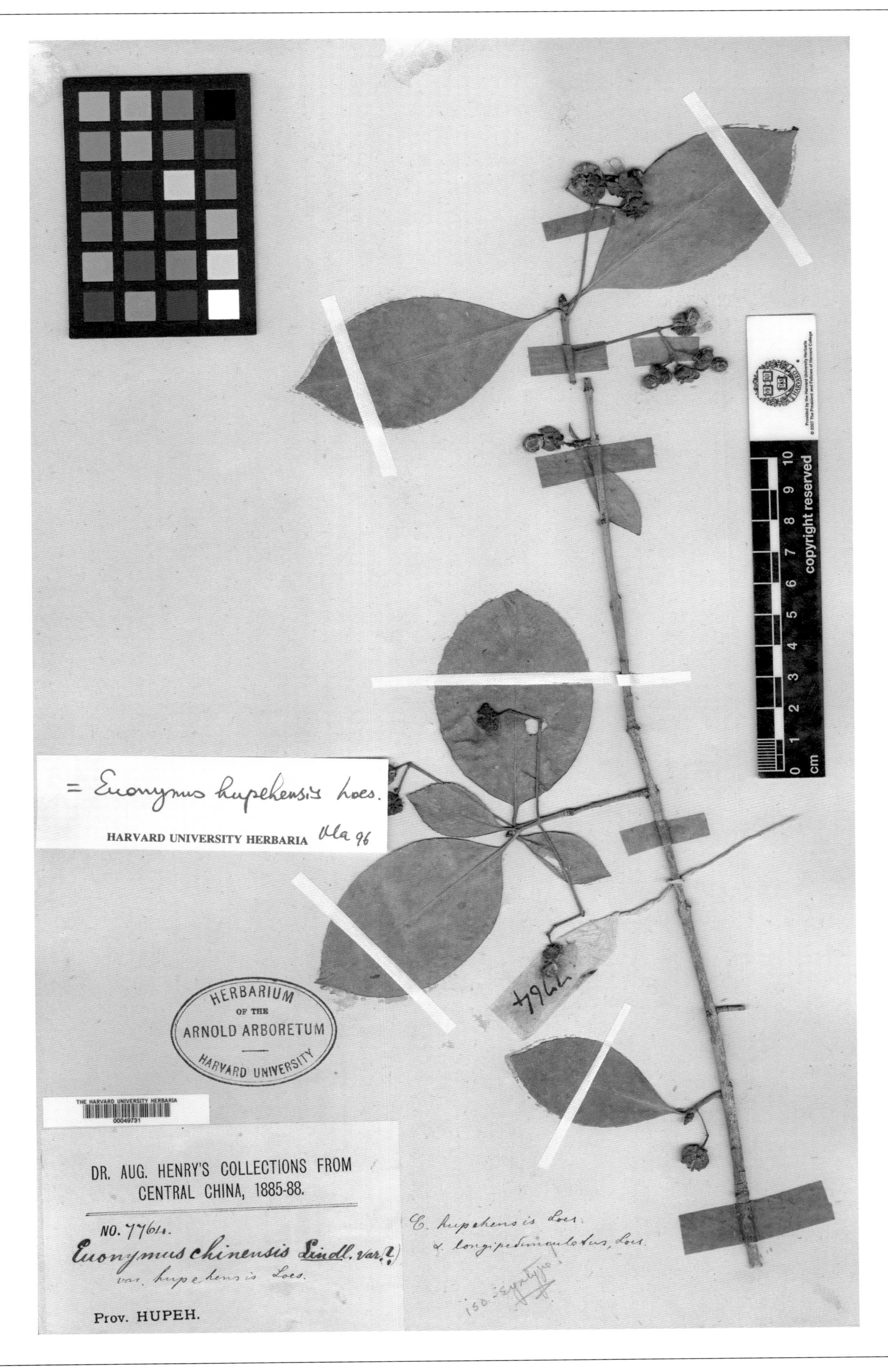

长梗湖北卫矛 ***Euonymus hupehensis*** Loes. var. ***longipedunculatus*** Loes. in Engler, Bot. Jahrb. Syst. 30: 454. 1902. **Isosyntype:** China. Hubei: Precise locality not known, (1885—1888)-??-??, A. Henry 7764 (A).

斑点卫矛 ***Euonymus hupehensis*** Loes. var. ***maculata*** Loes. in Engler, Bot. Jahrb.Syst. 30: 454. 1902. **Isotype:** China. Yunnan: Simao, alt. 1 525 m, A. Henry 12446 (A).

短尖扶芳藤 ***Euonymus japonicus*** Thunb. var. ***acuta*** Rehd. in Sargent, Pl. Wils. 1(3): 485. 1913. **Syntype:** China. Hubei: Yichang, alt. 915~1 220 m, 1907-06-??, E. H. Wilson 562 (A).

短尖扶芳藤 ***Euonymus japonicus*** Thunb. var. ***acuta*** Rehd. in Sargent, Pl. Wils. 1(3): 485. 1913. **Syntype:** China. Hubei: Fang Xian, alt. 1 068 m, 1907-11-??, E. H. Wilson 562 a (A).

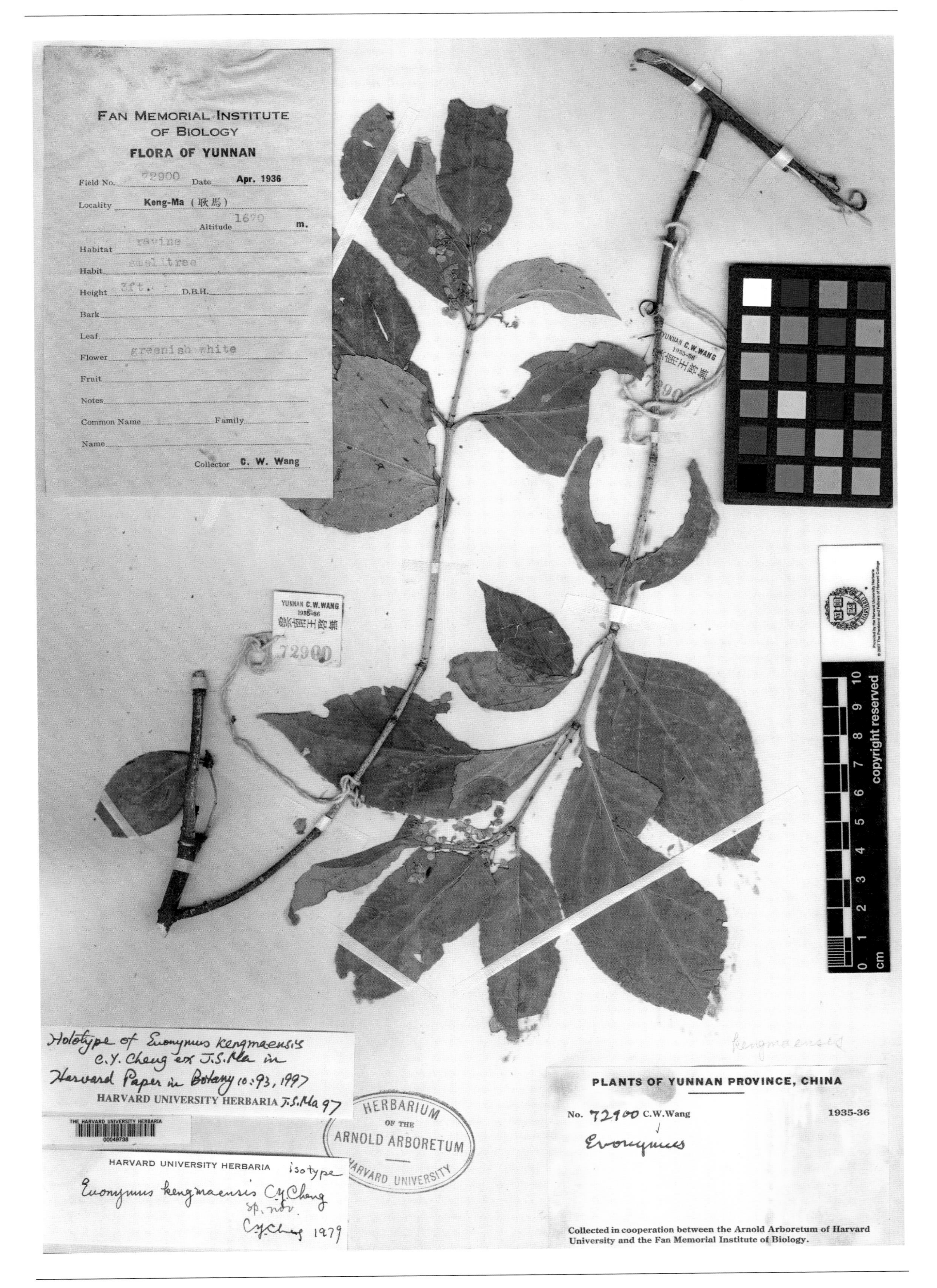

耿马卫矛 ***Euonymus kengmaensis*** C. Y. Cheng ex J. S. Ma in Harvard Papers Bot. 10: 93, f. 1. 1997. **Holotype:** China. Yunnan: Gengma, alt. 1 670 m, 1936-04-??, C. W. Wang 72900 (A).

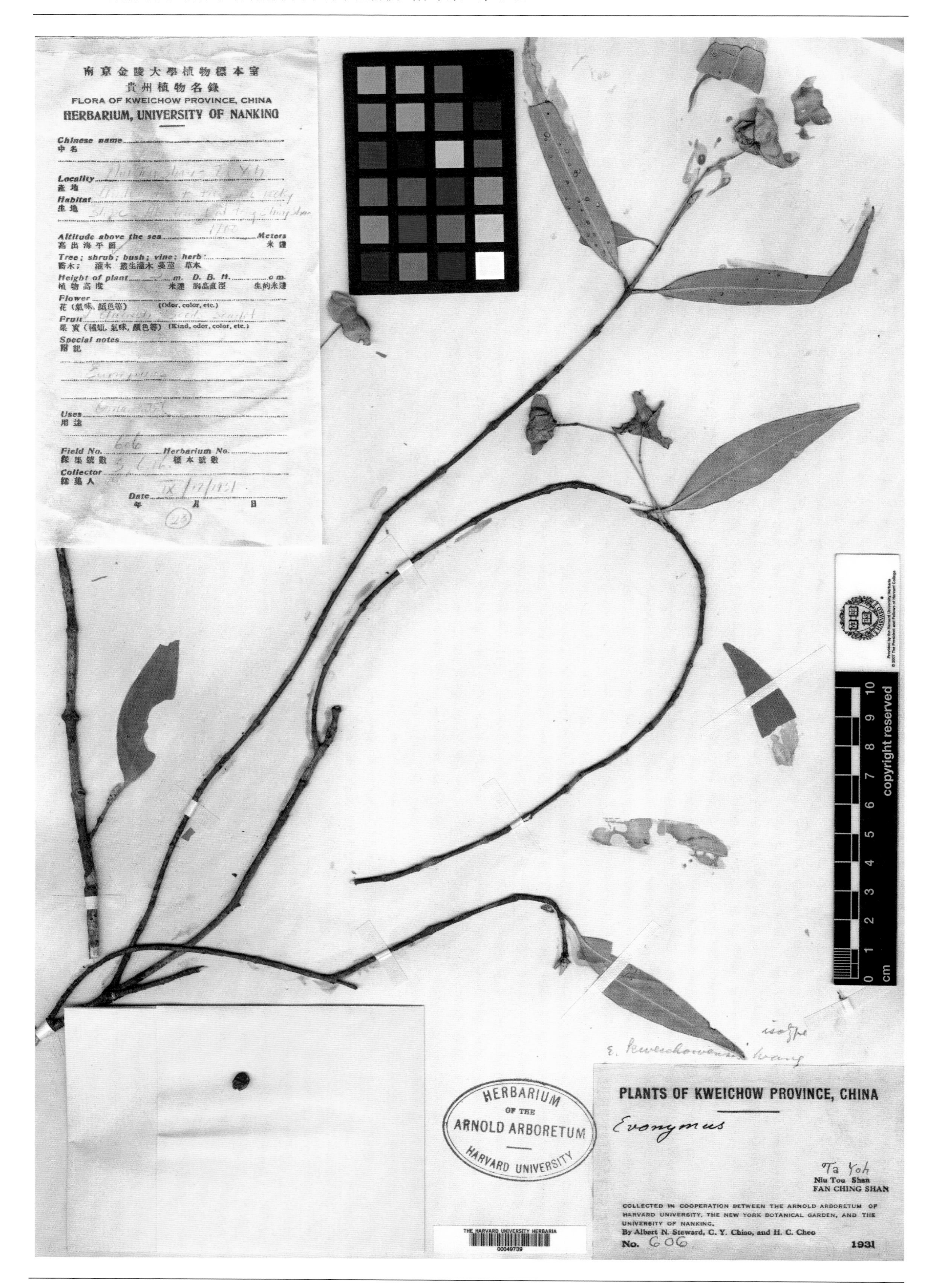

贵州卫矛 ***Euonymus kweichowensis*** C. H. Wang in Chinese J. Bot. 1(1): 51. 1936. **Isotype:** China. Guizhou: Yinjiang, Fanjing Shan, alt. 1 700 m, 1931-09-17, Albert N. Steward, C. Y. Chiao & H. C. Cheo 606 (A).

毛脉西南卫矛 ***Euonymus lanceifolia*** Loes. in Engler, Bot. Jahrb. Syst. 30: 462. 1902. **Isotype:** China. Yunnan: Mengzi, alt. 2 440 m, A. Henry 11165 (A).

南京金陵大學植物標本室
貴州植物名錄
FLORA OF KWEICHOW PROVINCE, CHINA
HERBARIUM, UNIVERSITY OF NANKING

Chinese name 中名
Locality 產地 Ta Ho Yen - Ching Chai Ping
Habitat 生地 Along stream bank
Altitude above the sea 高出海平面 1000 Meters 米達
Tree; shrub; bush; vine; herb 喬木; 灌木 叢生灌木 蔓莖 草本
Height of plant 植物高度 1 m. D. B. H. 米達 胸高直徑 cm. 生的米達
Flower 花(氣味、顏色等) (Odor, color, etc.)
Fruit 果實(種類、氣味、顏色等) (Kind, odor, color, etc.) Y. Pinkish
Special notes 附記
(Rub.)
Uses 用途
Field No. 採集號數 804 Herbarium No. 標本號數
Collector 採集人 S. C. H.
Date 年 月 日 X/12/1931

=Euonymus acanthocarpus Franch.
HARVARD UNIVERSITY HERBARIA Ma 96

HERBARIUM OF THE ARNOLD ARBORETUM HARVARD UNIVERSITY

This is TYPE of Euonymus laxus Wang (1939)
HARVARD UNIVERSITY HERBARIA Ma 96

Type: E. laxa C. H. Wang in Contr. W. N. China Bot. Surv. 1:12, 1939.
= E. acanthocarpa Franch.
HARVARD UNIVERSITY HERBARIA J. S. Ma

cf. aculeata [illegible]

PLANTS OF KWEICHOW PROVINCE, CHINA
Evonymus acanthocarpa Fr. var. sutchuenensis Fr.
Ta Ho Yen
FAN CHING SHAN
COLLECTED IN COOPERATION BETWEEN THE ARNOLD ARBORETUM OF HARVARD UNIVERSITY, THE NEW YORK BOTANICAL GARDEN, AND THE UNIVERSITY OF NANKING.
By Albert N. Steward, C. Y. Chiao, and H. C. Cheo
No. 804 1931

THE HARVARD UNIVERSITY HERBARIA 00136220

cm 0 1 2 3 4 5 6 7 8 9 10

长梗刺果卫矛 ***Euonymus laxus*** Chen H. Wang in Contr. Bot. Surv. N.-W. China 1: 12. 1939. **Isotype:** China. Guizhou: Fanjing Shan, alt. 1 000 m, 1931-10-12, A. N. Steward, C. Y. Chiao & H. C. Cheo 804 (A).

长梗沟瓣 ***Euonymus longipedicellatum*** Merr. & Chun in Sunyatsenia 2(1): 36. 1934. **Isotype:** China. Hainan: Lingshui, Seven Finger Mountains, 1932-05-09, H. Y. Liang 61779 (A).

庐山刺果卫矛 ***Euonymus lushanensis*** C. H. Chen & M. K. Wang in Acta Phytotax. Sin. 3(2): 239. 1954. **Isosyntype:** China. Jiangxi: Yifeng, 1947-10-15, Y. K. Hsiung 6354 (A).

披针叶白杜 ***Euonymus maackii*** Rupr. f. ***lanceolatus*** Rehd. in J. Arnold Arbor. 22(4): 578. 1941. **Holotype:** China. Nei Mongol: Yakeshish, 1930-07-25, B. V. Skvortzov s. n. (A).

罗浮山卫矛 ***Euonymus merrillii*** Chen H. Wang var. ***longipetiolatus*** Chen H. Wang in Contr. Bot. Surv. N.-W. China 1: 35. 1939. **Isotype:** China. Guangdong: Boluo, Luofu Shan, 1928-12-19, Y. Tsiang 1635 (A).

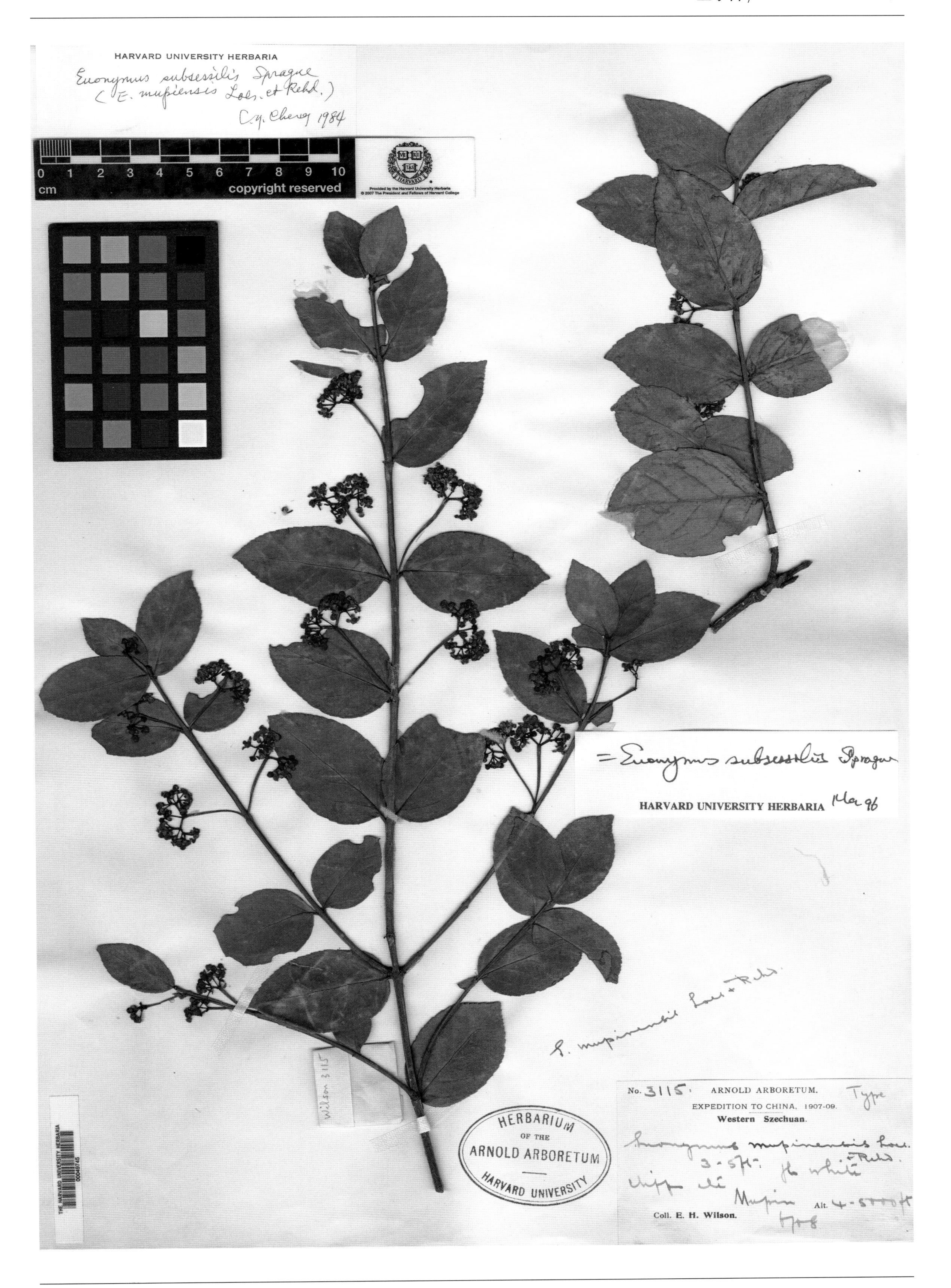

穆坪卫矛 ***Euonymus mupinensis*** Loes. & Rehd. in Sargent, Pl. Wils. 1(3): 489. 1913. **Holotype:** China. Sichuan: Mupin (=Baoxing), alt. 1 220~1 525 m, 1908-06-??, E. H. Wilson 3115 (A).

大果卫矛 ***Euonymus myrianthus*** Hemsl. in Bull. Misc. Inform. Kew 1893: 210. 1893. **Isosyntype:** China. Hubei: Badong, (1885—1888)-??-??, A. Henry 5335 (GH).

小卫矛 ***Euonymus nanoides*** Loes. & Rehd. in Sargent, Pl. Wils. 1(3): 492. 1913. **Holotype:** China. Sichuan: Wenchuan, alt. 1 525~2 135 m, 1910-08-??, E. H. Wilson 4567 (A).

矩叶卫矛 ***Euonymus oblongifolius*** Loes. & Rehd. in Sargent, Pl. Wils. 1(3): 486. 1913. **Holotype:** China. Hubei: Changlo (=Zigui), alt. 1 220～1 525 m, 1907-05-??, E. H. Wilson 3125 (A).

山地卫矛 ***Euonymus oresbia*** W.W. Smith in Bull. Misc. Inf. Roy. Gard. Kew 1908: 34. 1908. **Isotype:** China. Yunnan: Chungtien (=Shangri-La), alt. 3 050~3 355 m, 1913-07-??, G. Forrest 10453 (A).

碧江卫矛 ***Euonymus parasimilis*** C.Y. Cheng ex J. S. Ma in Harvard Papers Bot. 10: 96, f. 12. 1997. **Holotype:** China. Yunnan: Chih-tse-lo (=Bijiang), alt. 1 500 m, 1933-09-09,H. T. Tsai 54201 (A).

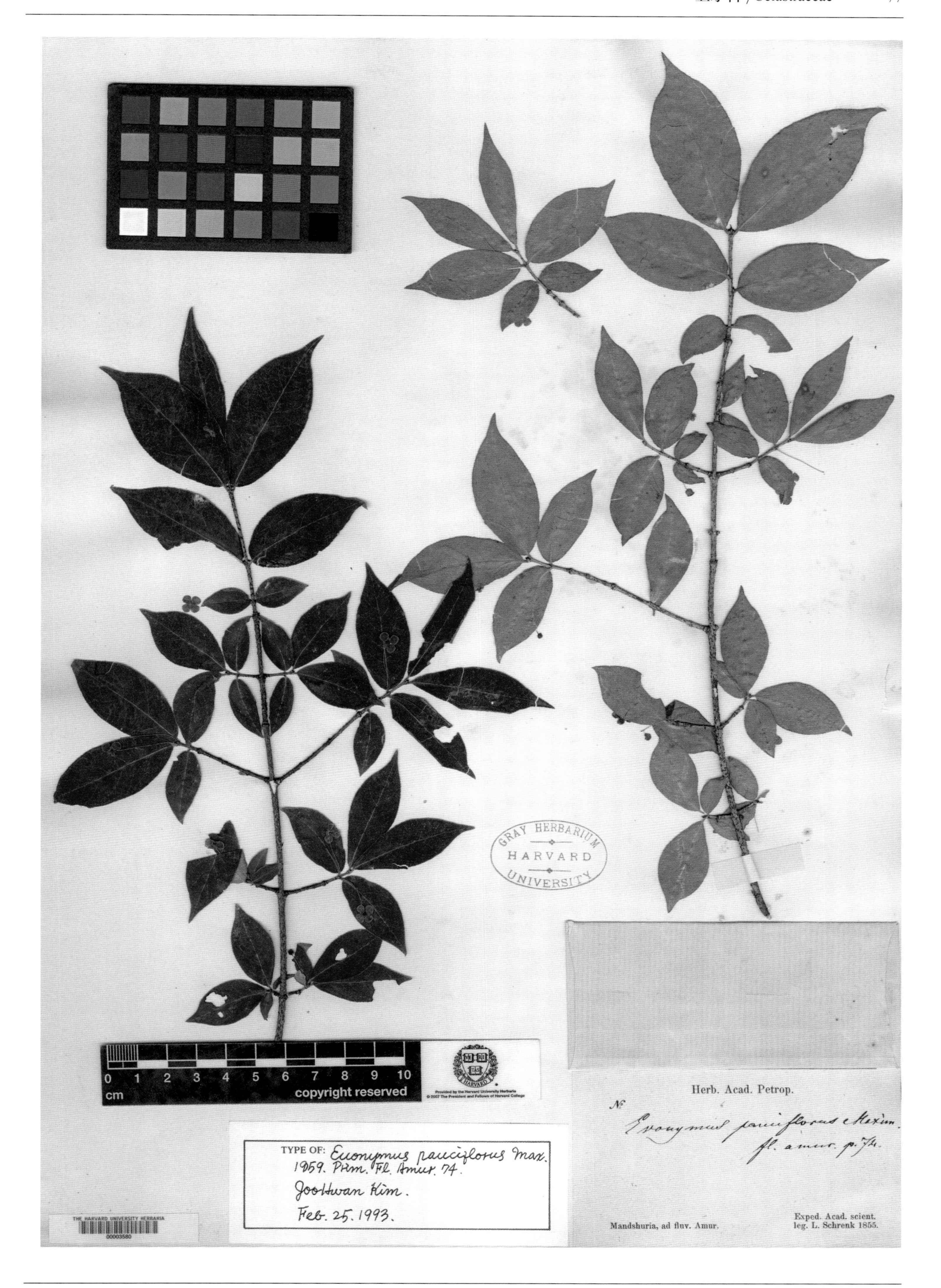

少花卫矛 ***Euonymus pauciflorus*** Maxim., Prim. Fl. Amur. 74. 1859. **Isosyntype:** China. Helongjiang: Ussuri, Precise locality not known, 1855-09-01, L. v. Schrenk s. n. (GH).

海桐卫矛 ***Euonymus pittosporoides*** C. Y. Cheng ex J. S. Ma in Harvard Papers Bot. 3(2): 232, f. 2. 1998. **Isotype:** China. Guangxi: Nandan, alt. 610 m, 1937-08-03, C. Wang 41260 (A).

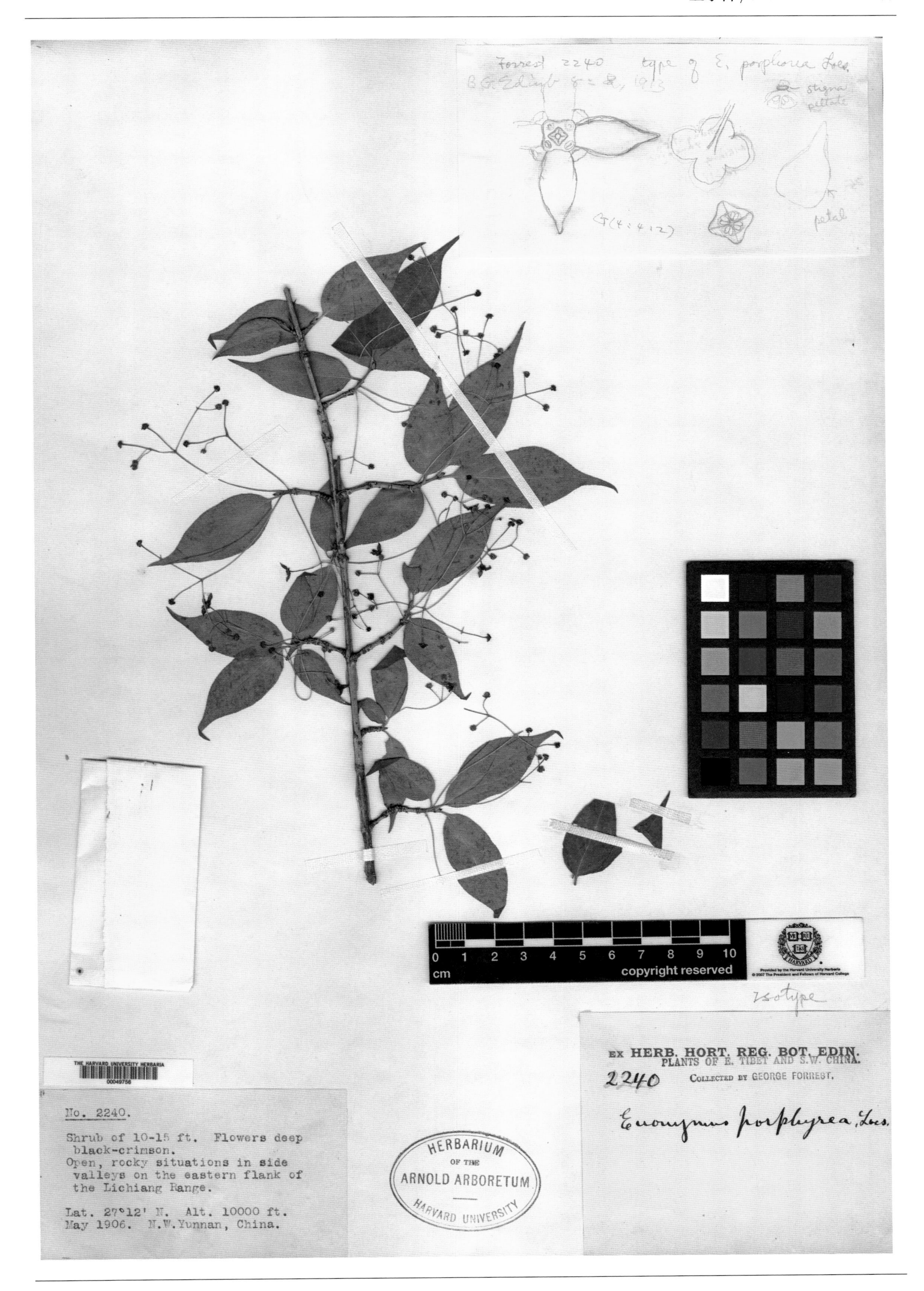

紫花卫矛 ***Euonymus porphyrea*** Loes. in Not. Roy. Bot. Gard. Edinb. 8: 2, pl. 1. 1913. **Isotype:** China. Yunnan: Lijiang, alt. 3 050 m, 1906-05-??, G. Forrest 2240 (A).

椭圆叶卫矛 ***Euonymus porphyreus*** Loes. var. ***ellipticus*** Blakel. in Kew Bull. 1951: 280. 1951. **Isotype:** China. Sichuan: Yungning (=Xuyong), alt. 3 050 m, 1922-06-??, G. Forrest 21240 (A).

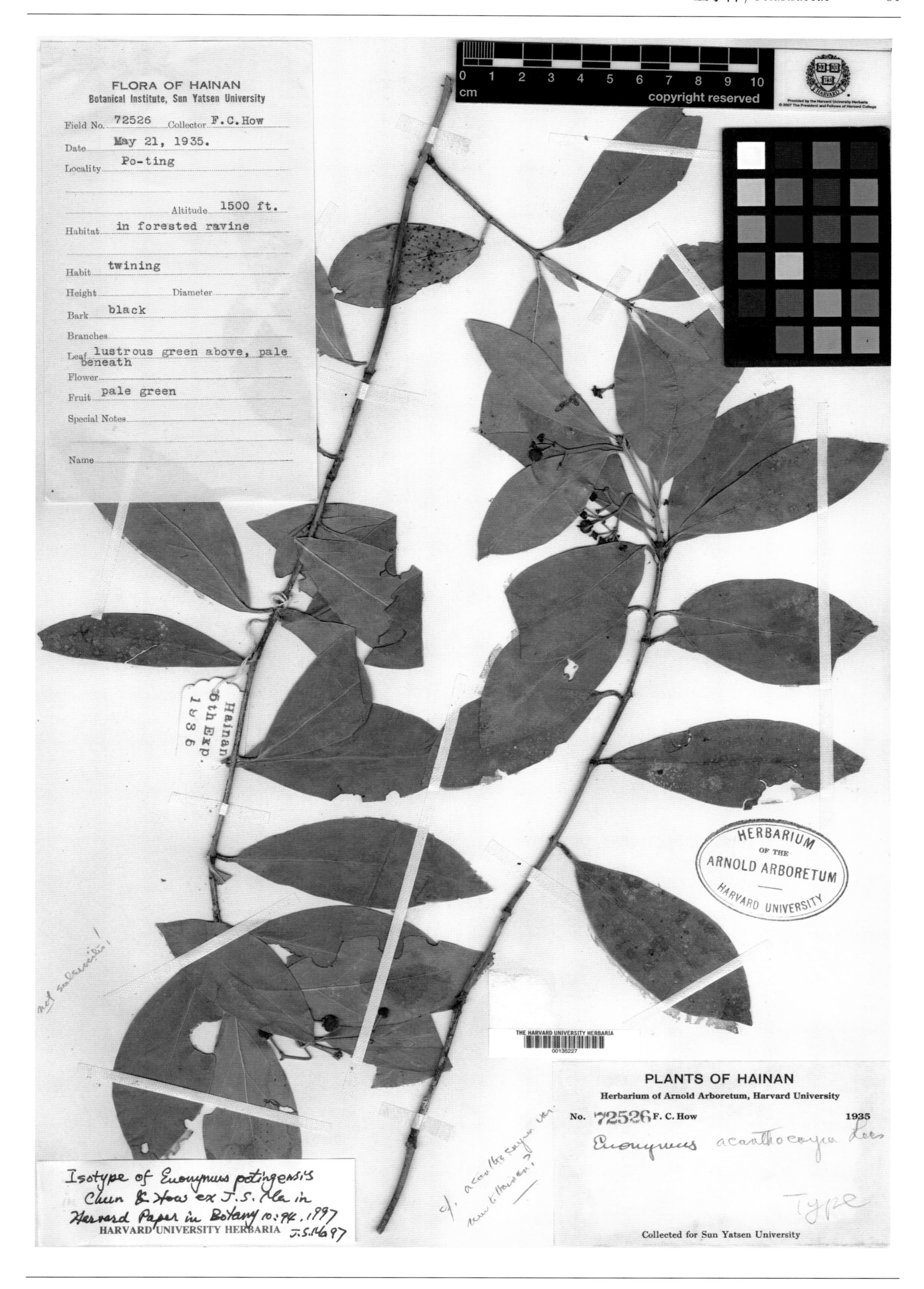

保亭卫矛 ***Euonymus potingensis*** Chun & How ex J. S. Ma in Harvard Papers Bot. 10: 94, f. 4. 1997. **Isotype:** China. Hainan: Baoting, alt. 458 m, 1935-05-21, F. C. How 72526 (A).

垫盘卫矛 ***Euonymus pulvinatus*** Chun & How in Acta Phytotax. Sin. 7(1): 50, pl. 16: 2. 1958. **Isotype:** China. Yunnan: Chengjiang, alt. 1 860 m, 1939-08-09, H. Wang 41554 (A).

短翅卫矛 ***Euonymus rehderiana*** Loes. in Sargent, Pl. Wils. 1(3): 488. 1913. **Isotype:** China. Sichuan: Mupin (=Baoxing), alt. 1 525~2 135 m, 1908-10-??, E. H. Wilson 1132 (A).

喙果卫矛 ***Euonymus rostrata*** W.W. Smith in Not. Roy. Bot. Gard. Edinb. 10(46): 36. 1917. **Isotype:** China. Yunnan: Shweli (=Ruili), alt. 2 745 m, 1913-06-??, G. Forrest 11851 (A).

柳叶卫矛 ***Euonymus salicifolius*** Loes. in Engler, Bot. Jahrb. Syst. 30: 458. 1902. **Isotype:** China. Yunnan: Simao, alt. 1 525 m, A. Henry 11718 B (A).

短梗石枣子 ***Euonymus sanguinea*** Loes. var. ***brevipedunculata*** Loes. ex Loes. & Rehd. in Sargent, Pl. Wils. 1(3): 495. 1913.

Holotype: China. Sichuan: Tachien-lu(=Kangding), alt. 2 745~3 050 m, 1908-10-??, E. H. Wilson 1308 (A).

弯脉石枣子 ***Euonymus sanguineus*** Loes. var. ***camptoneurus*** Loes. in Engler, Bot. Jahrb. Syst. 29: 442. 1900. **Isosyntype:** China. Chongqing: Nanchuan, C. Bock & A. v. Rosthorn 1565 (A).

厚叶石枣子 ***Euonymus sanguinea*** Loes. var. ***pachyphylla*** Pamp. in Nuov. Giorn. Bot. Ital., Nuov. Ser. 17(3): 420. 1910.
Isotype: China. Hubei: Mt. Niang-Niang, alt. 1 850 m, 1907-07-??, C. Silvestri 1357 (A).

直脉石枣子 ***Euonymus sanguineus*** Loes. var. ***orthoneura*** Loes. in Engler, Bot. Jahrb. Syst. 29: 442. 1900. **Isosyntype:** China. Chongqing: Nanchuan, (1885-1888)-??-??, A. Henry 6183 (GH).

瓦山卫矛 ***Euonymus sargentiana*** Loes. & Rehd. in Sargent, Pl. Wils. 1(3): 487. 1913. **Holotype:** China. Sichuan: Ebian, Wa Shan, alt. 1 220～1 830 m, 1908-10-??, E. H. Wilson 1187 (A).

岩卫矛 ***Euonymus saxicola*** Loes. & Rehd. in Sargent, Pl. Wils. 1: 491. 1913. **Isotype:** China. sichuan: Mupin (=Baoxing), alt. 1 220~1 525 m, 1910-10-??, E. H. Wilson 4378 (A).

无柄卫矛 ***Euonymus subsessilis*** Sprague in Bull. Misc. Inform. Kew 1908: 34. 1908. **Isosyntype:** China. Sichuan: Emeishan, Emei Shan, 1904-06-??, E. H. Wilson 4784 (A).

宽叶无柄卫矛 ***Euonymus subsessilis*** Sprague var. ***latifolia*** Loes. in Sargent, Pl. Wils. 1(3): 489. 1913. **Isotype:** China. Sichuan: Ebian, Wa Shan, alt. 1 525~2 135 m, 1908-10-??, E. H. Wilson 1216 (A).

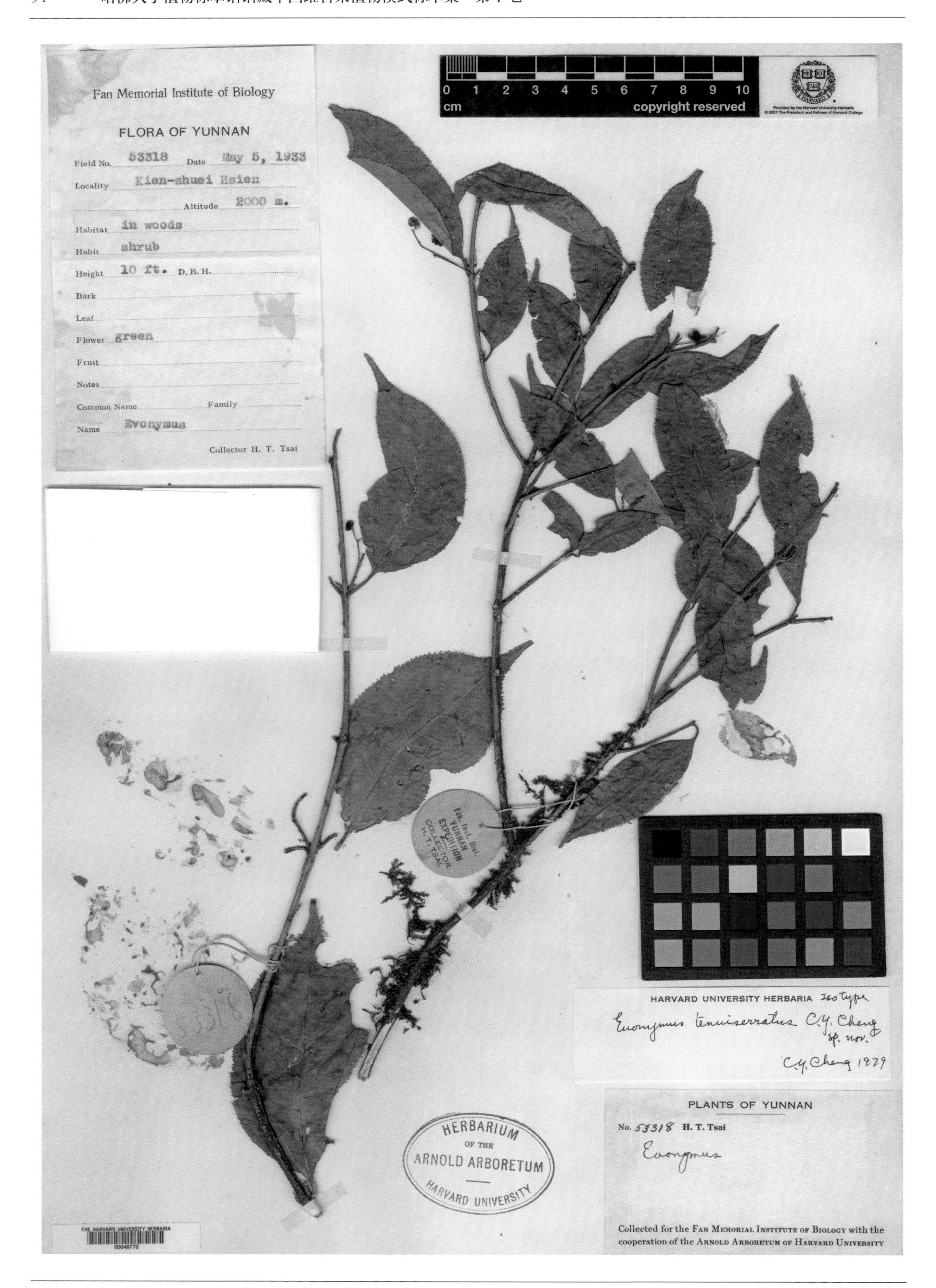

柔齿卫矛 ***Euonymus tenuiserrata*** C.Y. Cheng ex J. S. Ma in Harvard Papers Bot. 3(2): 232, f. 3. 1998. **Holotype:** China. Yunnan: Jianshui, alt. 2 000 m, 1933-05-05, H. T. Tsai 53318 (A).

三出叶卫矛 ***Euonymus ternifolius*** Hand.-Mazz. in Symb. Sin. 7(3): 659, pl. 9: 9. 1933. **Isotype:** China. Sichuan: Wolo-ho between Yanyuan & Yongning, alt. 2 800 m, 1914-06-14, H. R. E. Handel-Mazzetti 3018 (A).

蒙自卫矛 ***Euonymus theifolia*** Wall. var. ***mengtzeana*** Loes. in Engler, Bot. Jahrb. Syst. 30: 455. 1902. **Isotype:** China. Yunnan: Mengzi, alt. 1 525 m, A. Henry 10684 (A).

攀缘卫矛 ***Euonymus theifolia*** Wall. var. ***scandens*** Loes. in Engler, Bot. Jahrb. Syst. 30: 455. 1902. **Isosyntype:** China. Yunnan: Mengzi, alt. 2 135 m, A. Henry 10544 (A).

窄叶中华卫矛 ***Euonymus tsoi*** Merr. in Sunyatsenia 1: 198. 1934. **Isotype:** China. Guangdong: Lokchong (=Lechang), 1929-05-29, C. L. Tso 20824 (A).

乌苏里卫矛 ***Euonymus usuriensis*** Maxim. in Bull. Acad. Imp. Sci. St-Petersb., sér. 3. 27: 449. 1881. **Isosyntype:** China. Helongjiang: Usuri, 1860-??-??, C. J. Maximowicz s. n. (GH).

曲脉卫矛 ***Euonymus venosus*** Hemsl. in Bull. Misc. Inform. Kew 1893: 210. 1893. **Isosyntype:** China. Chongqing: Wu Shan, (1885—1888)-??-??, A. Henry 5778 (GH).

瘤果卫矛 ***Euonymus verrucocarpa*** C. Y. Cheng ex J. S. Ma in Harvard Papers Bot. 3(2): 231, f. 1. 1998. **Holotype:** China. Yunnan: Longling, alt. 2 400 m, 1934-01-06, H. T. Tsai 54558 (A).

绿花卫矛 ***Euonymus verrucosoides*** Loes. var. ***viridiflora*** Loes. & Rehd. in Sargent, Pl. Wils. 1(3): 493. 1913. **Holotype:** China. Sichuan: Guan Xian (=Dujiangyan), alt. 2 135~2 593 m, 1908-06-??, E. H. Wilson 3113 (A).

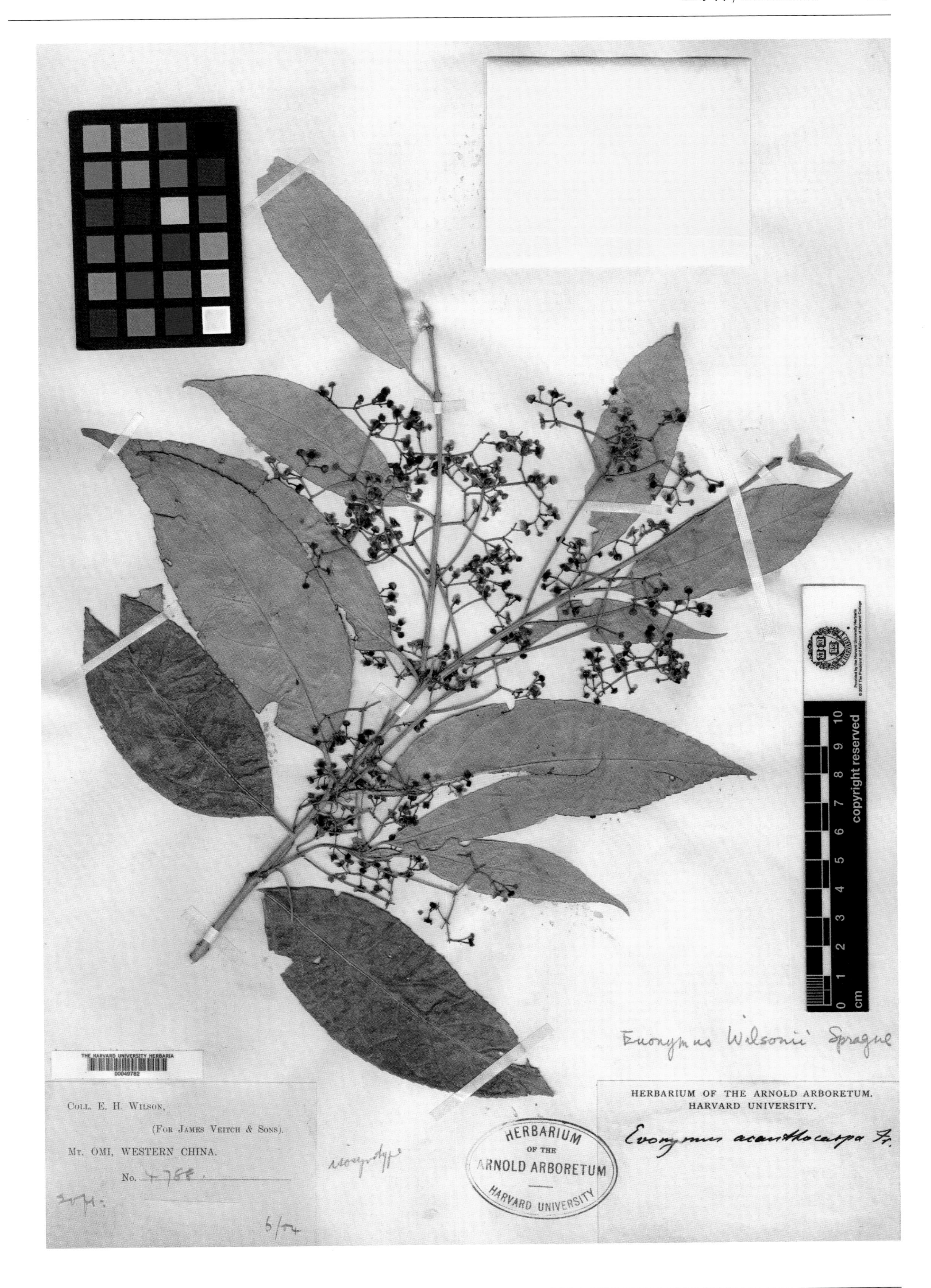

长刺卫矛 ***Euonymus wilsonii*** Sprague in Bull. Misc. Inform. Kew 1908: 180. 1908. **Isosyntype:** China. Sichuan: Emeishan, Emei Shan, 1904-06-??, E. H. Wilson 4788 (A).

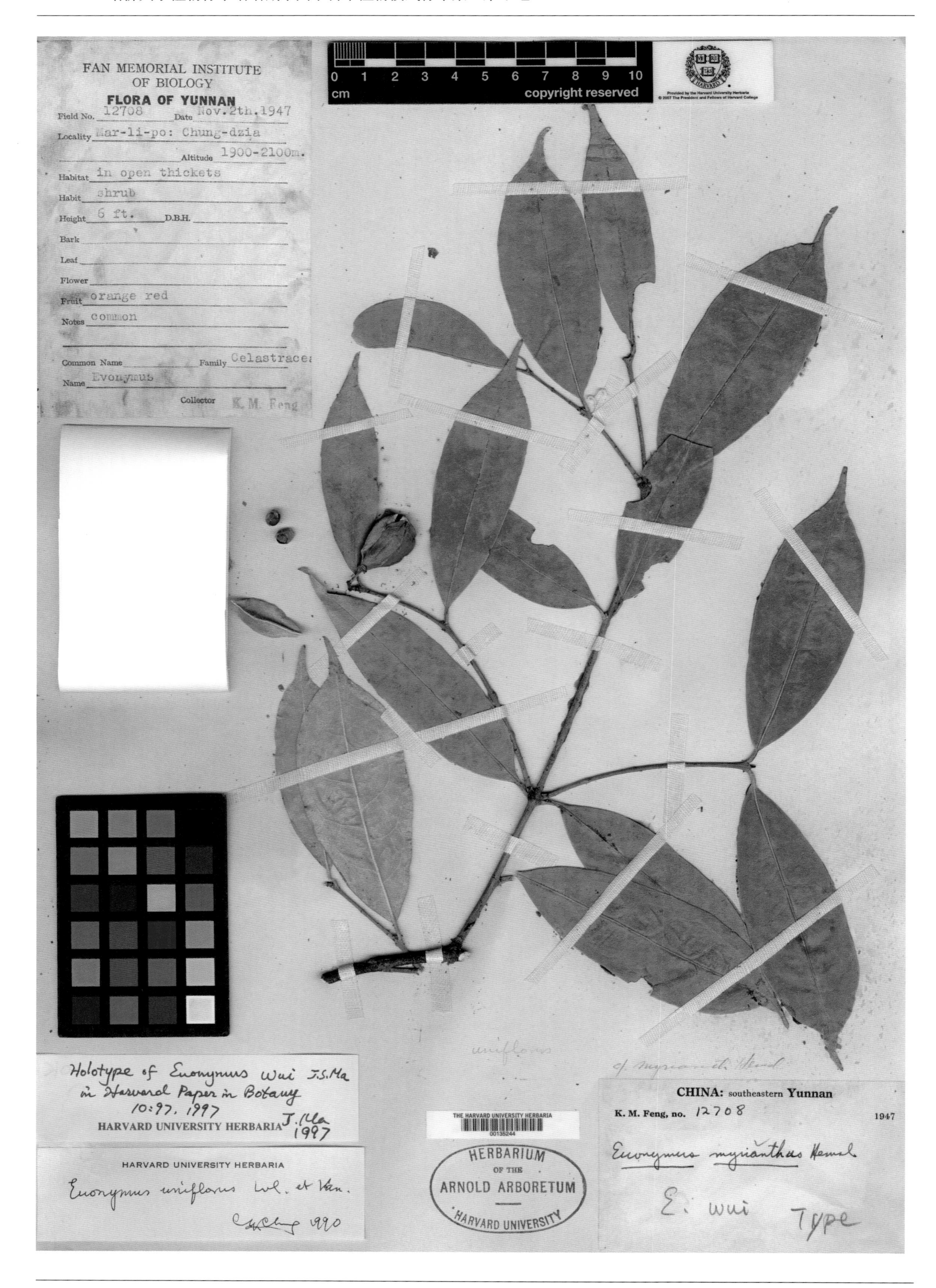

征镒卫矛 ***Euonymus wui*** J. S. Ma in Harvard Papers Bot. 10: 97, f. 13. 1997. **Holotype:** China. Yunnan: Malipo, alt. 1 900～2 100 m, 1947-11-02, K. M. Feng 12708 (A).

宜昌卫矛 ***Euonymus yedoensis*** Koehne var. ***koehneanus*** Loes. in Sargent, Pl. Wils. 1(3): 491. 1913. **Holotype:** China. Hubei: Yichang, alt. 915~1 830 m, 1907-05-26, E. H. Wilson 353 a (A).

云南卫矛 ***Euonymus yunnanensis*** Franch. in Bull. Soc. Bot. France 33: 454. 1886. **Isotype:** China. Yunnan: Heqing, Tapintze (=Dapingzi), 1885-04-09, Delavay 1527 (GH).

海南美登木 ***Gymnosporia hainanensis*** Merr. & Chun in Sunyatsenia 2: 267, pl. 55. 1935. **Isotype:** China. Hainan: Yaichow (=Sanya), alt. 244 m, 1933-05-29, F. C. How 70824 (A).

吊罗裸实 ***Gymnosporia tiaoloshanensis*** Chun & How in Acta Phytotax. Sin. 7(1): 52, pl. 17: 2. 1958. **Isotype:** China. Hainan: Ledong, 1932-12-??, S. K. Lau 28385 (A).

尾尖假卫矛 ***Microtropis caudata*** C. Y. Cheng & T. C. Kao in Acta Phytotax. Sin. 26: 313, pl. 3: 1–2. 1988. **Isoparatype:** China. Yunnan: Maguan, alt. 1 800 m, 1933-03-01, H. T. Tsai 51866 (A).

福建假卫矛 ***Microtropis fokienensis*** Dunn in J. Linn. Soc. Bot. 38: 357. 1908. **Isotype:** China. Fujian: Nanping, Yanping, alt. 1 525 m, 1905-(04-06)-??, Hong Kong Herb. 2394 (A).

密花假卫矛 ***Microtropis gracilipes*** Merr. & Metc. in Lingnan Sci. J. 16(1): 88, f. 6. 1937. **Isosyntype:** China. Guangdong: Dapu, 1932-07-16, W. T. Tsang 21195 (A).

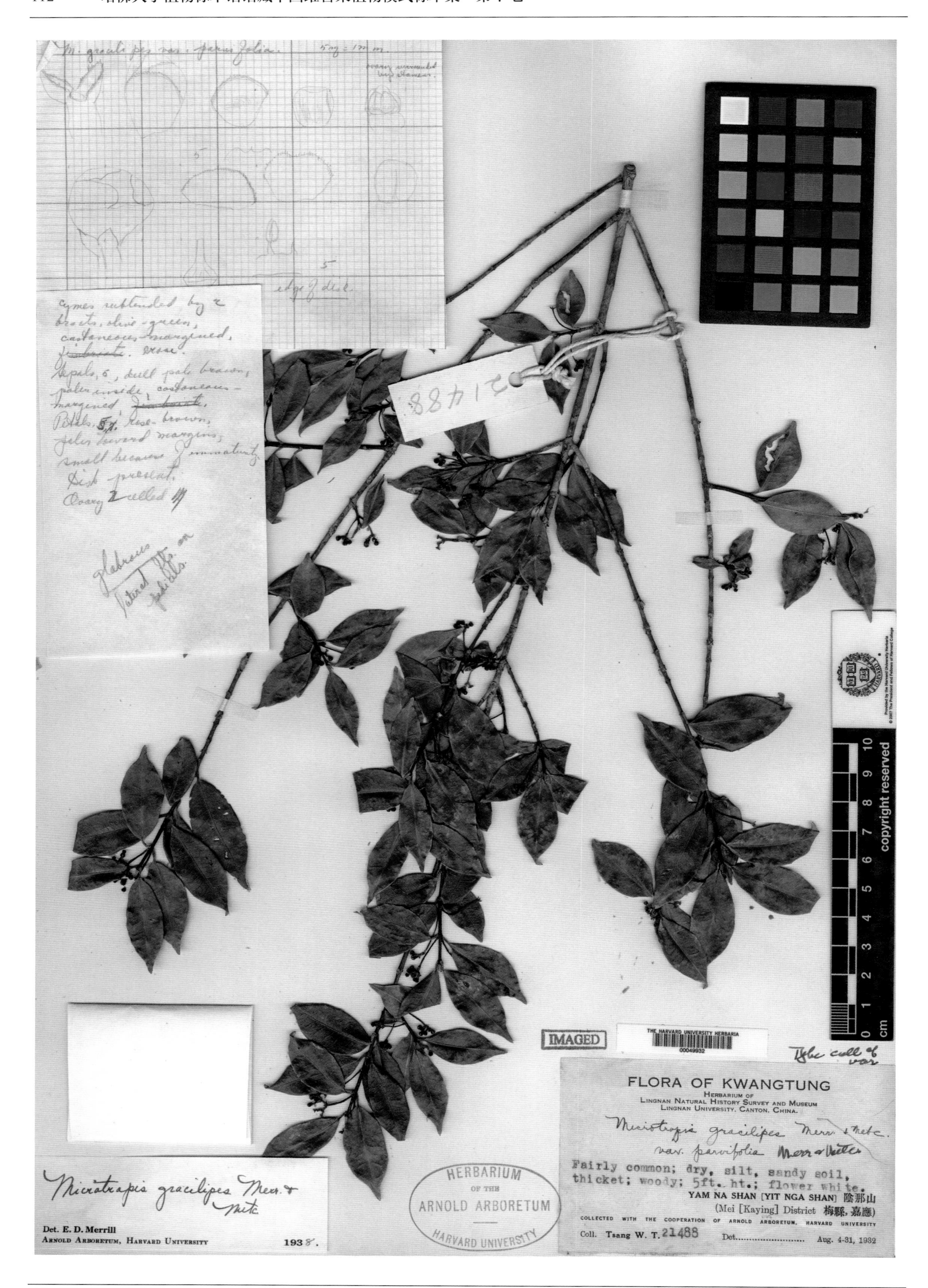

小叶密花假卫矛 ***Microtropis gracilipes*** Merr. & Metc. var. ***parvifolia*** Merr. & Metc. in Lingnan Sci. J. 16(1): 88. 1937.

Isotype: China. Guangdong: Mei Xian, 1932-08-(04-31), W. T. Tsang 21488 (A).

云南假卫矛 ***Microtropis illiciifolia*** Koiz. var. ***yunnanensis*** Hu in Bull. Fan Mem. Inst. Biol., Bot. 7: 214. 1936. **Isoparatype:** China. Yunnan: Wenshan, alt. 1 800 m, 1933-02-11, H. T. Tsai 51738 (A).

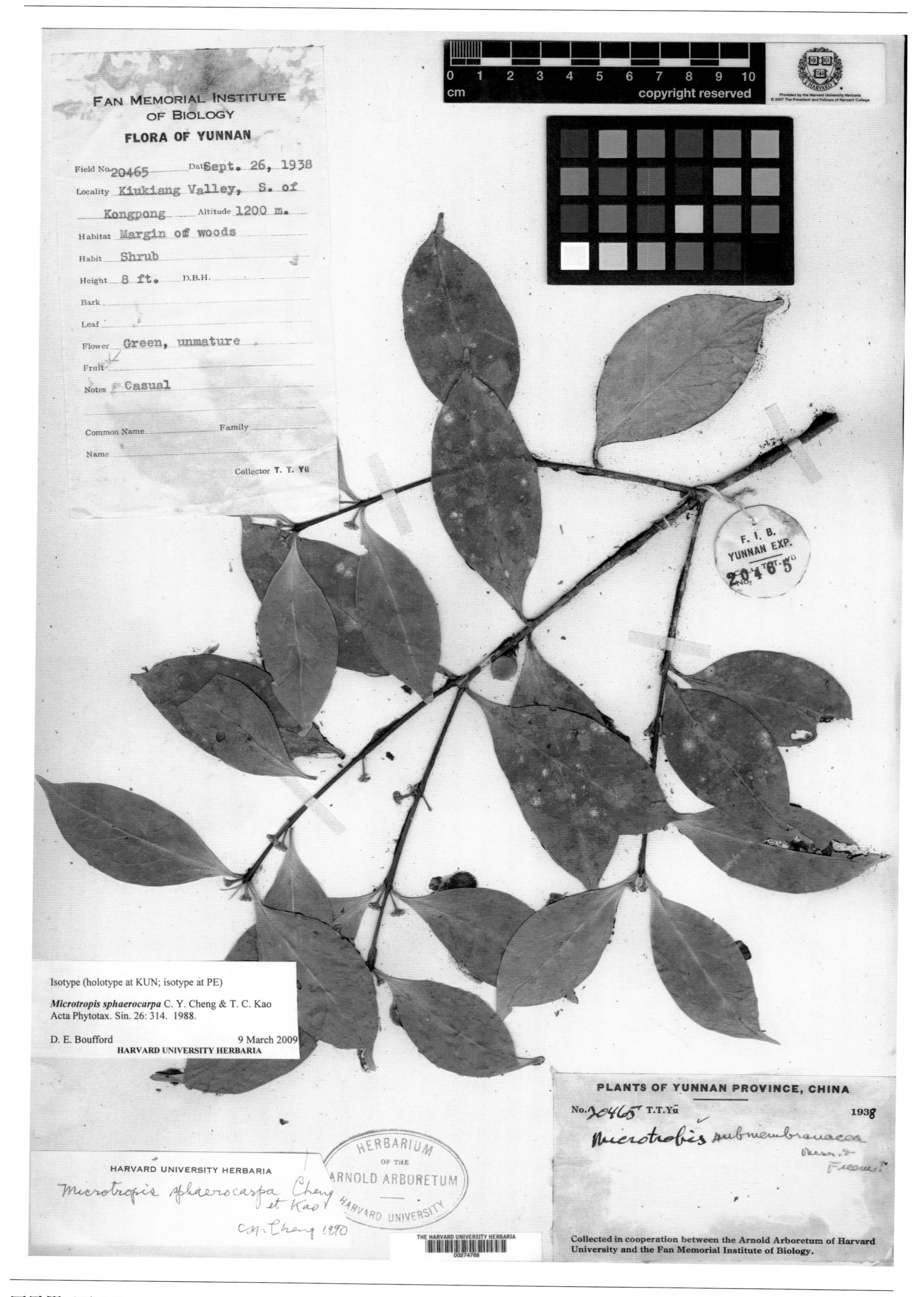

圆果假卫矛 ***Microtropis sphaerocarpa*** C. Y. Chang ex T. C. Kao in Acta Phytotax. Sin. 26: 314, pl. 1: 3. 1988. **Isotype:** China. Yunnan: Gongshan, Kiukiang Valley (=Dulong Jiang), alt. 1 200 m, 1938-09-26, T. T. Yu 20465 (A).

永瓣藤 ***Monimopetalum chinense*** Rehd. in J. Arnold Arbor. 7(4): 234. 1926. **Holotype:** China. Anhui: Qimen, alt. 122 m, 1925-08-03, R. C. Ching 3096 (A).

槭树科

Aceraceae

阔叶槭 ***Acer amplum*** Rehd in Sargent, Pl. Wils. 1(1): 86. 1911. **Syntype:** China. Hubei: Badong, alt. 1 525 m, 1907-07-??, E. H. Wilson 1906 (A).

建水阔叶槭 ***Acer amplum*** Rehd. var. ***jianshuiense*** W. P. Fang in Acta Phytotax. Sin. 17(1): 68, pl. 9: 4. 1979. **Isotype:** China. Yunnan: Jianshui, alt. 1 800 m, 1933-(04-05)-??, H. T. Tsai 57010 (A).

狭叶槭 ***Acer angustilobum*** Hu in J. Arnold Arbor. 12(3): 154. 1931. **Isotype:** China. Guangxi: Luocheng, alt. 671 m, 1928-06-08, R. C. Ching 5802 (A).

桦叶四蕊槭 ***Acer betulifolium*** Maxim. in Trudy Imp. S.-Peterb. Bot. Sada 11(1): 108. 1889. **Isosyntype:** China. Hubei: Yichang, 1885-??-??, A. Henry 515 (GH).

两色槭*Acer bicolor* F. Chun in J. Arnold Arbor. 28: 420. 1948. **Isotype:** China. Guangxi: Xiangzhou, Yao Shan, 1936-06-19, C. Wang 39468 (A).

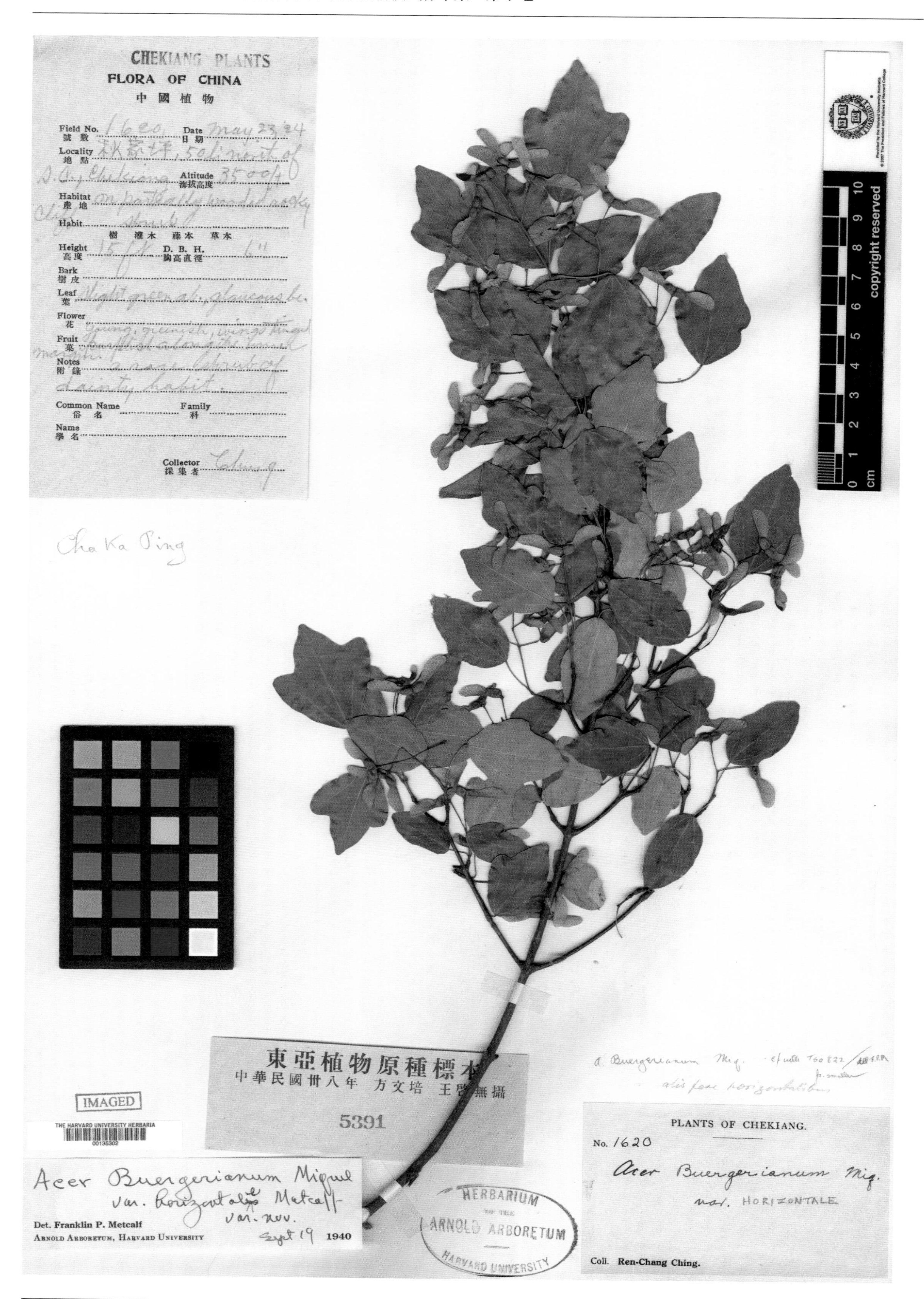

平翅三角槭 ***Acer buergerianum*** Miq. var. ***horizontale*** Metc. in Lingnan Sci. J. 20: 219, f. 2. 1942. **Syntype:** China. Zhejiang: Xianju, alt. 1 068 m, 1924-05-23, R. C. Ching 1620 (A).

云南扇叶槭 ***Acer campbellii*** Hiern var. ***yunnanense*** Rehd. in Sargent, Trees & Shrubs 1(4): 179. 1905. **Holotype:** China. Yunnan: Mengzi, alt. 2 440 m, A. Henry 10495 (A).

圆齿两色槭 ***Acer cappadocicum*** Gleditsch var. ***serrulatum*** Metc. in Lingnan Sci. J. 20: 220. 1942. **Holotype:** China. Guangxi: Xiangzhou, Yao Shan, 1936-??-??, C. Wang 39538 (A).

小叶青皮槭 ***Acer cappadocicum*** Gleditsch var. ***sinicum*** Rehd. in Sargent, Pl. Wils. 1(1): 85. 1911. **Syntype:** China. Sichuan: Kangding, alt. 2 318 m, 1908-07-05, E. H. Wilson 1903(A).

梓叶槭 ***Acer catalpifolium*** Rehd. in Sargent, Pl. Wils. 1(1): 87. 1911. **Syntype:** China. Sichuan: Ya-chou (=Ya'an), alt. 458~610 m, 1910-10-??, E. H. Wilson 4208 (A).

川滇长尾槭 ***Acer caudatum*** Pax var. ***prattii*** Rehd. in Sargent, Trees & Shrubs 1: 164. 1905. **Syntype:** China. Sichuan: Tachien-lu (=Kangding), alt. 2 745~4 118 m, 1890-12-??, A. E. Pratt 69 (GH).

龙里槭 ***Acer cavaleriei*** Lévl. in Feede, Repert. Sp. Nov. 10: 432. 1912. **Isotype:** China. Guizhou: Ma-Jo (=Longli), 1908-09-??, J. Cavalerie 3345 (A).

蜡枝槭 ***Acer ceriferum*** Rehd. in Sargent, Pl. Wils. 1(1): 89. 1911. **Holotype:** China. Hubei: Fang Xian, alt. 1 525 m, 1907-06-10, E. H. Wilson 1934 (A).

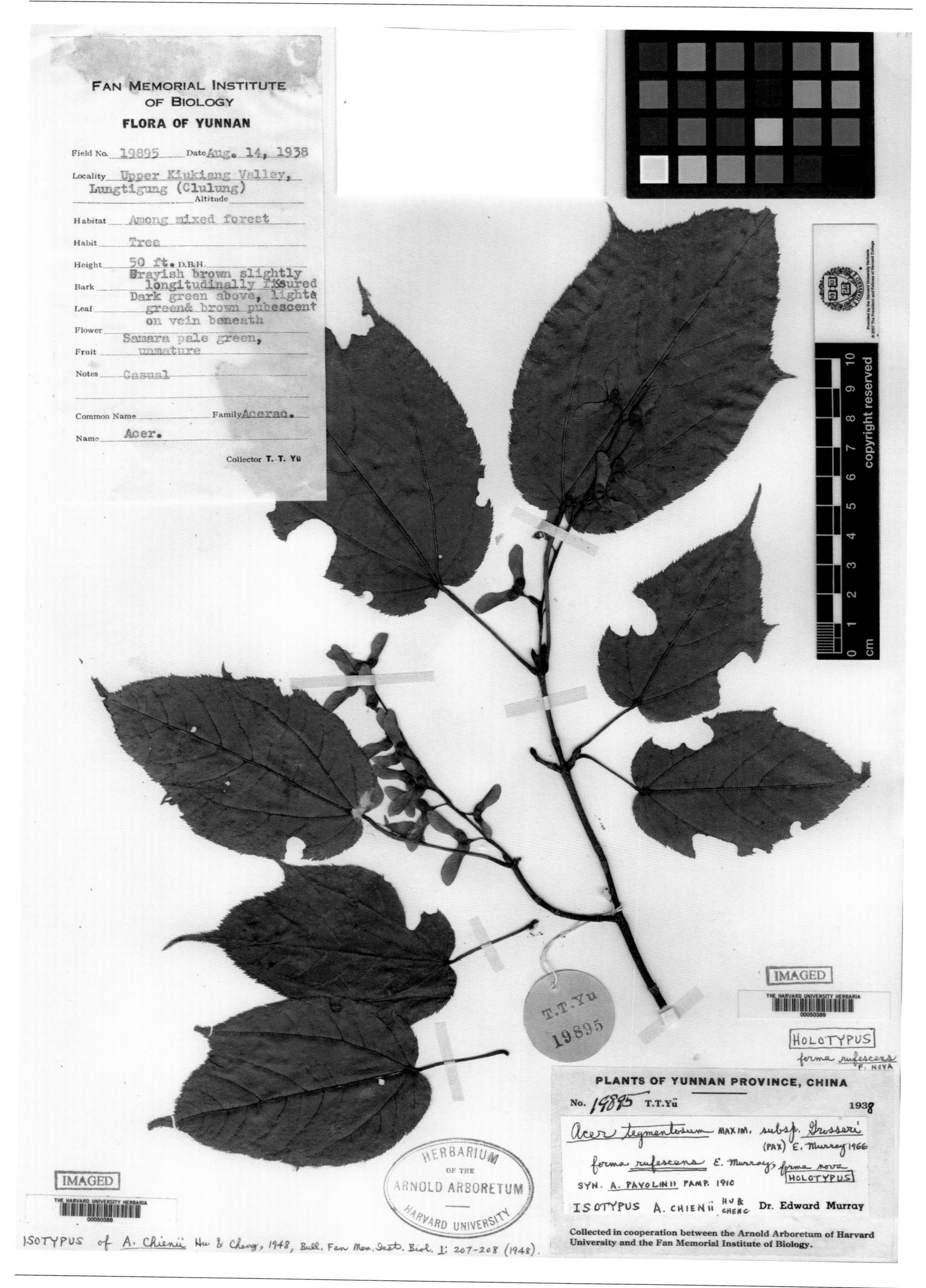

怒江槭 ***Acer chienii*** Hu & W. C. Cheng in Bull. Fan Mem. Inst. Biol., New Ser. 1(2): 207. 1948. **Isotype:** China. Yunnan: Gongshan, 1938-08-14, T. T. Yu 19895 (A).

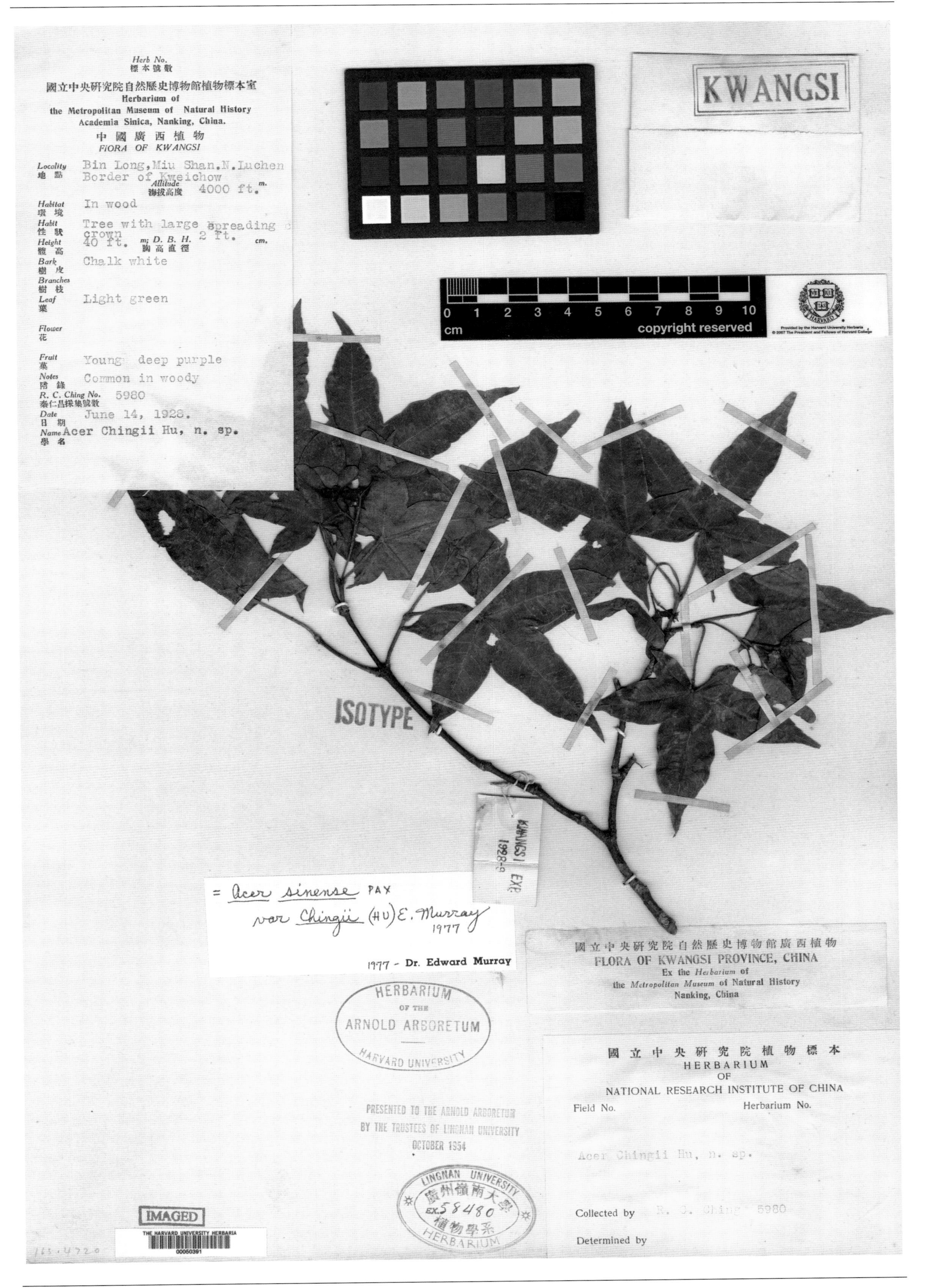

黔桂槭 *Acer chingii* Hu in J. Arnold Arbor. 11(4): 224. 1930. **Isotype:** China. Guangxi: Luocheng, alt. 1 220 m, 1928-06-14, R. C. Ching 5980 (A).

密叶槭 ***Acer confertifolium*** Merr. & Metc. in Lingnan Sci. J. 16(2): 167, f. 7. 1937. **Holotype:** China. Guangdong: Mei Xian, 1932-08-(04-31), W. T. Tsang 21407 (A).

紫果槭 ***Acer cordatum*** Pax in Hook. Icon. Pl. 19(4): text to pl. 1897. 1889. **Isotype:** China. Hubei: Precise locality not known, (1885—1888)-??-??, A. Henry 7721 (GH).

小紫果槭 ***Acer cordatum*** Pax var. ***microcordatum*** Metc. in Lingnan Sci. J. 11(2): 199. 1932. **Isosyntype:** China. Zhejiang: Taishun, alt. 610 m, 1924-07-16, R. C. Ching 2093 (A).

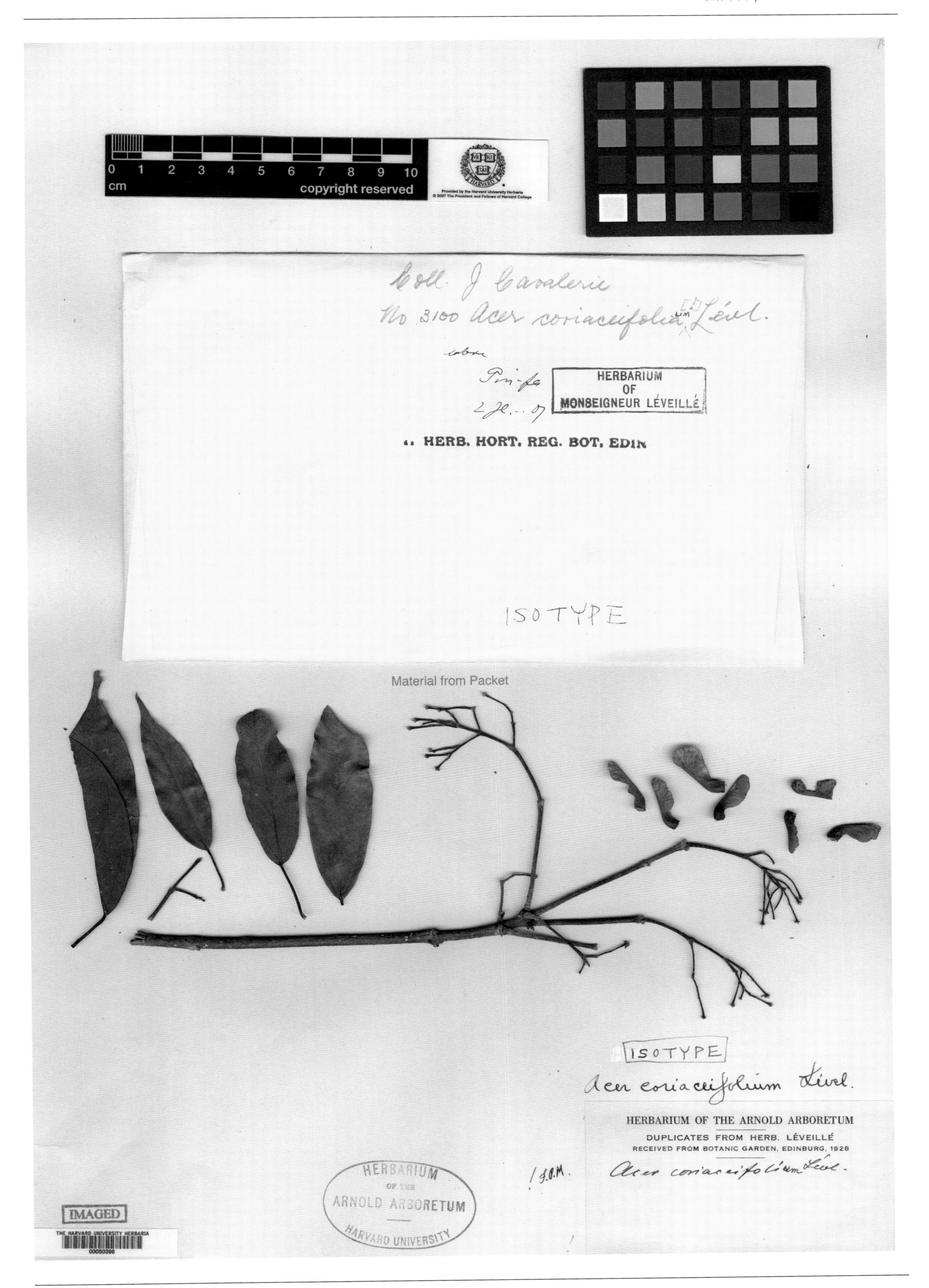

革叶槭 ***Acer coriaceifolium*** Lévl. in Feede, Repert. Sp. Nov. 10: 433. 1912. **Isotype:** China. Guizhou: Guiding, Pin-Fa, 1907-07-02, J. Cavalerie 3100 (A).

光叶青榨槭 ***Acer davidii*** Franch. var. ***glabrescens*** Pax in Hook. Icon. Pl. 19: sub pl. 1897. 1889. **Isotype:** China. Sichuan: Precise locality not konwn, (1885—1888)-??-??, A. Henry 7085 (GH).

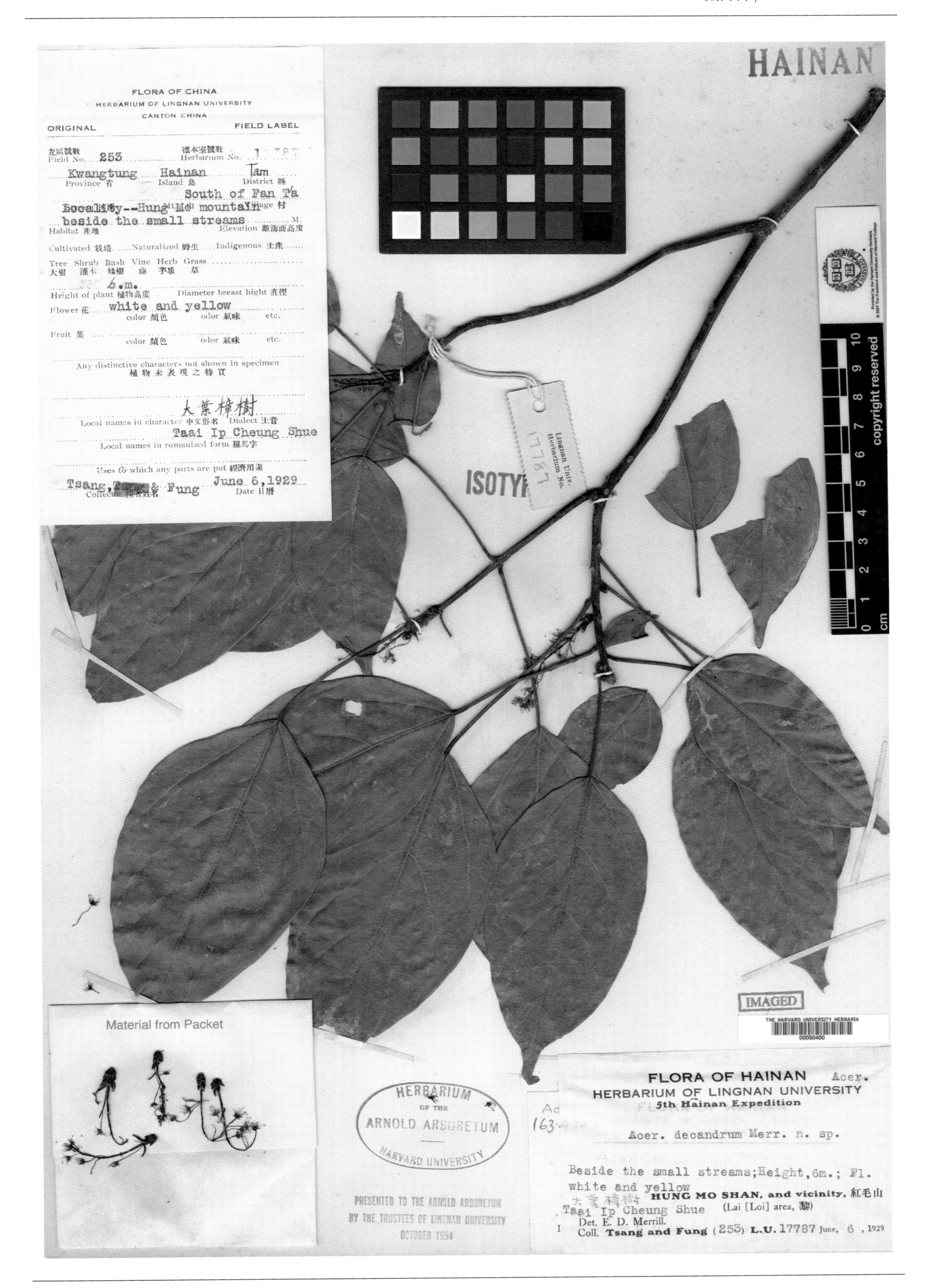

十蕊槭 ***Acer decandrum*** Merr. in Lingnan Sci. J. 11(1): 47. 1932. **Isotype:** China. Hainan: Hongmao Shan, 1929-06-06, W. T. Tsang & H. Fung 253(=L. U. 17787) (A).

平伐槭 ***Acer dielsii*** Lévl. in Feede, Repert. Sp. Nov. 10: 432. 1912. **Isotype:** China. Guizhou: Guiding, Pin-Fa, 1903-06-23, J. Cavalerie 1097 (A).

两型叶网脉槭 ***Acer dimorphifolium*** Metc. in Lingnan Sci. J. 11(2): 201, f. 3–5. 1932. **Holotype:** China. Fujian: Precise locality not known, 1905-(04-06)-??, Dunn's Exped. s. n. (=Hongkong Herb. 2543) (A).

中华重齿槭 ***Acer duplicatoserratum*** Hayata var. ***chinense*** C. S. Chang in J. Arnold Arbor. 71: 557, f. s. n. 1990. **Holotype:** China. Jiangxi: Wuyuan, Changgon Shan, alt. 763 m, 1925-08-17, R. C. Ching 3243 (A).

毛花槭 ***Acer erianthum*** Schwerin ex Pax in Mitt. Deutsch. Dendr. Ges. 10: 59. 1901. **Isotype:** China. Sichuan: Precise locality not known, A. Henry 8989 (GH).

啮蚀槭 ***Acer erosum*** Pax in Hook. Icon. Pl. 19: pl. 1897. 1889. **Isotype:** China. Hubei: Precise locality not known, (1885—1888)-??-??, A. Henry 6937 (GH).

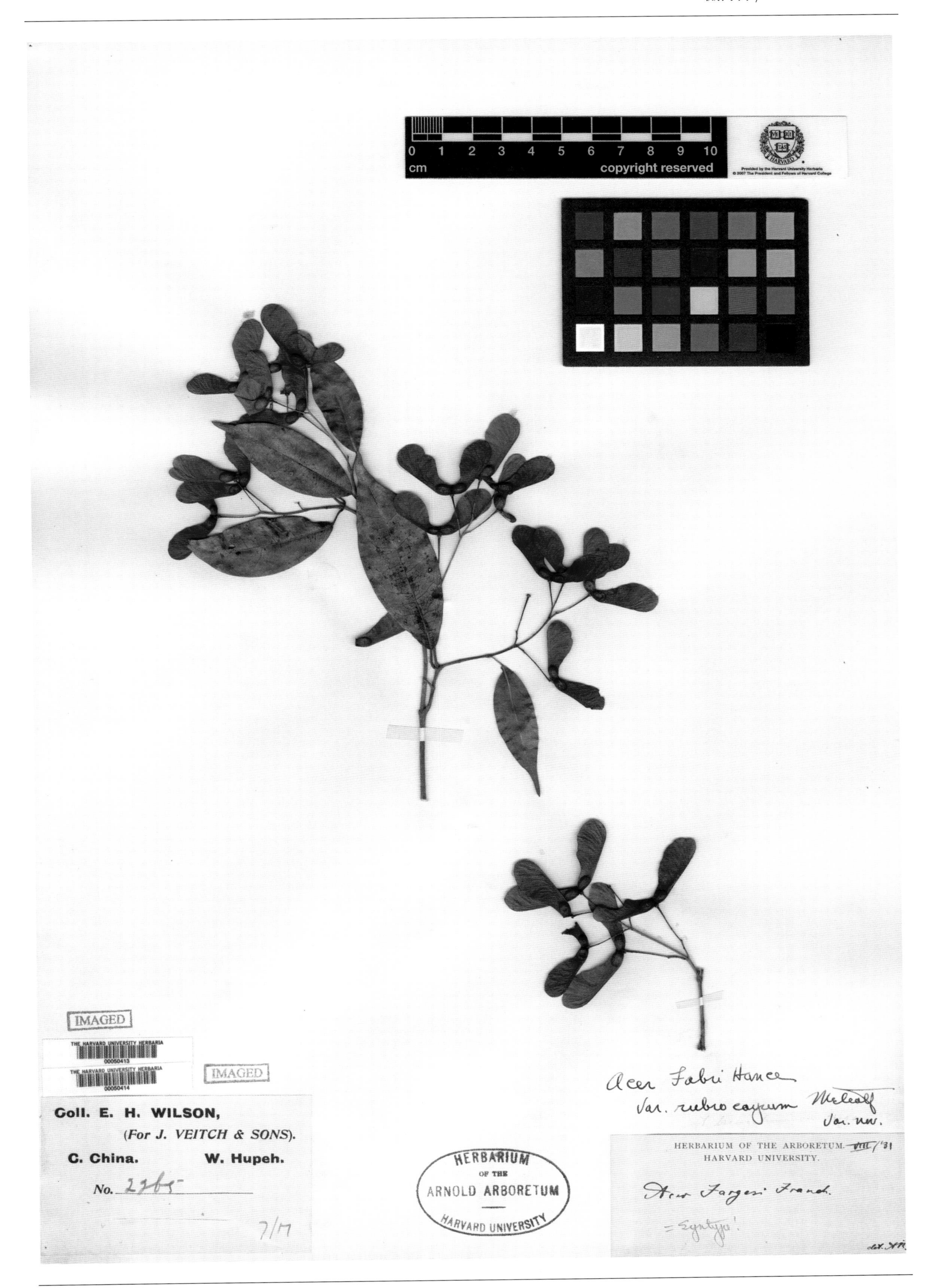

红果罗浮槭 ***Acer fabri*** Hance var. ***rubrocarpum*** Metc. in Lingnan Sci. J. 11(2): 206. 1932. **Syntype:** China. Hubei: Western Hubei, Precise locality not known, 1907-07-??, E. H. Wilson 2265 (A).

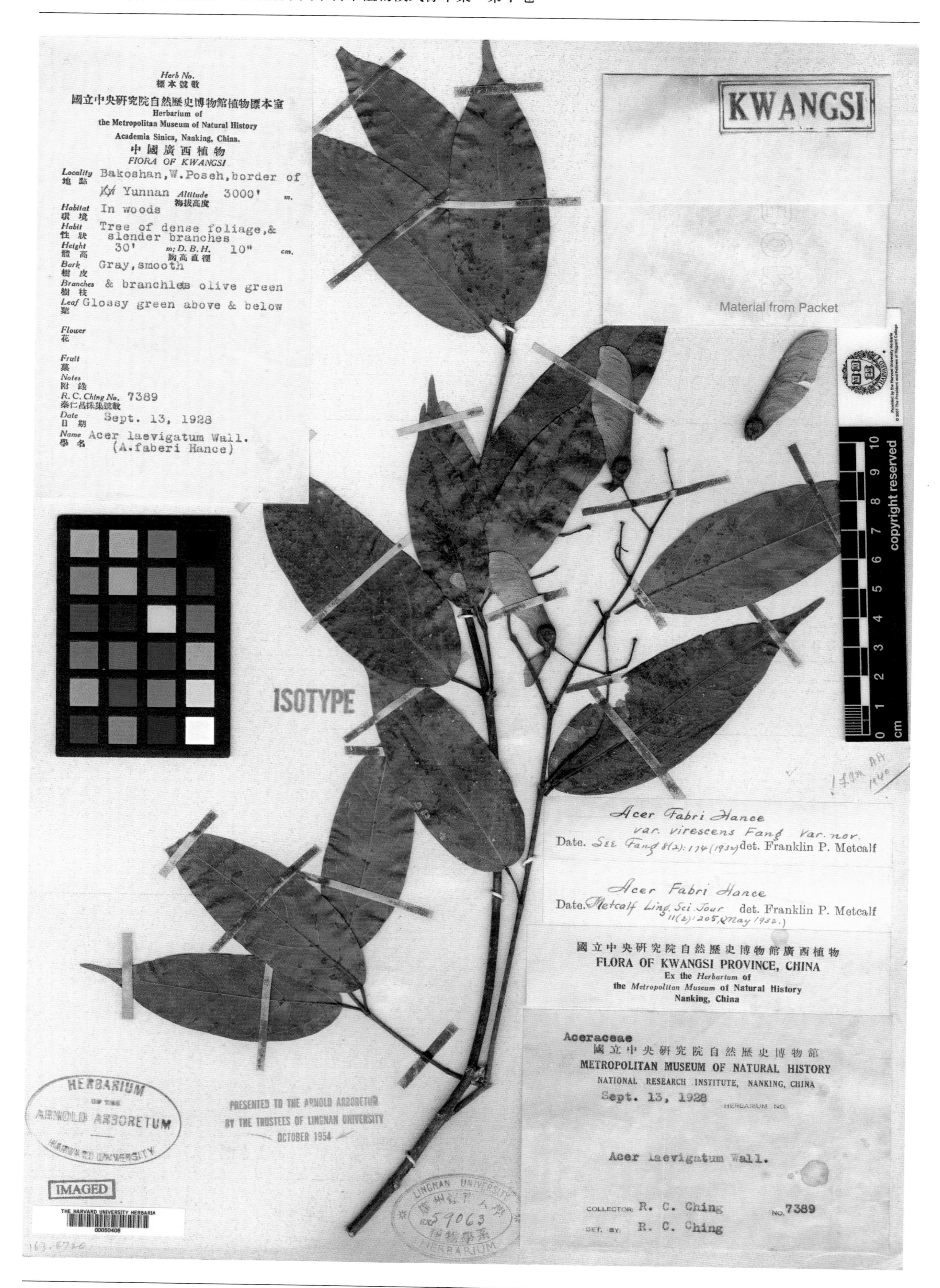

毛梗罗浮槭 ***Acer fabri Hance*** var. ***virescens*** W. P. Fang in Contrib. Biol. Lab. Sci. Soc. China, Bot. Ser. 8: 174. 1932. **Isotype:** China. Guangxi: Baise, alt. 915 m, 1928-09-13, R. C. Ching 7389 (A).

城口槭 ***Acer fargesii*** Franch. ex Rehd. in Sargent, Trees & Shrubs 1(4): 180. 1905. **Syntype:** China. Chongqing: Chengkou, R. P. Farges s. n. (A).

城口槭 ***Acer fargesii*** Franch. ex Rehd. in Sargent, Trees & Shrubs 1(4): 180. 1905. **Syntype:** China. Hubei: Changyang, 1901-06-??, E. H. Wilson 1993 (A).

扇叶槭 ***Acer flabellatum*** Rehd. in Sargent, Trees & Shrubs 1(4): 161, pl. 81. 1905. **Syntype:** China. Hubei: Badong, 1907-06-??, E. H. Wilson 708 (A).

扇叶槭 ***Acer flabellatum*** Rehd. in Sargent, Trees & Shrubs 1(4): 161, pl. 81. 1905. **Syntype:** China. Hubei: Precise locality not known, (1885—1888)-??-??, A. Henry 6900 (GH).

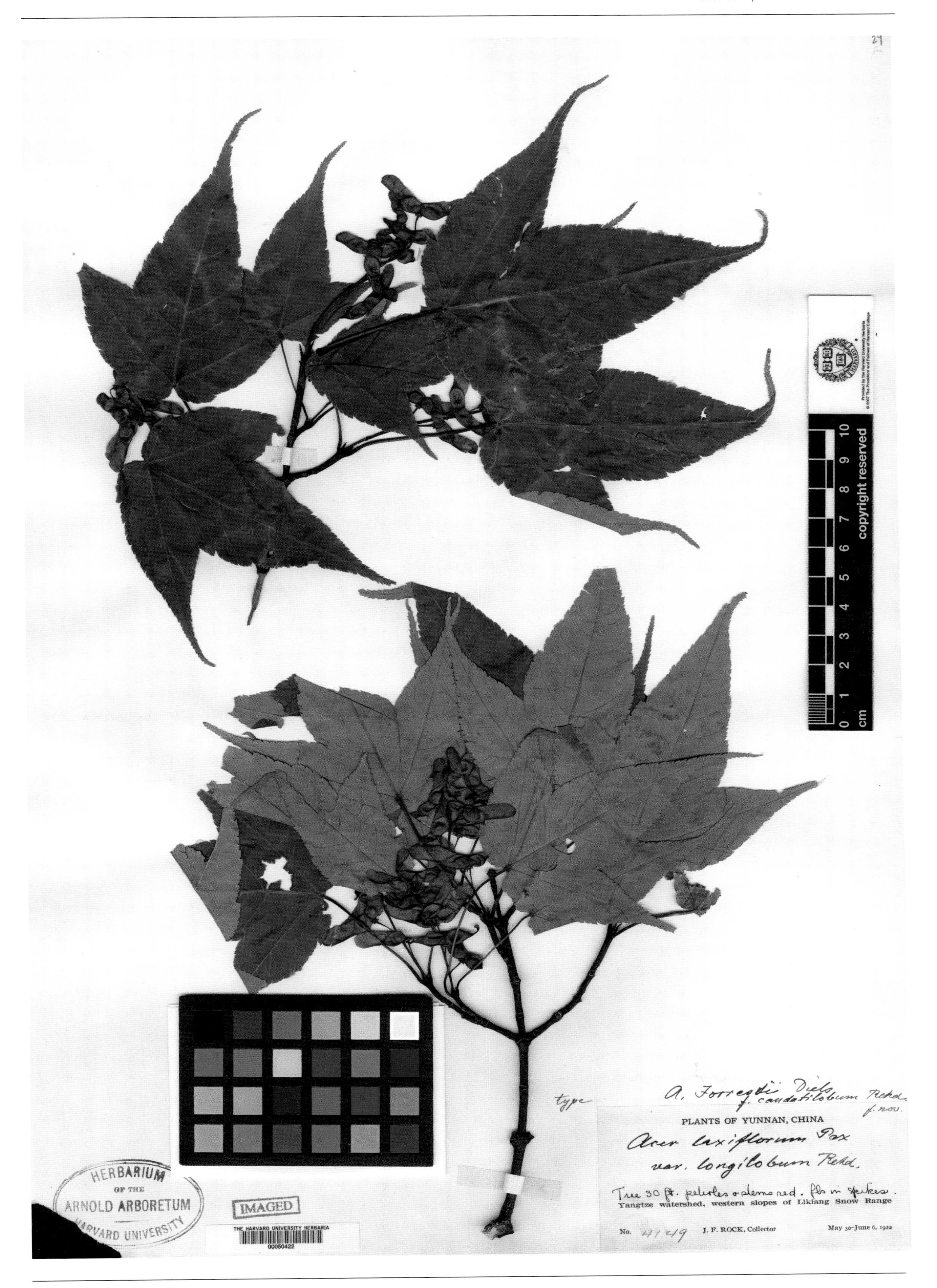

尖尾篦齿槭 ***Acer forrestii*** Diels var. ***caudatilobum*** Rehd. in J. Arnold Arbor. 14: 217. 1933. **Holotype:** China. Yunnan: Lijiang, 1922-05-30/06-06, J. F. Rock 4149 (A).

房县槭 ***Acer franchetii*** Pax in Hook. Icon. Pl. 19: text to pl. 1897. 1889. **Isotype:** China. Hubei: Fang Xian, (1885—1888)-??-??, A. Henry 6456 (GH).

FAN MEMORIAL INSTITUTE OF BIOLOGY
FLORA OF YUNNAN

Field No. 63943 Date June 1935
Locality 維西縣 (Wei-si Hsien)
Altitude 3500 m.
Habitat Under forest
Habit
Height 60 ft. D.B.H.
Bark
Leaf
Flower
Fruit greenish white (bear hair)
Notes
Common Name Family
Name
Collector 王啓無 C. W. Wang

0 1 2 3 4 5 6 7 8 9 10 cm copyright reserved

YUNNAN C.W.WANG 1935-36 63943

= Acer sterculiaceum Wall. subsp. Franchetii (Pax) E. Murray var. tomentosum E. Murray, Kalmia 6 (1974)
ISOTYPE of A. Franchetii var. acuminatilobum FANG, 1966
Dr. Edward Murray 1977

PLANTS OF YUNNAN PROVINCE, CHINA
No. 63943 C.W.Wang 1935-36
Acer "villosum" sensu Wall. non Presl 1822
Collected in cooperation between the Arnold Arboretum of Harvard University and the Fan Memorial Institute of Biology.

尖裂房县槭 *Acer franchetii* Pax var. ***acuminatilobum*** W. P. Fang & H. F. Chow in Acta Phytotax. Sin. 11(2): 178. 1966.

Isotype: China. Yunnan: Weixi, alt. 3 500 m, 1935-06-??, C. W. Wang 63943 (A).

大槭 *Acer franchetii* Pax var. ***majus*** Hu in Bull. Fan Mem. Inst. Biol., Bot. 8: 37. 1937. **Isotype:** China.Yunnan: Nan-Chiao (=Menghai), alt. 1780 m,1936-06-??, C. W. Wang 75292 (A).

黄毛槭 *Acer fulvescens* Rehd. in Sargent, Pl. Wils. 1: 84. 1911. **Holotype:** China. Sichuan: Kuan Hsien (=Dujiangyan), alt. 2 135~2 745 m, 1908-09-??, E. H. Wilson 1004 (A).

纤瘦槭 ***Acer gracile*** W. P. Fang & M. Y. Fang in Acta Phytotax. Sin. 11(2): 155. 1966. **Isotype:** China. Sichuan: Mabian, 1930-05-28, W. P. Fang 1607 (A).

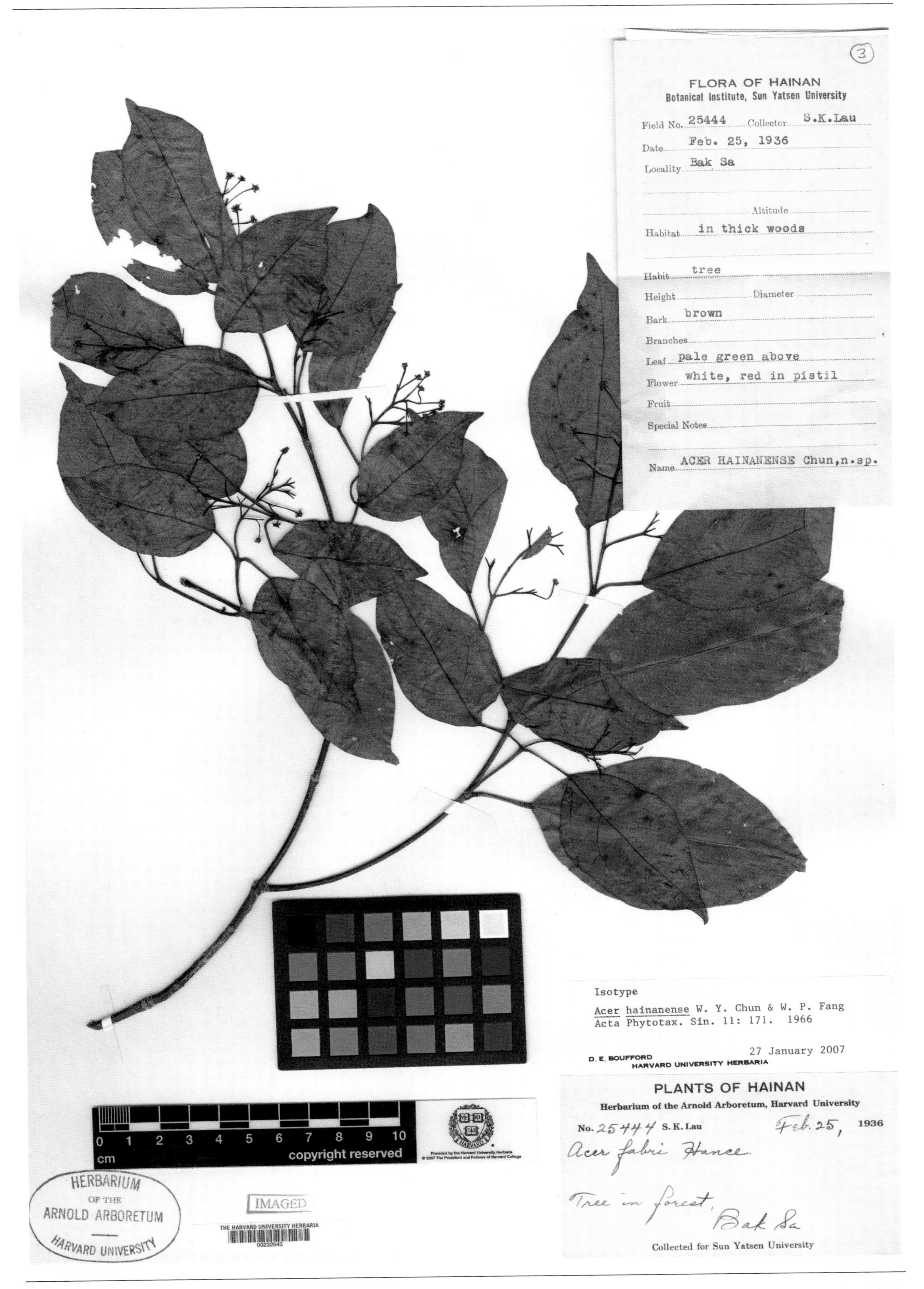

海南槭 ***Acer hainanense*** F. Chun & W. P. Fang in Acta Phytotax. Sin. 11(2): 171. 1966. **Isotype:** China. Hainan: Baisha, 1936-02-25, S. K. Lau 25444 (A).

中间型建始槭 ***Acer henryi*** Pax f. intermedium W. P. Fang in Contr. Biol. Lab. Sci. Soc. China, Bot. Ser.. 7(6): 187. 1932.
Isosyntype: China. Jiangxi: Wuyuan, alt. 610 m, 1935-08-18, R. C. Ching 3255 (A).

七裂槭 ***Acer heptalobum*** Diels in Notizbl. Bot. Gart. Mus. Berlin. 11: 211. 1931. **Isotype:** China. Yunnan: Weixi, Jizhua Shan, alt. 3 850 m, 1928-06-??, J. F. Rock 17071 (A).

河南槭 ***Acer hersii*** Rehd. in J. Arnold Arbor. 3: 217. 1922. **Holotype:** China. Henan: Dengfeng, Yudai Shan, alt. 800 m, 1919-04-23, J. Hers 219 (A).

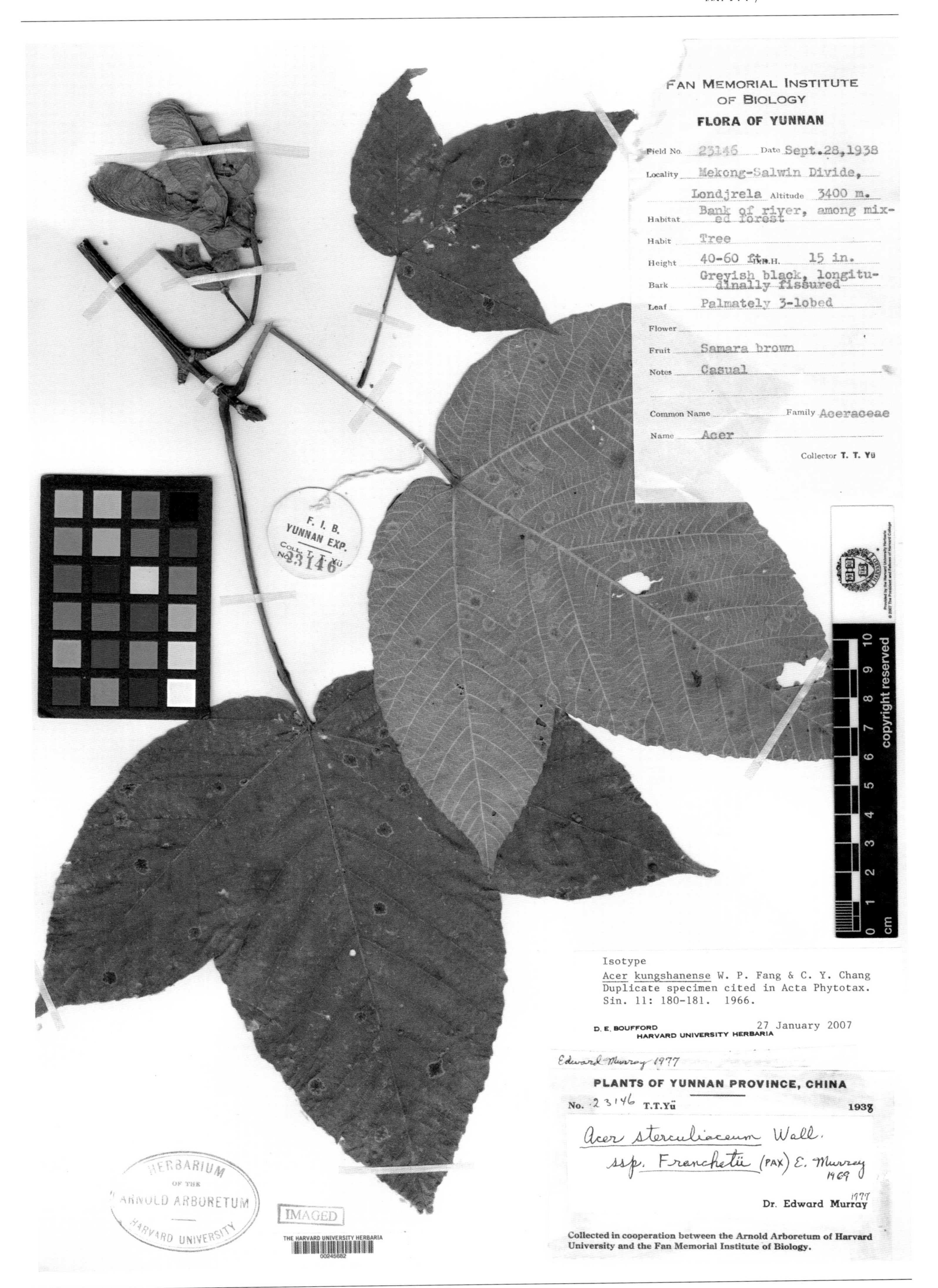

贡山槭 ***Acer kungshanense*** W. P. Fang & C. Y. Chang in Acta Phytotax. Sin. 11(2): 180. 1966. **Holotype:** China. Yunnan: Gongshan, alt. 3 400 m, 1938-09-28, T. T. Yu 23146 (A).

国楣槭 ***Acer kuomeii*** W. P. Fang & M. Y. Fang in Acta Phytotax. Sin. 11(2): 156. 1966. **Isotype:** China. Yunnan: Xichou, alt. 1 500~1 550 m, 1947-09-17, K. M. Feng 11818 (A).

广南槭 ***Acer kwangnanense*** Hu & W. C. Cheng in Bull. Fan Mem. Inst. Biol., n. s. 1: 204. 1948. **Isotype:** China. Yunnan: Pingbian, 1934-05-31, H. T. Tsai 62005 (A).

绒毛槭 ***Acer laetum*** C. A. Mey. var. ***tomentosum*** Rehd. in Sargent, Trees & Shrubs 1: 178. 1905. **Holotype:** China. Hubei: Chienshi (=Jianshi), 1900-05-??, E. H. Wilson 550 (A).

疏花槭 ***Acer laxiflorum*** Pax in Engler, Pflanzenr. 8(IV. 163): 36. 1902. **Isosyntype:** China. Sichuan: Emeishan, Emei Shan, alt. 2 135 m, R. E. Faber 453 (A).

长叶疏花槭 ***Acer laxiflorum*** Pax var. ***longilobum*** Rehd. in Sargent, Pl. Wils. 1(1): 94. 1911. **Holotype:** China. Sichuan: Peng zhou, Jiufeng Shan, alt. 2 288 m, 1908-05-23, E. H. Wilson 1927 (A).

长柄槭 ***Acer longipes*** Franch. ex Rehd. in Sargent, Trees & Shrubs 1(4): 178. 1905. **Syntype:** China. Chongqing: Chengkou, R. P. Farges s. n. (A).

明叶槭 ***Acer lucidum*** Metc. in Lingnan Sci. J. 11: 197. 1932. **Isotype:** China. Guangdong: Shuichow (=Shaoguan), 1919-04-25, K. P. To & E. H. Groff 104 (=Canton Christian College Herb. 2864) (A).

东北槭 ***Acer mandshuricum*** Maxim. in Bull. Acad. Imp. Sci. St.-Petersb., ser. 3. 12: 228. 1868. **Isotype:** China. Jilin: Ninggu, 1860-??-??, Maximowicz s. n. (GH).

五尖槭 ***Acer maximowiczii*** Pax in Hook. Icon. Pl. 19: pl. 1897. 1899. **Isosyntype:** China. Hubei: Fang Xian, (1885—1888)-??-??, A. Henry 6857 (GH).

紫叶五尖槭 ***Acer maximowiczii*** Pax ssp. ***porphyrophyllum*** W. P. Fang in Acta Phytotax. Sin. 17: 84, pl. 14: 1. 1979. **Isotype:** China. Guangxi: Quanzhou, 1936-05-20, Z. S. Chung 81663 (A).

南岭槭 ***Acer metcalfii*** Rehd. in J. Arnold Arbor. 14: 221. 1933. **Holotype:** China. Guangdong: Qujiang, Longtou Shan, 1924-05-22/07-05, Canton Christian College 12135 (A).

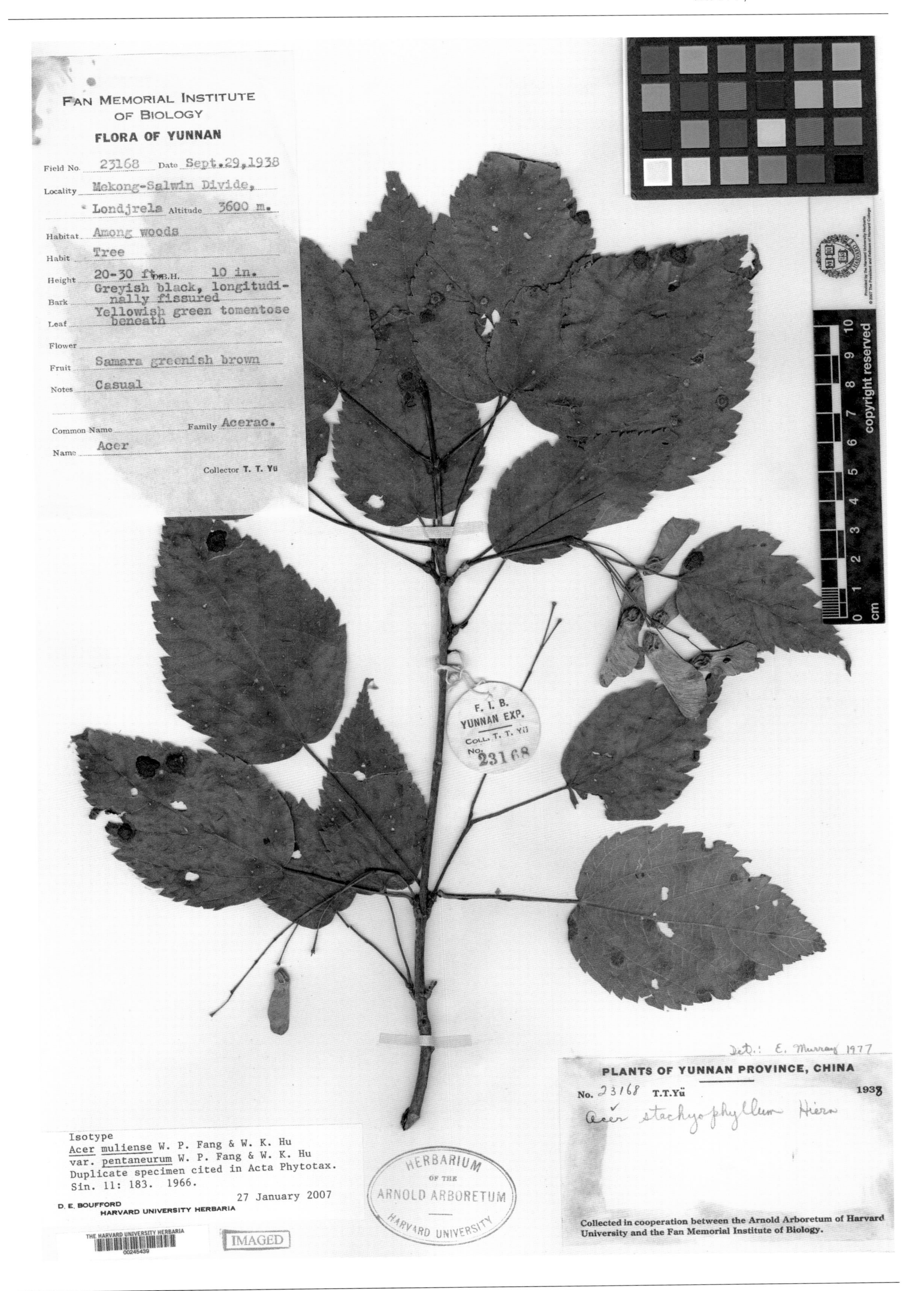

五脉木里槭 ***Acer muliense*** W. P. Fang & W. K. Hu var. ***pentaneurum*** W. P. Fang & W. K. Hu in Acta Phytotax. Sin. 11(2): 183. 1966. **Isotype:** China. Yunnan: Gongshan, alt. 3 600 m, 1938-09-29, T. T. Yu 23168 (A).

血皮槭 ***Acer nikoense*** Maxim. var. ***griseum*** Franch. in J. Bot. (Morot) 8: 294. 1894. **Isotype:** China. Chongqing: Chengkou, alt. 1 400 m, R. P. Farges 955 (A).

大果槭 ***Acer nikoense*** Maxim. var. ***megalocarpum*** Rehd. in Sargent, Pl. Wils. 1: 98. 1911. **Syntype:** China. Hubei: Xingshan, alt. 1 525~1 830 m, 1907-11-??, E. H. Wilson 638 (A).

宽翅飞蛾槭 ***Acer oblongum*** Wall. ex DC. var. ***latialatum*** Pax in Engl. Pflanzenreich 8(Ⅳ. 163): 31. 1902. **Isotype:** China. Hubei: Badong, 1889-03-??, A. Henry 6392 (A).

大果飞蛾槭 ***Acer oblongum*** Wall. ex DC. var. ***macrocarpum*** Hu in J. Arnold Arbor. 12(3): 154. 1931. **Isotype:** China. Guangxi: Luocheng, alt. 300 m, 1928-05-23, R. C. Ching 5220 (A).

五裂槭 ***Acer oliverianum*** Pax in Hook. Icon. Pl. 19(4): pl. 1897. 1889. **Isotype:** China. Hubei: Precise locality not known, (1885—1888)-??-??, A. Henry 6512 (GH).

稀花槭 ***Acer pauciflorum*** W.P. Fang in Contrib. Biol. Lab. Sci. Soc. China, Bot. Ser. 7: 166. 1932. **Isotype:** China. Zhejiang: Xianju, alt. 800 m, 1924-06-04, R. C. Ching 1790 (A).

花序梗槭 ***Acer pedunculatum*** Hao in Contr. Inst. Bot. Nat. Acad. Peiping 2: 178. 1934. **Isotype:** China. Shaanxi: Huayin, Hua Shan, alt. 1 700 m, 1932-08-08, K. S. Hao 3974 (A).

五叶小槭 ***Acer pentaphyllum*** Diels in Notizbl. Bot. Gart. Mus. Berlin. 11: 212. 1931. **Isotype:** China. Sichuan: Muli, alt. 3 050 m, 1929-07-??, J. F. Rock 17819 (A).

多果槭 ***Acer prolificum*** W. P. Fang & M. Y. Fang in Acta Phytotax. Sin. 11(2): 154. 1966. **Isotype:** China. Sichuan: Mabian, 1930-06-21, W. P. Fang 4588 (A).

鸡毛爪槭 ***Acer pubipetiolatum*** Hu & W. C. Cheng in Bull. Fan Mem. Inst. Biol., New Ser. 1(2): 205. 1948. **Isolectotype** (designated by Q. Lin & al. in Acta Bot. Boreal.-Occident. Sin. 29: 176. 2009.): China. Yunnan: Gengma, alt. 2 450 m, 1938-08-08, T. T. Yu 17284 (A).

屏边毛柄槭 ***Acer pubipetiolatum*** Hu & W. C. Cheng var. ***pingpienense*** W. P. Fang & W. K. Hu in Acta Phytotax. Sin. 11: 170. 1966. **Isotype:** China. Yunnan: Pingbian, alt. 1 500 m, 1934-07-18, T. H. Tsai 60992 (A).

盐源槭 ***Acer schneiderianum*** Pax & Hoffm. in Feede, Repert. Sp. Nov. 12: 435. 1922. **Isotype:** China. Sichuan: Yanyuan, between Kalapa & Liuku, alt. 3 200 m, 1914-05-17, C. K. Schneider 1281 (A).

中华槭 ***Acer sinens**e* Pax in Hook. Icon. Pl. 19: pl. 1897. 1889. **Isotype:** China. Hubei: Precise locality not known, (1885—1888)-??-??, A. Henry 5831 (GH).

浅裂槭 ***Acer sinense*** Pax var. ***brevilobum*** W.P. Fang in Contrib. Biol. Lab. Sci. Soc. China, Bot. Ser. 22: 86. 1939. **Syntype:** China. Sichuan: Mabian, 1930-05-28, W. P. Fang 1608 (A).

小果中华槭 ***Acer sinense*** Pax var. ***microcarpum*** Metc. in Lingnan Sci. J. 20: 223. 1942. **Isotype:** China. Guangxi: Lingyun, alt. 1 220 m, 1928-08-27, R. C. Ching 7170 (A).

滨海槭 ***Acer sino-oblongum*** Metc. in Lingnan Sci. J. 11: 202. 1932. **Syntype:** China. Hong Kong, (1853—1856)-??-??, C. Wright 72 (GH).

天目槭 ***Acer sinopurpurascens*** W. C. Cheng in Contr. Biol. Lab. Sci. Soc. China, Bot. Ser. 6(7): 62, f. 2. 1931. **Isosyntype:** China. Zhejiang: Lin'an, W Tianmu Shan, alt. 1 140 m, 1929-08-16, S. S. Chien 845 (A).

细裂槭 ***Acer stenolobum*** Rehd. in J. Arnold Arbor. 3: 216. 1922. **Holotype:** China. Shaanxi: Yan'an, 1910-??-??, W. Purdom 337 (A).

长柄紫果槭 ***Acer subtrinervium*** Metc. in Lingnan Sci. J. 11: 200. 1932. **Holotype:** China. Fujian: Nanping, Yanping, 1905-05-27, Dunn Exped. 963 (=Hongkong Herb. 2541) (A).

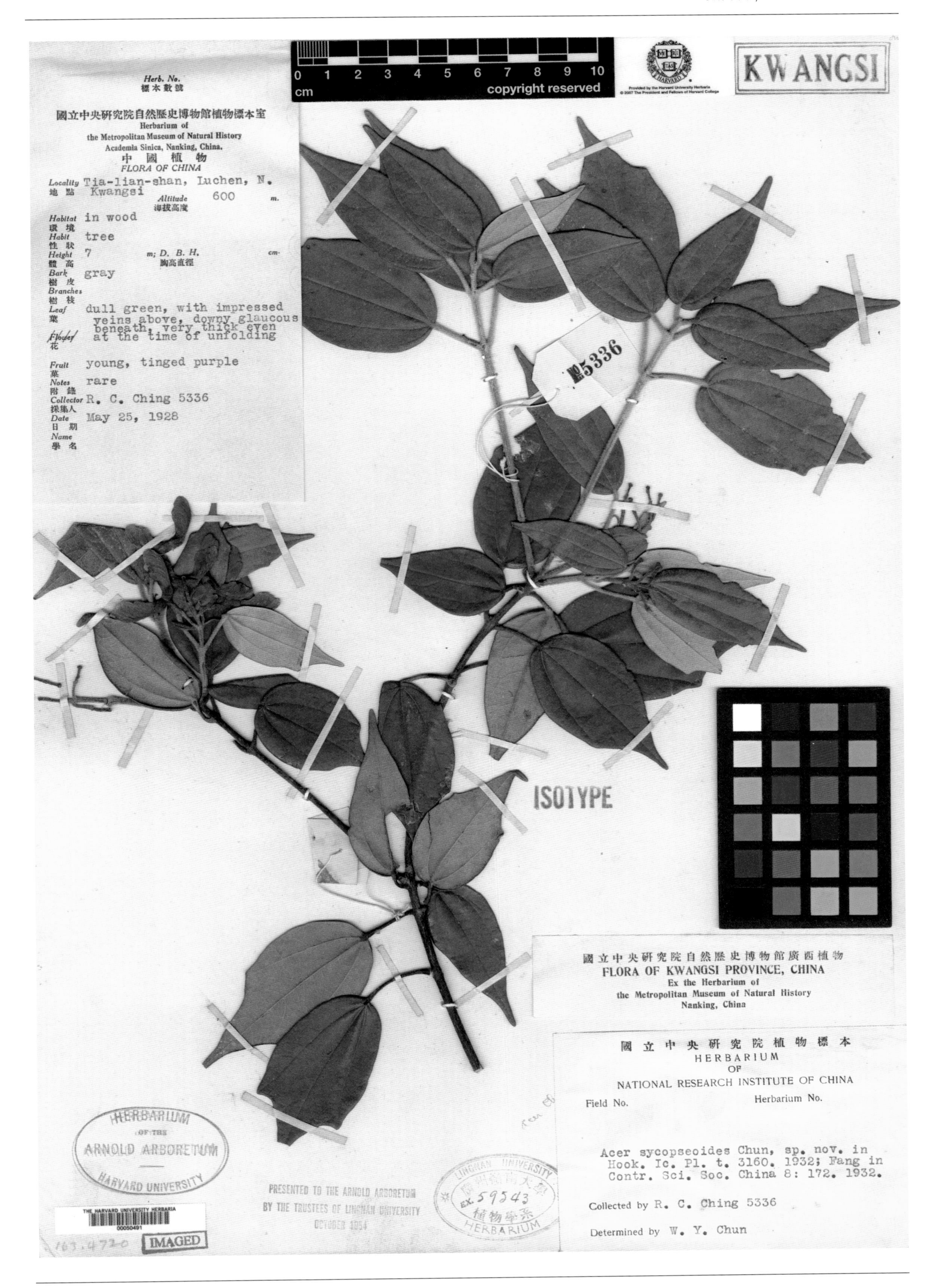

角叶槭 ***Acer sycopseoides*** Chun in Hook. Icon. Pl. 32(3): t. 3160. 1932. **Isotype:** China. Guangxi: Luocheng, alt. 600 m, 1928-05-25, R. C. Ching 5336 (A).

落叶槭 ***Acer tenellum*** Pax in Hook. Icon. Pl. 19(4): t. 1897. 1889. **Isotype:** China. Chongqing: Wushan, 1889-03-??, A. Henry 5612.

巫山槭 ***Acer tetramerum*** Pax var. ***elobulatum*** Rehd. in Sargent, Pl. Wils. 1: 95. 1911. **Syntype:** China. Chongqing: Wushan, alt. 2 135 m, 1908-06-??, E. H. Wilson 1895 (A).

宽翅槭 ***Acer tetramerum*** Pax var. ***betulifolium*** Maxim. f. ***latialatum*** Rehd. in Sargent, Pl. Wils. 1: 95. 1911. **Holotype:** China.Sichuan: Songpan, alt. 2 440~3 050 m, 1910-08-??, E. H. Wilson 4104 (A).

小裂片槭 ***Acer tetramerum*** Pax var. ***lobulatum*** Rehd. Veitch in Feede, Repert. Sp. Nov. 1: 174. 1905. **Holotype:** China. Hubei: Precise locality not known, E. H. Wilson 298 (A).

长总状花序槭 ***Acer tetramerum*** Pax ***elobulatum*** Rehd. f. ***longeracemosum*** Rehd. in Sargent, Pl. Wils. 1(1): 96. 1911. **Holotype:** China. Sichuan: Kuan Hsien (=Dujiangyan), alt. 1 830~2 440 m, 1908-06-20, E. H. Wilson 1896 (A).

马边槭 ***Acer tetramerum*** Pax ***elobulatum*** Rehd. f. ***mapiense*** W.P. Fang in Contr. Biol. Lab. Sci. Soc. China, Sect. Bot. 7: 183. 1932. **Isotype:** China. Sichuan: Mabian, alt. 3 000 m, 1930-06-17, W. P. Fang 3931 (A).

椴叶槭 ***Acer tetramerum*** Pax var. ***tiliifolium*** Rehd. in Sargent, Pl. Wils. 1(1): 96. 1911. **Holotype:** China. Sichuan: Wenchuan, alt. 2 745 m, 1910-10-??, E. H. Wilson 4107 (A).

岭南槭 ***Acer tutcheri*** Duthie in Bull. Misc. Inform. Kew 1908(1): 16. 1908. **Isotype:** China. Guangdong: Lantas Island, 1909-03-16, W. J. Tutcher s. n. (=Hong Kong Herb. 7158) (A).

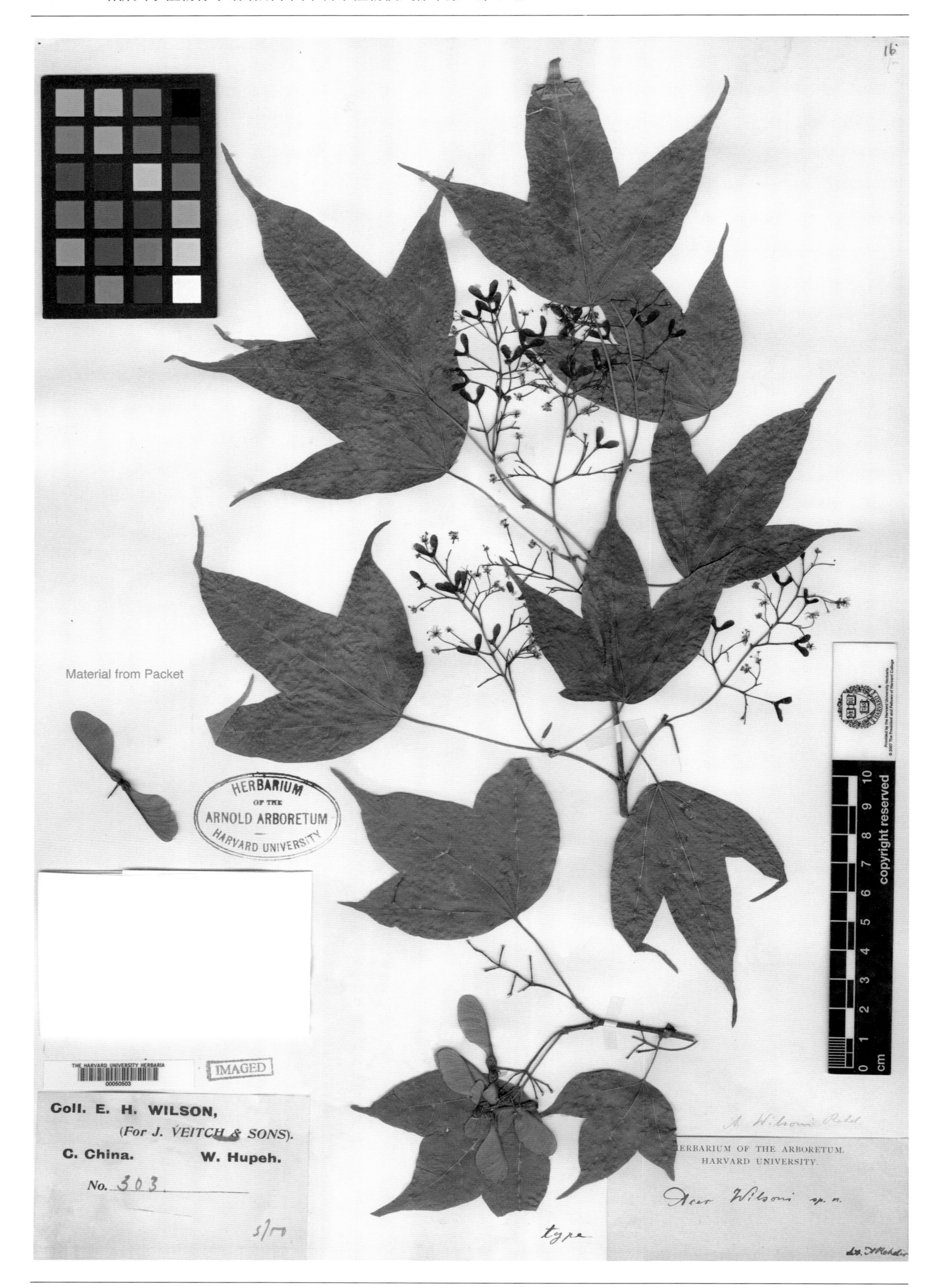

三峡槭 ***Acer wilsonii*** Rehd. in Sargent, Trees & Shrubs 1: 157, pl. 79. 1905. **Syntype:** China. Hubei: Badong, 1910-05-??, E. H. Wilson 303 (A).

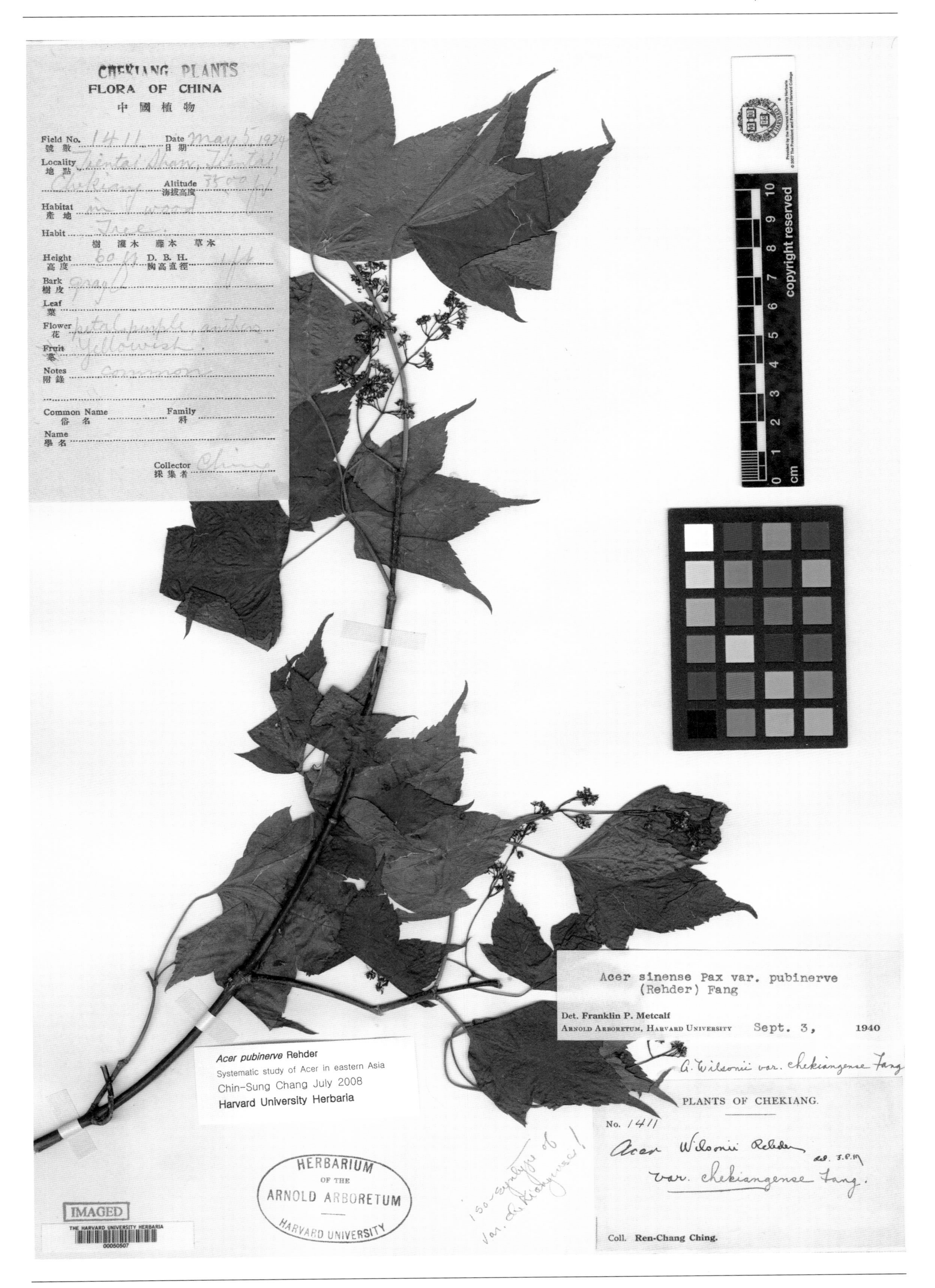

浙江槭 ***Acer wilsonii*** Rehd. var. ***chekiangense*** W. P. Fang in Contrib. Biol. Lab. Sci. Soc.China, Bot. Ser. 7: 154. 1932.

Isosyntype: China. Zhejiang: Tiantai, Tiantai Shan, alt. 1 068 m, 1924-05-05, R. C. Ching 1411 (A).

细齿密叶槭 ***Acer wilsonii*** Rehd. var. ***serrulatum*** Dunn in J. Linn. Soc. Bot. Ser. 38: 358. 1908. **Isotype:** China. Fujian: Fuzhou, 1905-(04-06)-??, Dunn Exped. s. n. (=Hong Kong Herb. 2545) (A).

漾濞枫 ***Acer yangbiense*** Y. S. Chen & Q. E. Yang in Novon 13(3): 296, f. 1, 2. 2003. **Isotype:** China. Yunnan: Yangbi, alt. 2 400 m, 2002-04-24, Y. S. Chen 2010 (GH).

云南金钱槭 ***Dipteronia dyerana*** Henry in Gard. Chron. ser. 3. 33: 22. 1903. **Isotype:** China. Yunnan: Mengzi, alt. 2 135 m, A. Henry 11352 (A).

金钱槭 ***Dipteronia sinensis*** Oliv. in Hook. Icon. Pl. 19(4): t. 1898. 1889. **Isosyntype:** China. Hubei: Badong, (1885—1888)-??-??, A. Henry 6505 (GH).

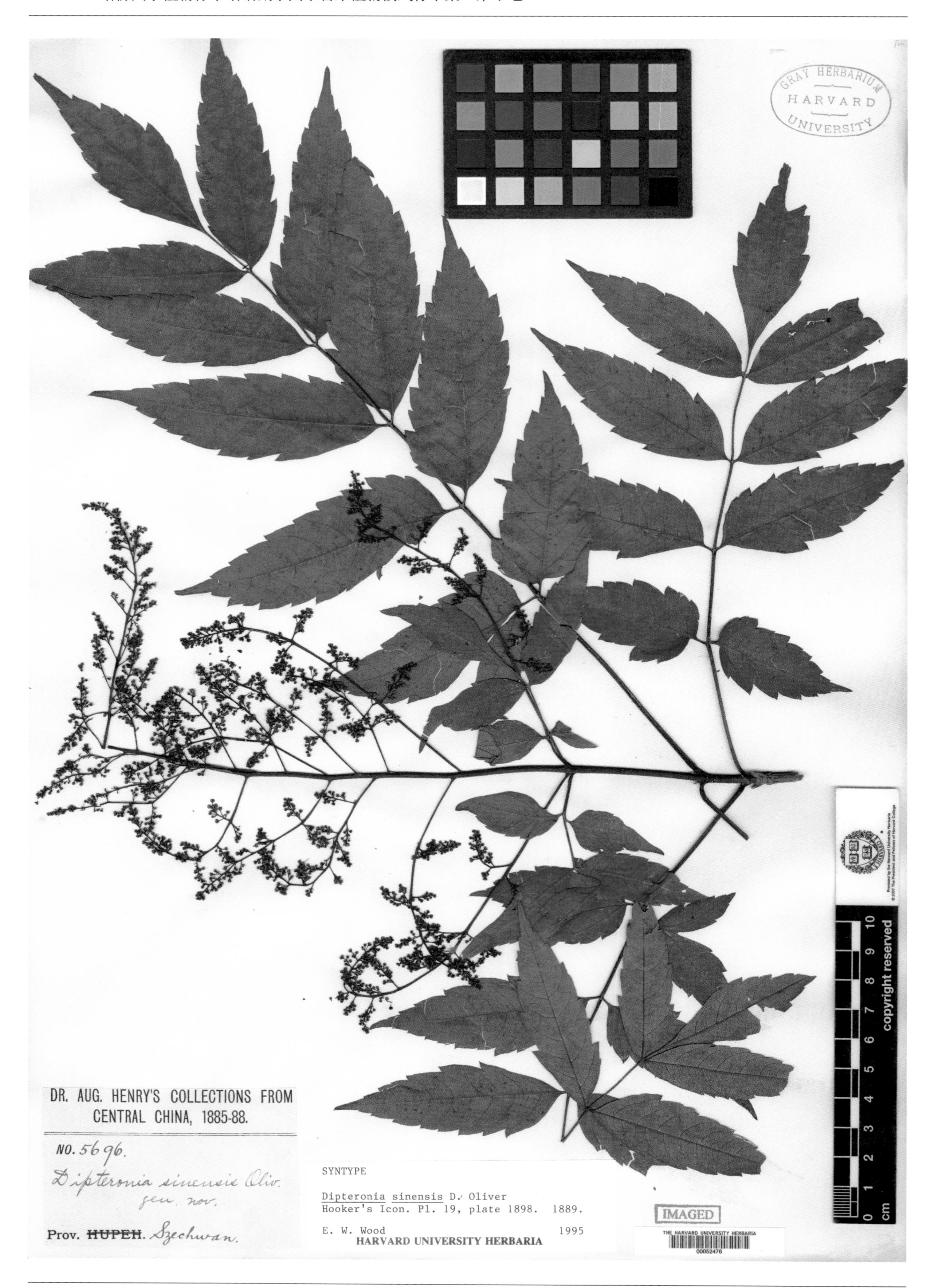

金钱槭 ***Dipteronia sinensis*** Oliv. in Hook. Icon. Pl. 19(4): t. 1898. 1889. **Isosyntype:** China. Chongqing: Wushan, 1889-03-??, A. Henry 5696 (GH).

七叶树科

Hippocastanaceae

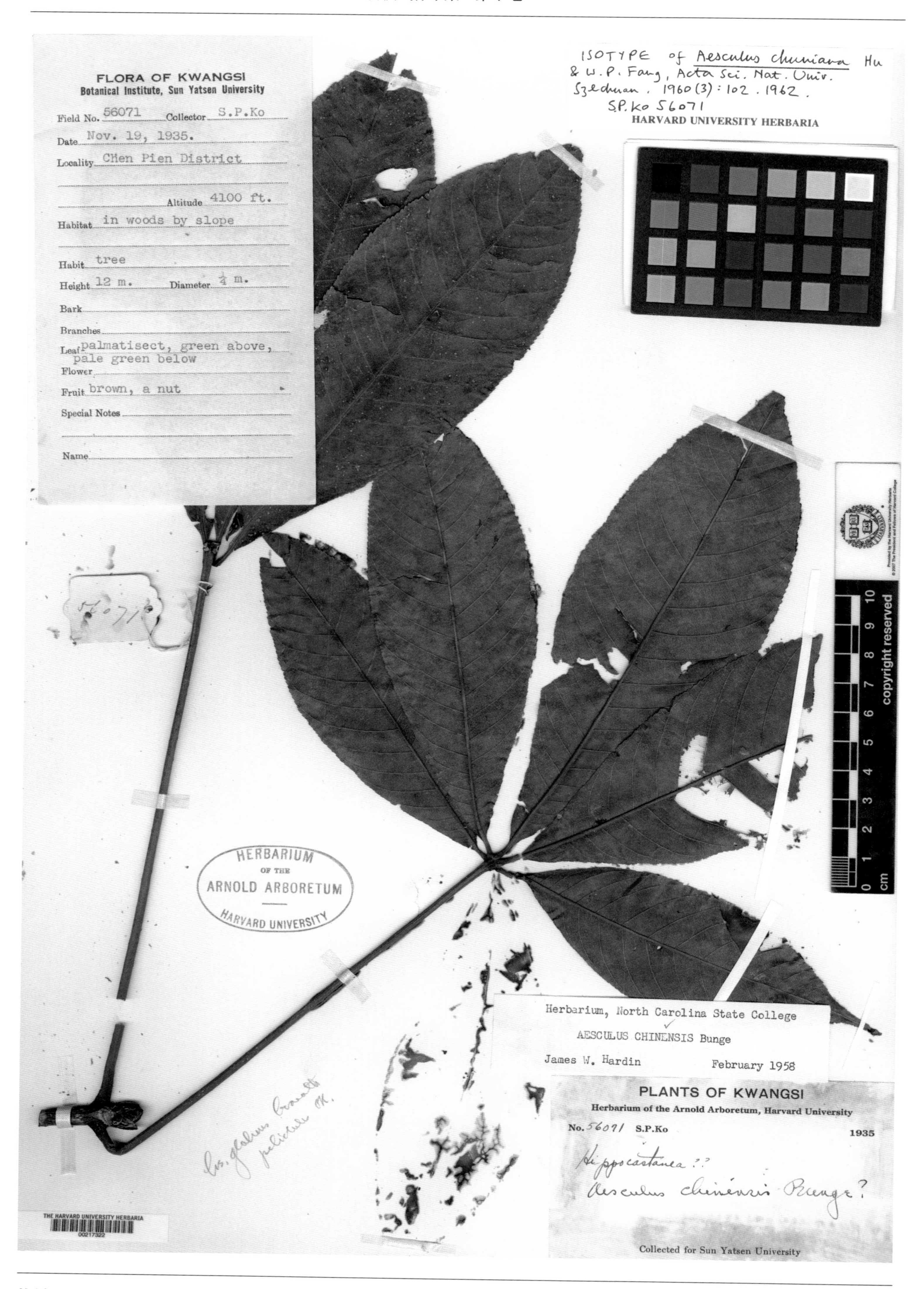

焕镛七叶树 ***Aesculus chuniana*** Hu & W. P. Fang in J. Sichuan Univ. Nat. Sci. Ed. 1960(3): 101, pl. 11. 1960 (1962). **Isotype:** China. Guangxi: Chen Pien (=Napo), alt. 1 251 m, 1935-11-19, S. P. Ko 56071 (A).

澜沧七叶树 *Aesculus lantsangensis* Hu & W. P. Fang in J. Sichuan Univ., Nat. Sci. Ed. 1960(3): 87, pl. 3. 1960. **Isotype:** China. Yunnan: Lancang, alt. 1 500 m, 1936-05-??, C. W. Wang 73382A (A).

天师栗 *Aesculus wilsonii* Rehd. in Sargent, Pl. Wils. 1(3): 498. 1913. **Holotype:** China. Sichuan: Wenchuan, 1908-06-01, E. H. Wilson 200 (GH).

无患子科
Sapindaceae

单叶异木患 *Allophylus repandifolius* Merr. & Chun in Sunyatsenia 5: 113–114, t. 16. 1940. **Holotype:** China. Hainan: Po-ting(=Baoting), alt. 458 m, 1935-07-20, F. C. How 73268 (A).

毛叶异木患 ***Allophylus trichophyllus*** Merr. & Chun in Sunyatsenia 2: 270, pl. 57. 1935. **Isotype:** China. Hainan: Yaichow (=Sanya), 1933-07-25, F. C. How 71100 (A).

尖叶栾树 ***Koelreuteria apiculata*** Rehd. & Wils. in Sargent, Pl. Wils. 2(1): 191. 1914. **Holotype:** China. Sichuan: Kangding, alt. 1 830~2 440 m, 1908-09-??, E. H. Wilson 2370 (A).

台湾栾树 ***Koelreuteria henryi*** Dummer in Gard. Chron. ser. 3. 52: 148. 1912. **Isotype:** China. Taiwan: Bonkinzing, A. Henry 1594 (A).

全缘叶栾树 ***Koelreuteria integrifolia*** Merr. in Philipp. J. Sci. 21: 500. 1922. **Isotype:** China. Guangdong: Shuikwaan, 1921-09-08, F. A. McClure 7060 (A).

瓜耳木 ***Lepisanthes unilocularis*** Leenh. in Blumea 17: 73, f. 1. 1969. **Holotype:** China. Hainan: Sanya, 1935-03-(19-29), S. K. Lau 5773 (A).

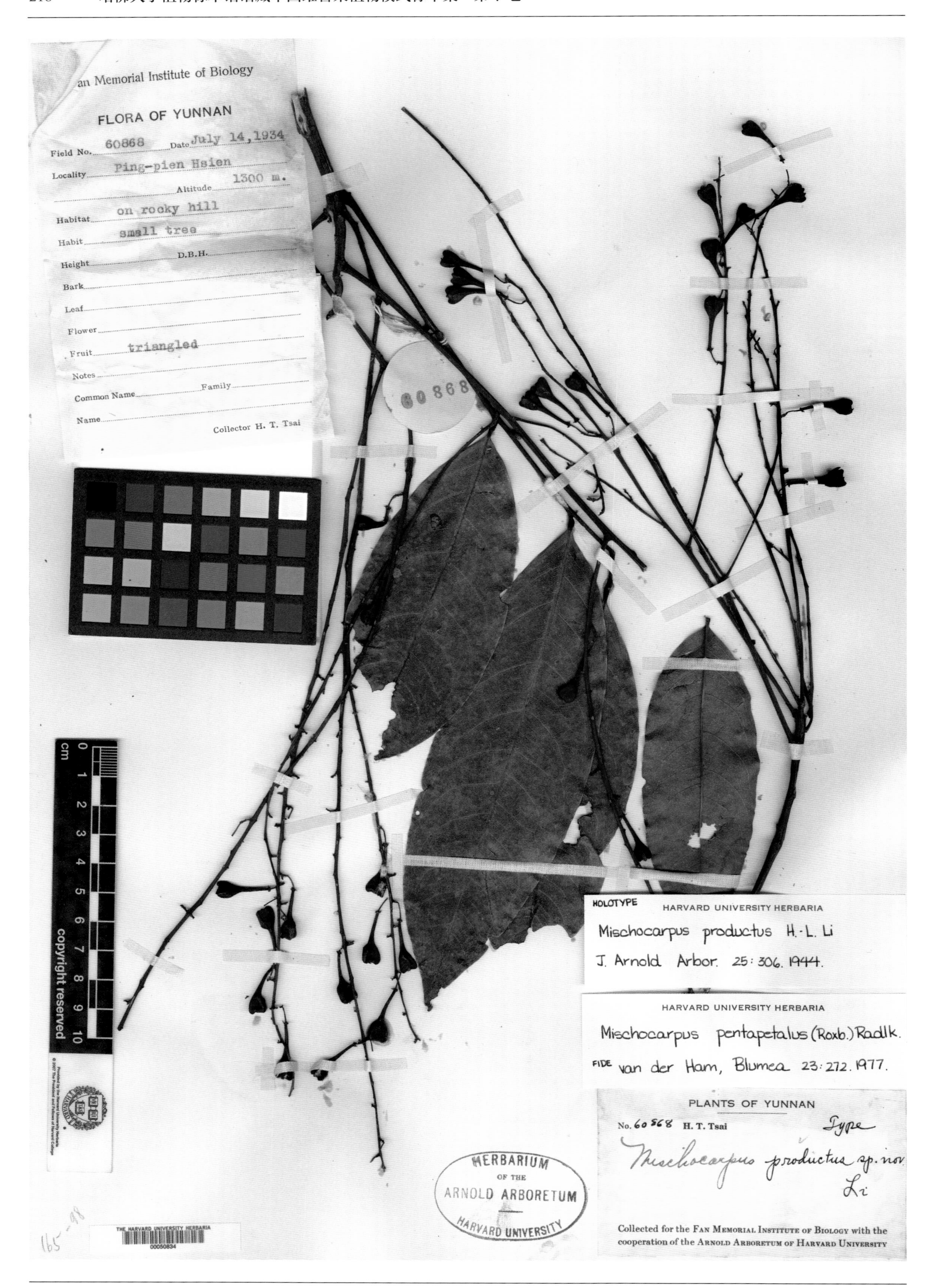

长序柄果木 ***Mischocarpus productus*** H. L. Li in J. Arnold Arbor. 25: 306. 1944. **Holotype:** China. Yunnan: Pingbian, alt. 1 300 m, 1934-07-14, H. T. Tsai 60868 (A).

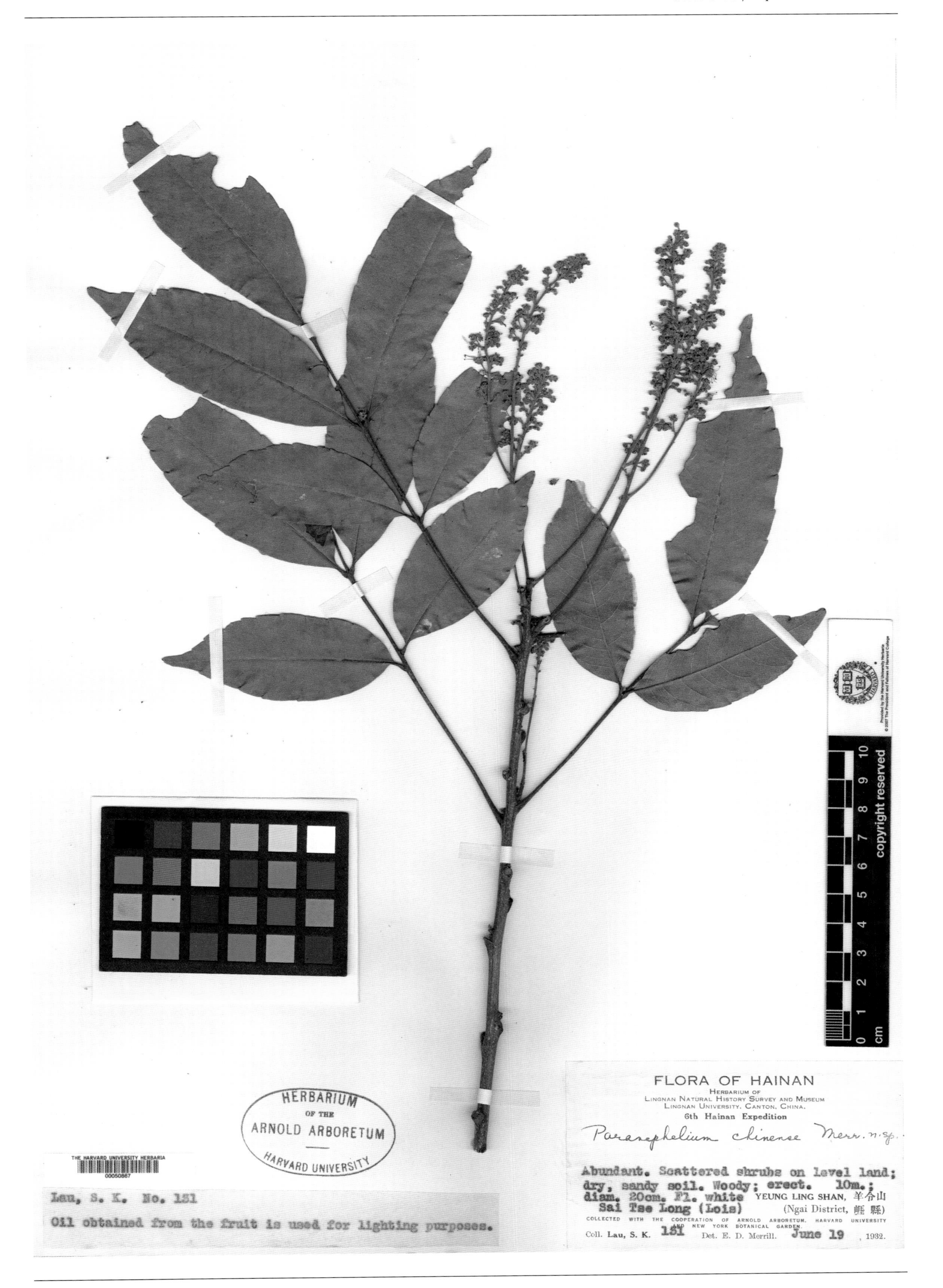

细子龙 ***Paranephelium chinense*** Merr. in Lingnan Sci. J. 14(1): 30, f. 10. 1935. **Holotype:** China. Hainan: Sanya, 1932-06-19, S. K. Lau 131 (A).

赛木患 ***Sapindus oligophylla*** Merr. & Chun in Sunyatsenia 2: 271, pl. 58. 1935. **Holotype:** China. Hainan: Yaichow (=Sanya), alt. 519 m, 1933-04-30, F. C. How 70627 (A).

贵州文冠果 ***Xanthoceras enkianthiflora*** Lévl. in Feede, Repert. Sp. Nov. 12: 534. 1913. **Isotype:** China. Guizhou: Anlong, Tou-chan, alt. 1 600 m, 1912-05-??, J. Cavalerie 3913 (A).

贵州文冠果 ***Xanthoceras enkianthiflora*** Lévl. in Feede, Repert. Sp. Nov. 12: 534. 1913. **Isotype:** China. Guizhou: Anlong, Tou-chan, alt. 1 600 m, 1912-05-??, J. Cavalerie 3913 (A)

文冠果 ***Xanthoceras sorbifolia*** Bunge, Enum. Pl. China Bor. Coll. 11. 1831. **Isosyntype**: China. Northern China, A. A. v. Bunge s. n. (GH).

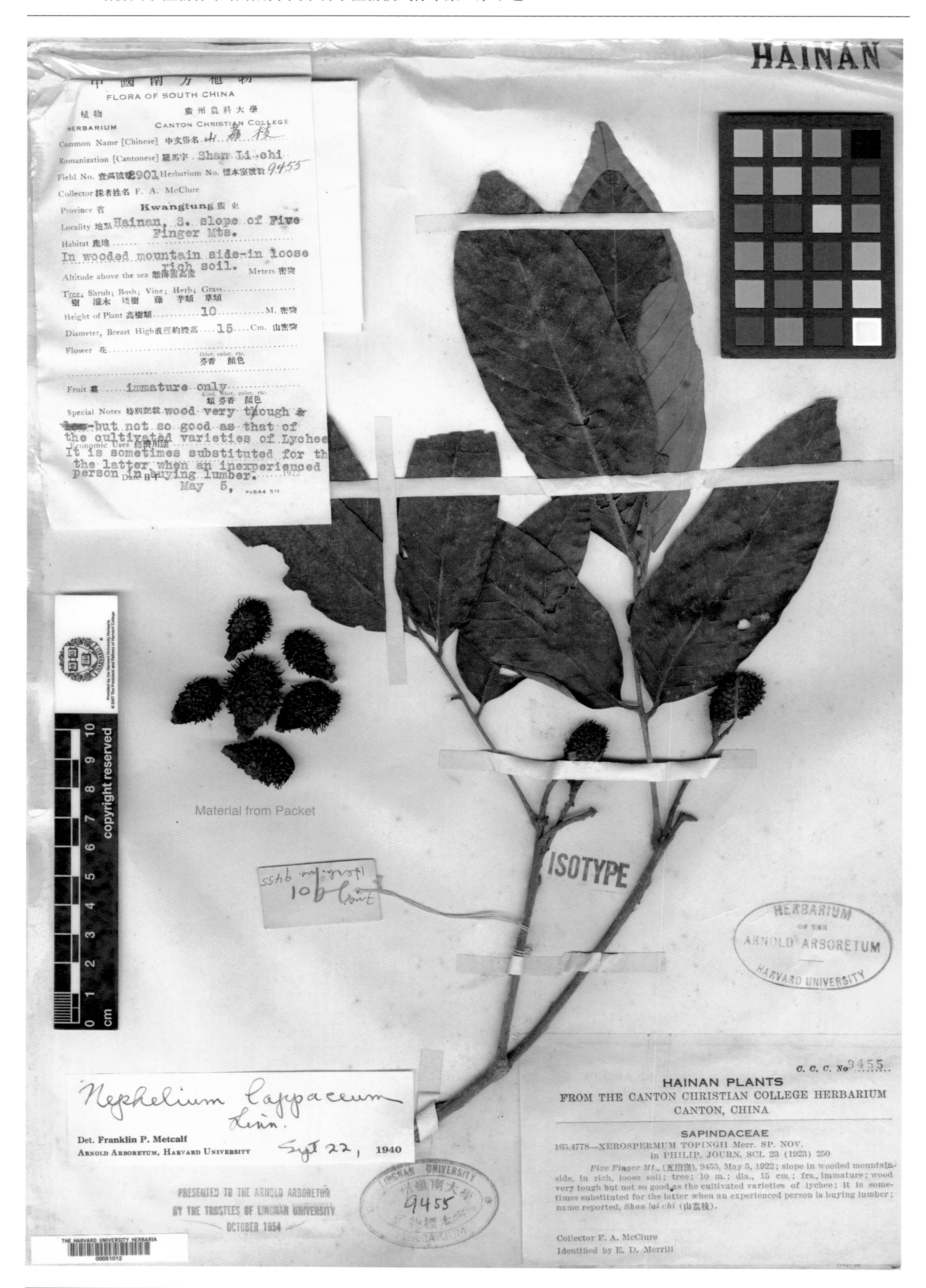

海南韶子 ***Xerospermum topingii*** Merr. in Philipp. J. Sci. 23: 250. 1923. **Isotype:** China. Hainan: Wuzhishan, Wuzhi Shan, 1922-05-05, F. A. McClure 2901 (=Canton Christian College Herb. 9455) (A).

清风藤科
Sabiaceae

狭叶泡花树 ***Meliosma angustifolia*** Merrill in Philipp. J. Sci. 21: 348. 1922. **Isotype:** China. Hainan: Wuzhishan, Wuzhi Shan, alt. 950 m, 1921-12-22, F. A. McClure s. n.(=Canton Christian College Herb. 8507) (A).

珂楠树 ***Meliosma beaniana*** Rehd. & Wils. in Sargent, Pl. Wils. 2: 205. 1914. **Holotype:** China. Hubei: Yichang, alt. 915~1 220 m, 1907-09-??, E. H. Wilson 258 (A).

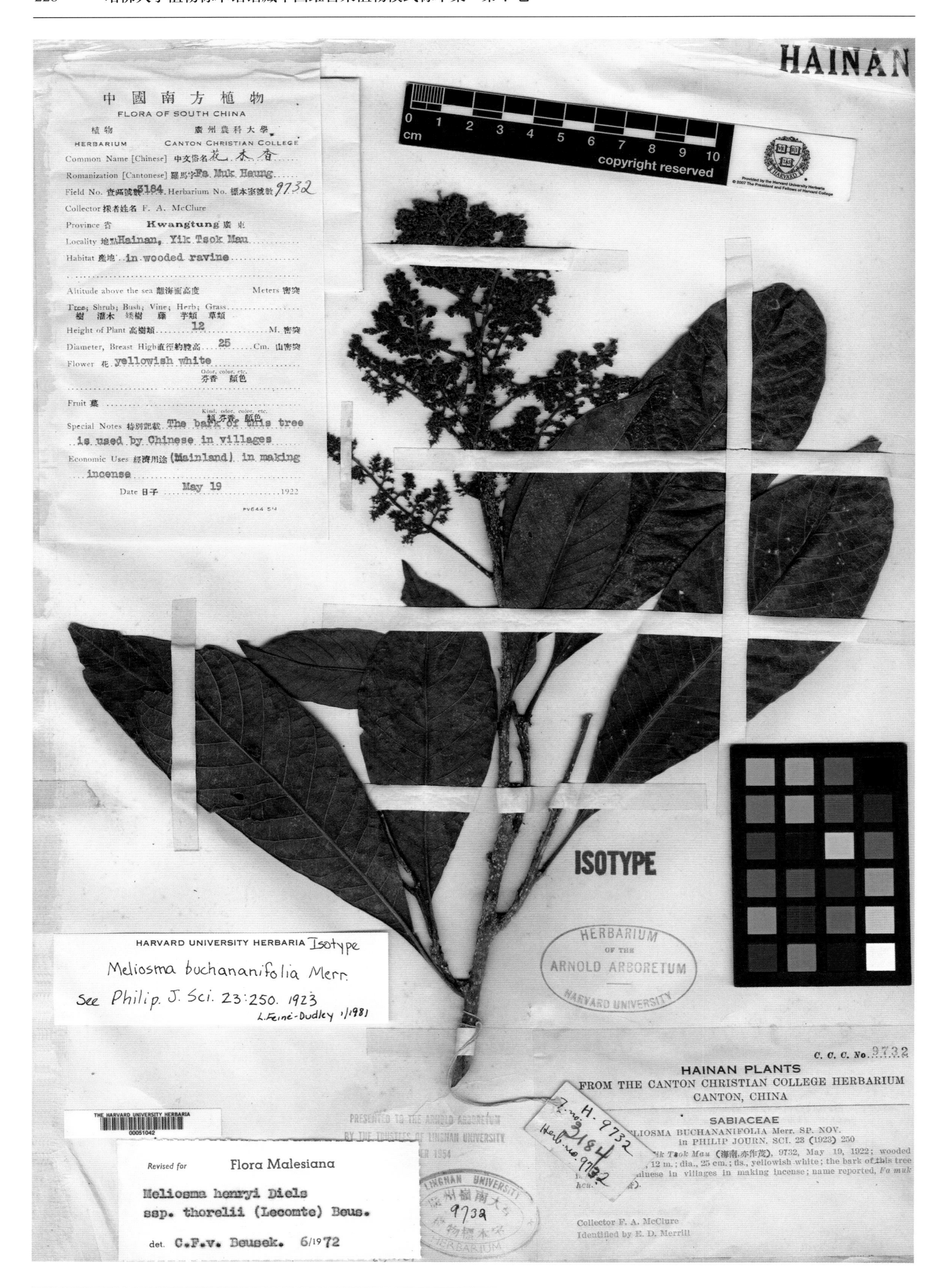

山様叶泡花树 *Meliosma buchananifolia* Merr. in Philipp. J. Sci. 23: 250. 1923. **Isotype:** China. Hainan: Yik Tsok Mau, 1922-05-19, F. A. McClure 3184 (=Canton Christian College Herb. 9732) (A).

厚叶泡花树 ***Meliosma crassifolia*** Hand.-Mazz. in Sinensia 3(8): 191. 1933. **Isotype:** China. Guangxi: Nanning, alt. 610 m, 1928-10-28, R. C. Ching 8290 (A).

光叶泡花树 ***Meliosma cuneifolia*** Franch. var. ***glabriuscula*** Cufod. in Oesterr. Bot. Zeit. 88: 257. 1939. **Isosyntype**: China. Gansu: Tebbu (=Têwo), alt. 2 135~2 227 m, 1926-08-31, J. F. Rock 14667 (A).

光叶泡花树 ***Meliosma cuneifolia*** Franch. var. ***glabriuscula*** Cufod. in Oesterr. Bot. Zeit. 88: 257. 1939. **Isosyntype:** China. Hubei: Xingshan, alt. 1 220 m, 1907-07-??, E. H. Wilson 3034 (A).

疏枝泡花树 ***Meliosma depauperata*** Chun & How in Acta Phytotax. Sin. 3(4): 427, pl. 55. 1955. **Isotype:** China. Guangxi: Shiwan Dashan, 1937-07-21, H. Y. Liang 69818(A).

肿柄泡花树 ***Meliosma dilatata*** Diels in Notizbl. Bot. Gart. Mus. Berlin. 11: 212. 1931. **Isotype:** China. Zhejiang: Yuhang, 1915-07-06, F. N. Meyer 1509 (A).

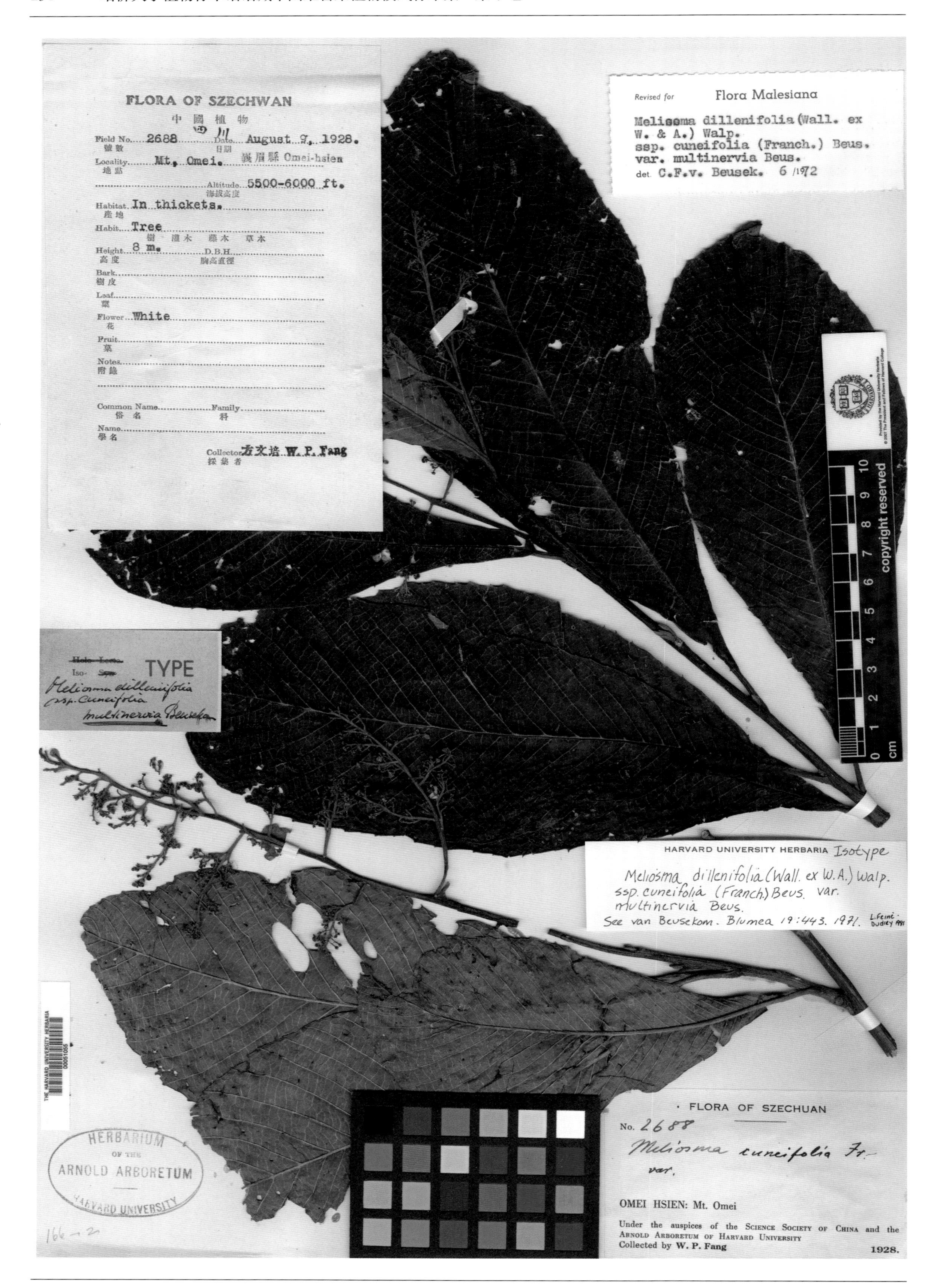

多脉泡花 ***Meliosma dilleniifolia*** (Wall. ex Wight & Aen.) Walp. ssp. ***cuneifolia*** (Franch.) Beus. var. ***multinervia*** Beus. in Blumea 19: 443. 1971. **Isotype:** China. Sichuan: Emeishan, Emei Shan, alt. 1 678~1 830 m, 1928-08-09, W. P. Fang 2688 (A).

锯齿叶泡花树 ***Meliosma dumicola*** W. W. Smith var. ***serrata*** J. E. Vidal, Fl. Camb. Laos & Vietnam 1: 36. 1960. **Holotype:** China. Yunnan: Precise locality not known, G. Forrest 26662 (A).

香皮树 ***Meliosma fordii*** Hemsl. ex F. B. Forbes & Hemsl. in J. Linn. Soc. Bot. 23: 144. 1886. **Isotype:** China. Guangdong: Boluo, Luofu Shan, C. Ford 23 (GH).

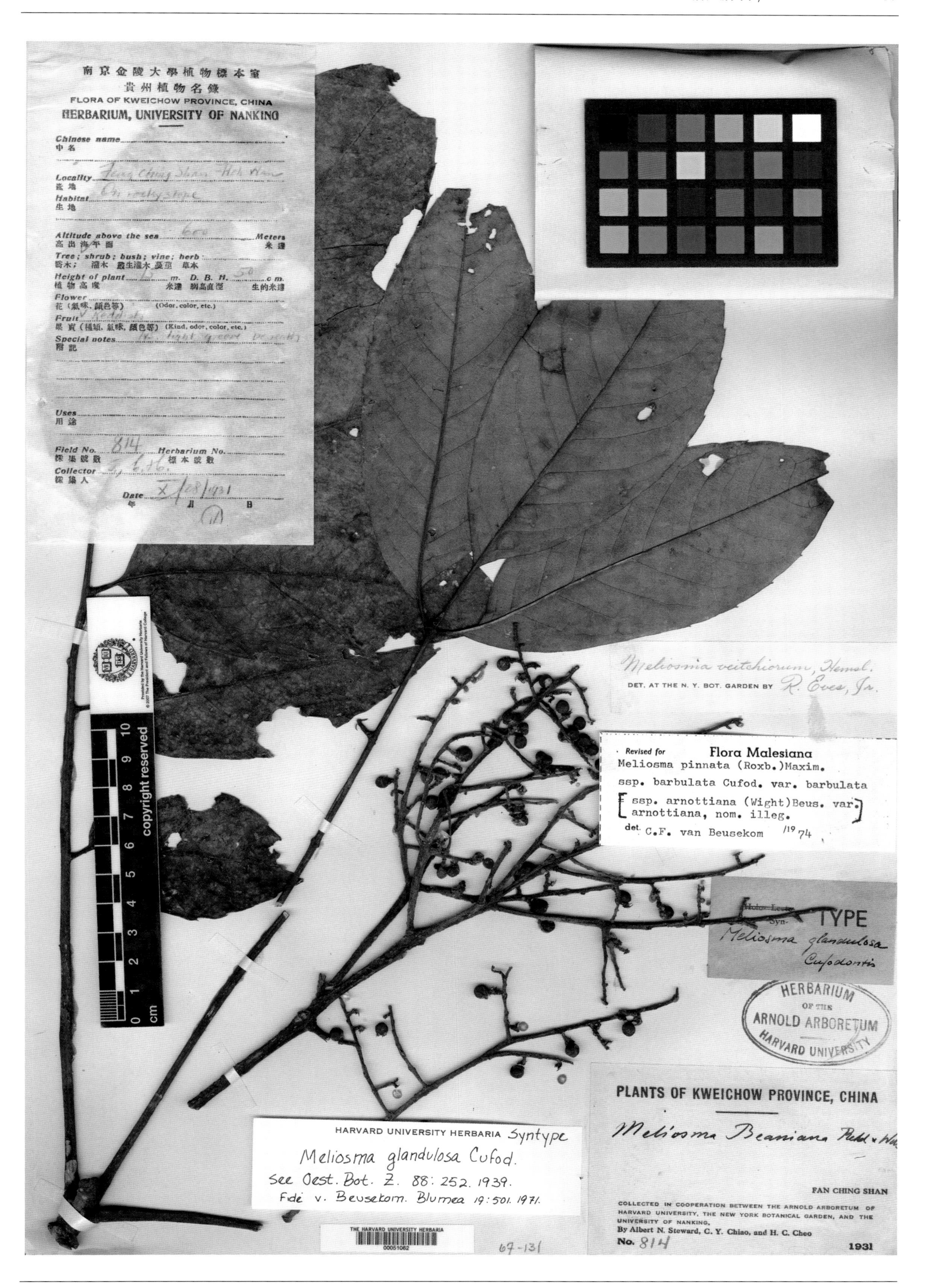

腺毛泡花树 ***Meliosma glandulosa*** Cufod. in Oesterr. Bot. Zeit. 88: 252. 1939. **Isosyntype**: China. Guizhou: Fanjing Shan, alt. 600 m, 1931-10-28, A. N. Steward, C. Y. Chiao & H. C. Cheo 814 (A).

小团伞花序泡花树 ***Meliosma glomerulata*** Rehd. & Wils. in Sargent, Pl. Wils. 2: 203. 1914. **Holotype:** China. Yunnan: Simao, alt. 1 464 m, A. Henry 11737 (A).

海南泡花树 ***Meliosma hainanensis*** How in Acta Phytotax. Sin. 3(4): 433, pl. 57: 1–3. 1955. **Isotype:** China. Hainan: Baoting, alt. 366 m, 1935-05-24, F. C. How 72560 (A).

贵州泡花树 ***Meliosma henryi*** Diels in Engler, Bot. Jahrb. Syst. 29: 452. 1900. **Isotype:** China. Hubei: Precise locality not known, (1885—1888)-??-??, A. Henry 5865 (GH).

山青木 ***Meliosma kirkii*** Hemsl. & Wils. in Bull. Misc. Inform. Kew 1906: 154. 1906. **Isotype:** China. Emeishan, Emei Shan, alt. 800 m, E. H. Wilson 2371 (A).

长萼泡花树 ***Meliosma longicalix*** Lecomte in Bull. Soc. Bot. France 54: 675. 1907. **Isosyntype**: China. Hubei: Western Hubei, Precise locality not known, 1907-06-??, E. H. Wilson 1046 (A).

异色泡花树 ***Meliosma myriantha*** Sieb. & Zucc. var. ***discolor*** Dunn in J. Linn. Soc. Bot. 38: 358. 1908. **Syntype**: China. Fujian: Shaowu, alt. 610 m, 1905-(04-06)-??, Dunn Exped. 1403 (=Hong Kong Herb. 2531) (A).

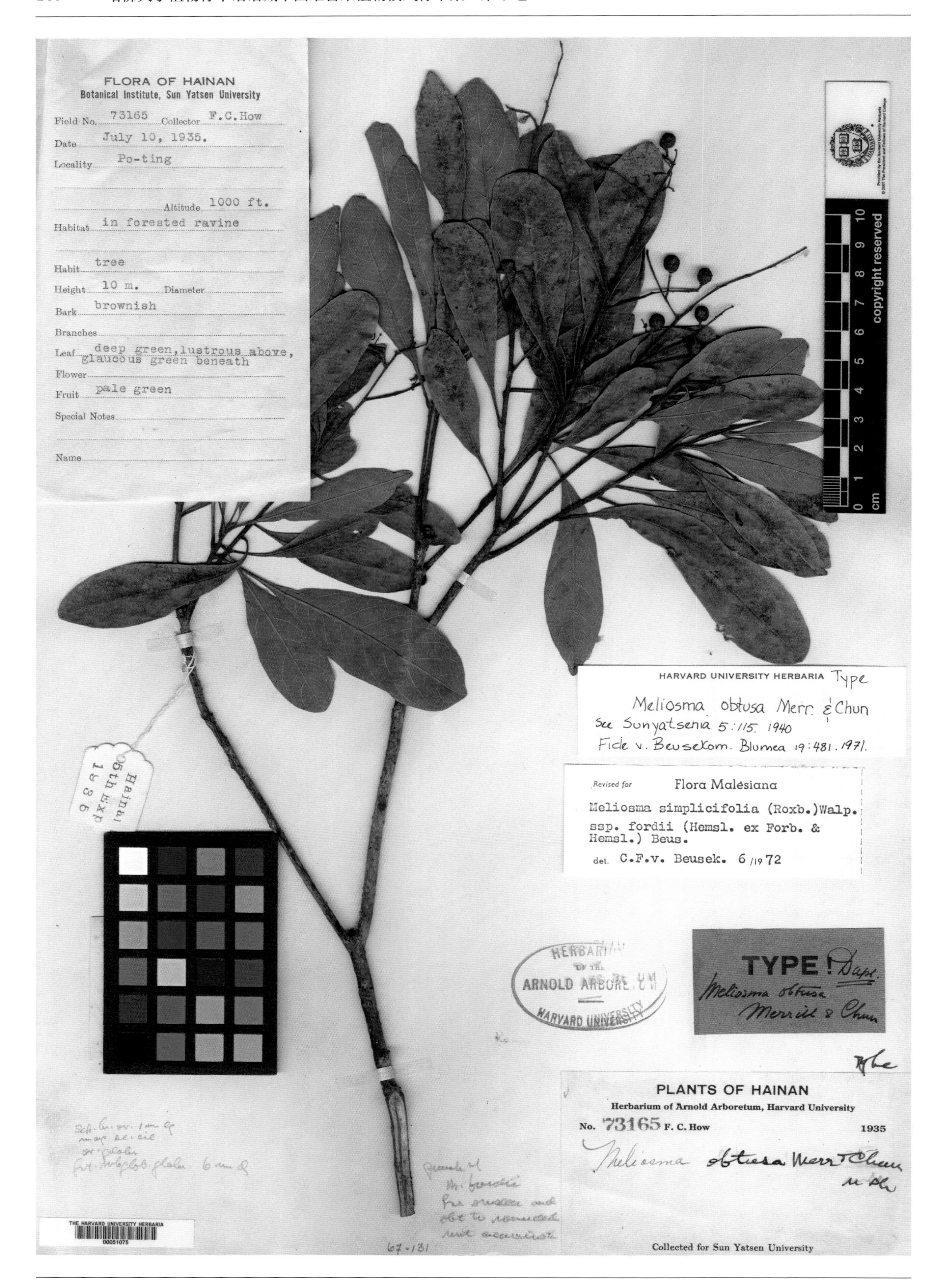

钝叶泡花树 ***Meliosma obtusa*** Merr. & Chun in Sunyatsenia 5: 115. 1940. **Isotype:** China. Hainan: Baoting, alt. 305 m, 1935-07-10, F. C. How 73165 (A).

有腺泡花树 ***Meliosma oldhamii*** Maxim. var. ***glandulifera*** Cufod. in Oesterr. Bot. Zeit. 88: 253. 1939. **Isotype:** China. Anhui: Qingyang, Chu Hwa Shan (=Jiuhua Shan), 1925-06-27, R. C. Ching 2783 (A).

细花泡花树 ***Meliosma parviflora*** Lecomte in Bull. Soc. Bot. France 54: 676. 1907. **Isotype:** China. Sichuan: Emeishan, Emei Shan, alt. 610 m, 1903-07-??, E. H. Wilson 3314 (A).

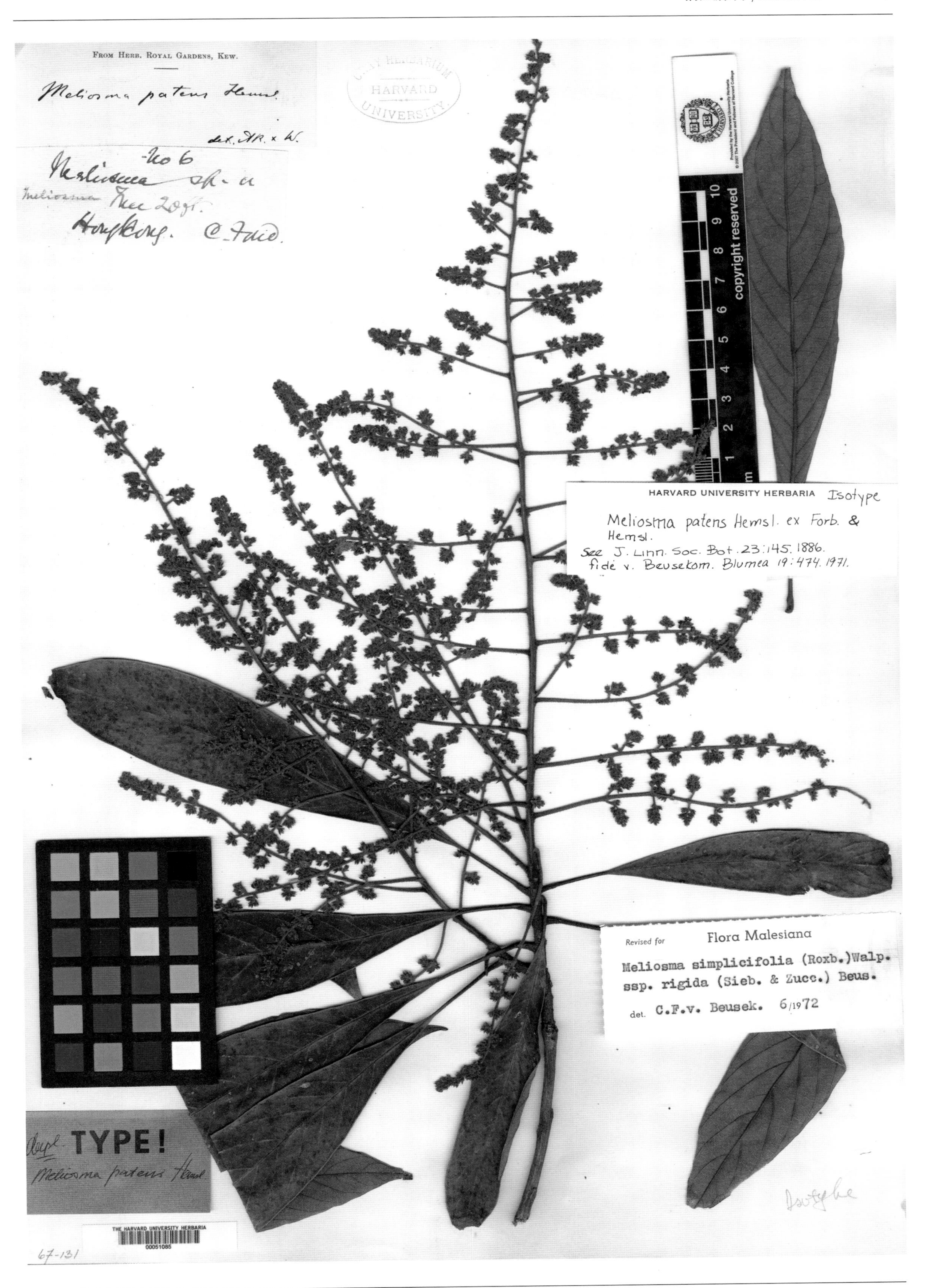

展序泡花树 ***Meliosma patens*** Hemsl. ex F. B. Forbes & Hemsl. in J. Linn. Soc. Bot. 23: 145. 1886. **Isotype:** China. Hong Kong, C. Ford 6 (GH).

狭序泡花树 ***Meliosma paupera*** Hand.-Mazz. in Anz. Akad. Wiss. Wien, Math.-Nat. 58: 150. 1921. **Isotype:** China. Guizhou: Sandjio (=Sandu), alt. 350~400 m, 1917-07-17, H. R. E. Handel-Mazzetti 265(=10820)(A).

波齿泡花树 ***Meliosma paupera*** Hand.-Mazz. var. ***repanda-serrata*** Merr. in Sunyatsenia 1: 200. 1934. **Isotype:** China. Guangdong: Lechang, 1929-06-03, C. L. Tso 20950 (A).

垂序泡花树 ***Meliosma pendens*** Rehd. & Wils. in Sargent, Pl. Wils. 2: 200. 1914. **Holotype:** China. Hubei: Chang lo (=Zigui), alt. 915 m, 1907-07-??, E. H. Wilson 326 a (A).

柔毛泡花树 ***Meliosma pilosa*** Lecomte in Bull. Soc. Bot. France 54: 676. 1907. **Isotype:** China. Hubei: Nanto (=Yichang), 1910-06-??, E. H. Wilson 1226 (A).

宽柄泡花树 ***Meliosma platypoda*** Rehd. & Wils. in Sargent, Pl. Wils. 2: 201. 1914. **Holotype:** China. Hubei: Badong, alt. 1 000 m, 1900-06-??, E. H. Wilson 1126 (A).

漆叶泡花树 ***Meliosma rhoifolia*** Maxim. in Mel. Biol. Bull. Phys.-Math. Acad. Imp. Sci. St-Péersb. 6: 262. 1867. **Syntype**: China. Taiwan: Precise locality not known, 1864-??-??, R. Oldham 86 (GH).

腋毛泡花树 ***Meliosma rhoifolia*** Maxim. ssp. ***barbulata*** Cufod. in Oest. Bot. Zeit. 88: 254. 1939. **Syntype**: China. Guangxi: Quan Xian, Baiyun'an, 1937-06-15, W. T. Tsang 27673 (A).

腋毛泡花树 ***Meliosma rhoifolia*** Maxim. ssp. ***barbulata*** Cufod. in Oest. Bot. Zeit. 88: 254. 1939. **Syntype**: China. Guangxi: Quan Xian, Baiyun'an, T. S. Tsoong 83551 (A).

中国泡花树 ***Meliosma sinensis*** Nakai in J. Arnold Arbor. 5: 80. 1924. **Isotype:** China. Hubei: Badong, 1907-06-??, E. H. Wilson 3038(A).

辛氏泡花树 ***Meliosma sinii*** Diels in Notizbl. Bot. Gart. Mus. Berlin. 11: 213. 1931. **Isotype:** China. Guangxi: Yao Shan, 1929-09-21, S. S. Sin 8255 (A).

近轮生叶泡花树 ***Meliosma subverticillaris*** Rehd. & Wils. in Sargent, Pl. Wils. 2: 201. 1914. **Holotype:** China. Chongqing: Taning (=Wuxi), alt. 915 m, 1910-06-29, E. H. Wilson 4600 (A).

庐山泡花树 ***Meliosma stewardii*** Merr. in Philipp. J. Sci. 27: 164. 1925. **Isotype:** China. Jiangxi: Lu Shan, alt. 1 300 m, 1922-07-07, A. N. Steward 2443 (A).

五指山泡花树 *Meliosma tsangtakii* Merr. in Philipp. J. Sci. 23: 251. 1923. **Isotype:** China. Hainan: Wuzhishan, Wuzhi Shan, 1922-05-04, F. A. McClure s. n. (=Canton Christian College Herb. 9438) (A).

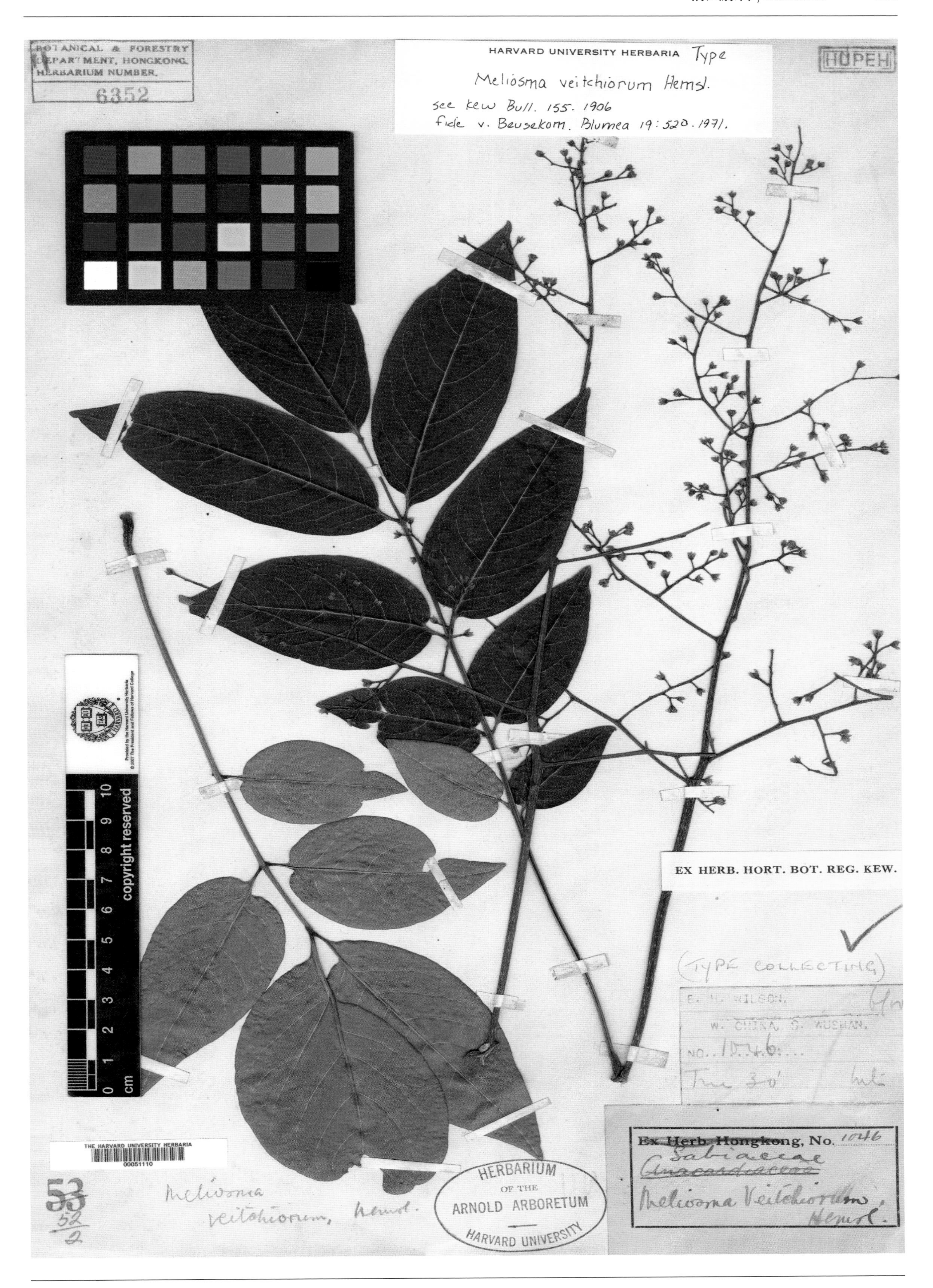

巫山泡花树 ***Meliosma veitchiorum*** Hemsl. in Bull. Misc. Inform. Kew 19: 155. 1906. **Isotype:** China. Chongqing: Wushan, 1900-06-??, alt. 1 500~2 000 m, E. H. Wilson 1046 (A).

毛泡花树 ***Meliosma velutina*** Rehd. & Wils. in Sargent, Pl. Wils. 2: 202. 1914. **Holotype:** China. Yunnan: Simao, alt. 1 372 m, A. Henry 12114 (A).

云南泡花树 ***Meliosma yunnanensis*** Franch. in Bull. Soc. Bot. France 33: 465. 1886. **Isotype:** China. Yunnan: Heqing, 188?-05-22, J. M. Delavay 877 (A).

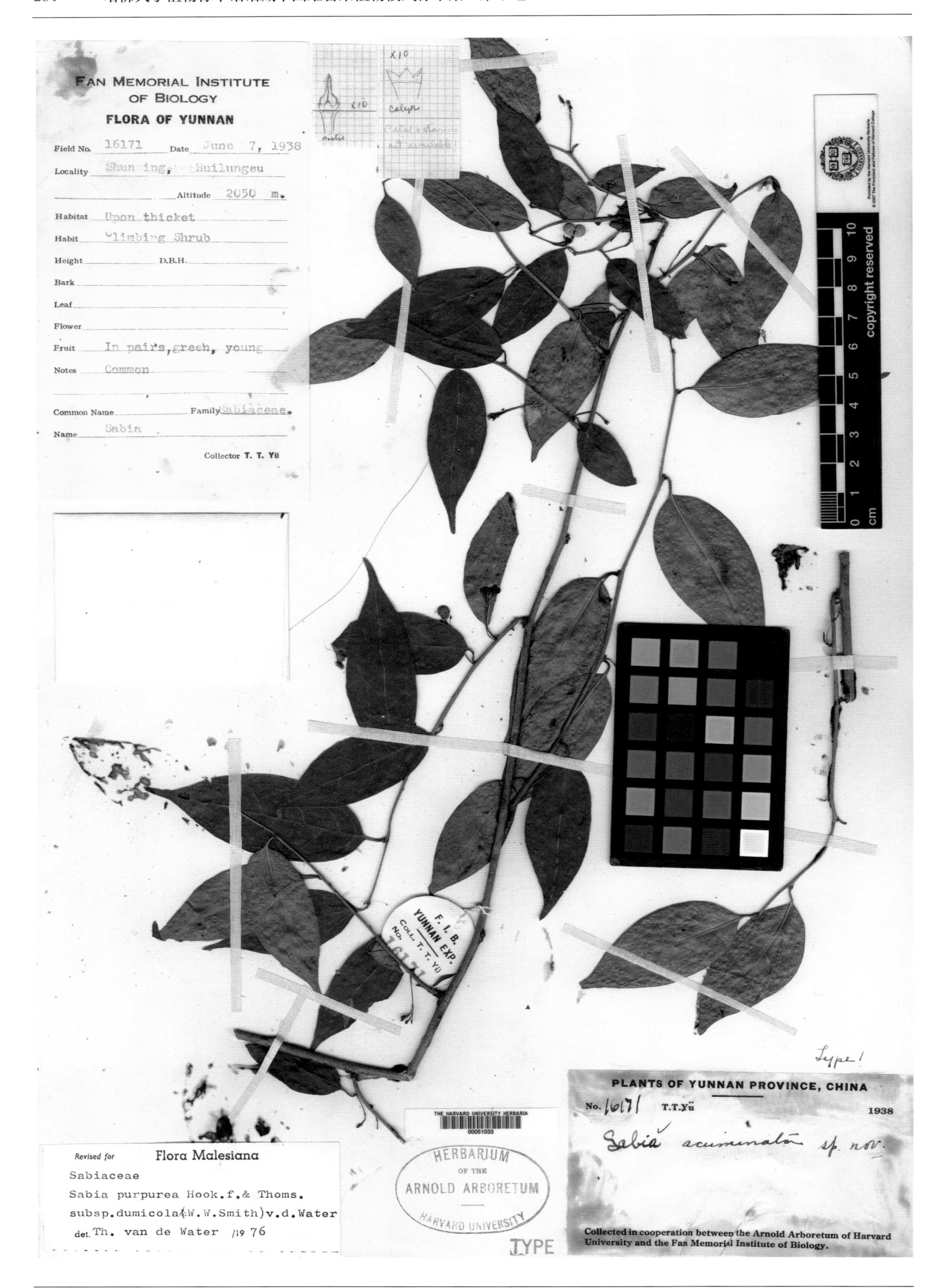

渐尖叶清风藤 ***Sabia acuminata*** L. Chen in Sargentia 3: 49. 1943. **Holotype:** China. Yunnan: Shunning (=Fengqing), alt. 2 050 m, 1938-06-07, T. T. Yu 16171 (A).

狭叶清风藤 ***Sabia angustifolia*** L. Chen in Sargentia 3: 31. 1943. **Syntype**: China. Yunnan: Chien-chuan-Mekong (=Jianchuan), alt. 3 050 m, 1922-07-??, G. Forrest 21472 (A).

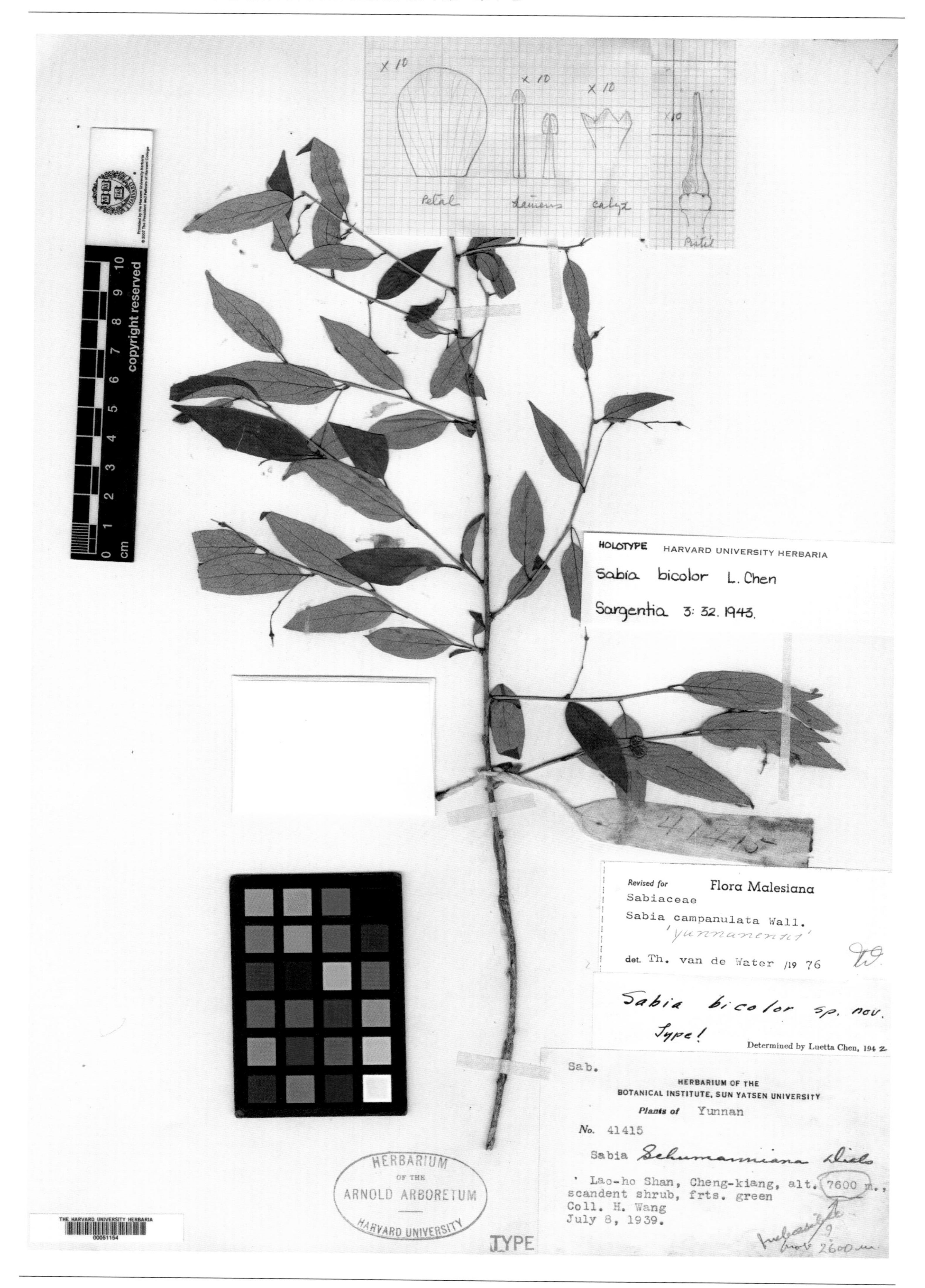

两色清风藤 ***Sabia bicolor*** L. Chen in Sargentia 3: 32. 1943. **Holotype:** China. Yunnan: Chengjiang, alt. 2 600 m, 1939-07-08, H. Wang 41415 (A).

短柄清风藤 ***Sabia brevipetiolata*** L. Chen in Sargentia 3: 50. 1943. **Syntype**: China. Guangxi: Lingyun, alt. 1 150 m, 1933-04-12, A. N. Steward & H. C. Cheo 171 (A).

硬齿清风藤 ***Sabia callosa*** L. Chen in Sargentia 3: 33. 1943. **Holotype:** China. Yunnan: Precise locality not known, 1934-??-??, H. T. Tsai 57328 (A).

革叶清风藤 ***Sabia coriacea*** Rehd. & Wils. in Sargent, Pl. Wils. 2: 198. 1914. **Isotype:** China. Fujian: 1905-(04-06)-??, Dunn Exped. 544 (=Hong Kong Herb. 2534) (A).

滇清风藤 ***Sabia croizatiana*** L. Chen in Sargentia 3: 28. 1943. **Holotype:** China. Yunnan: Huize, Tche Ky, alt. 2 990 m, E. E. Maire 326 (A).

灰背清风藤 ***Sabia discolor*** Dunn in J. Linn. Soc. Bot. 38: 358. 1908. **Isolectotype** (designated by van de Water in Blumea 26: 34. 1980.): China. Fujian: Nanping, Yanping, alt. 701 m, 1905-(04-06)-??, Hong Kong Herb. 2537 (A).

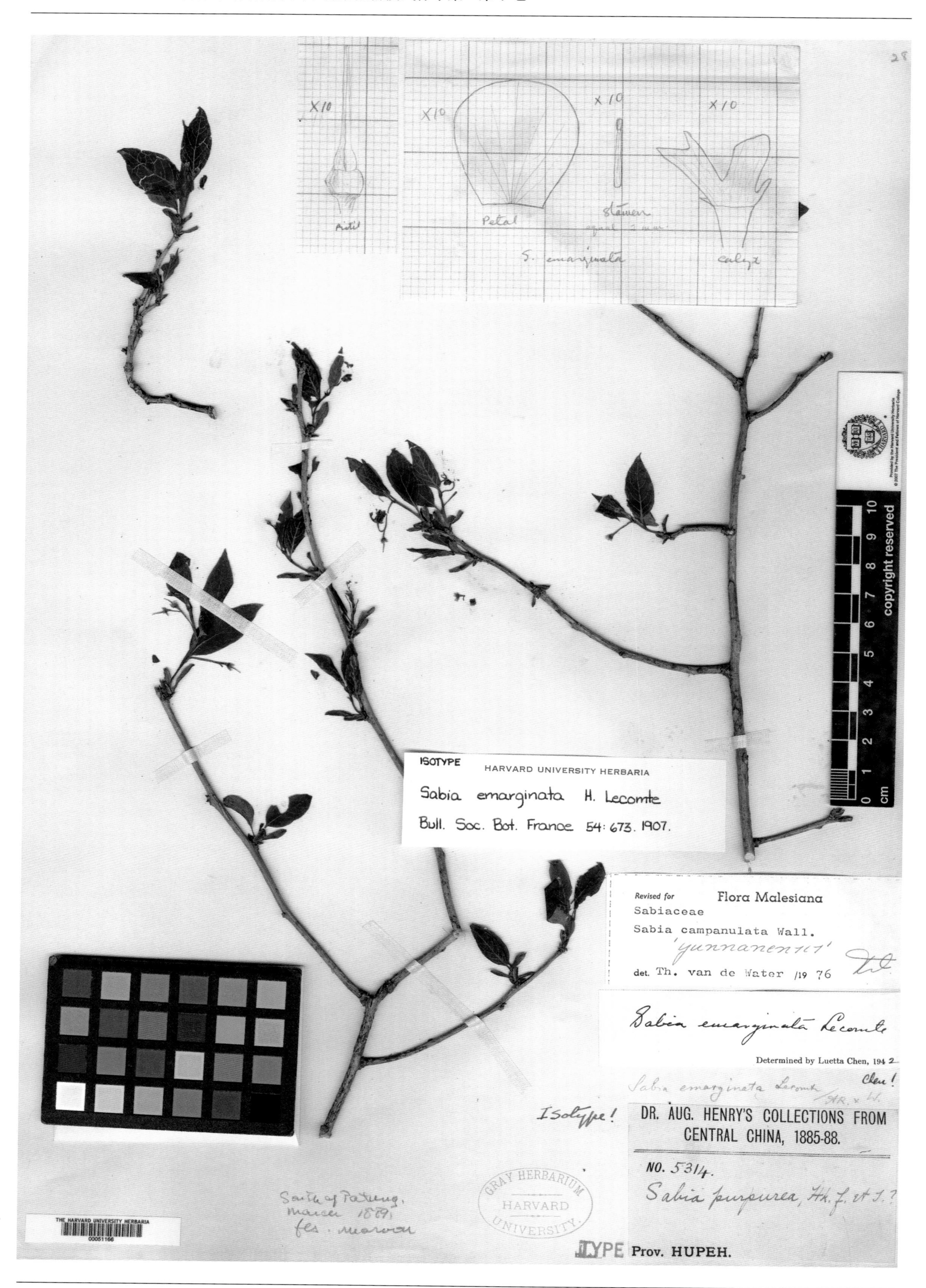

凹萼清风藤*Sabia emarginata* Lecomte in Bull. Soc. Bot. France 54: 673. 1907. **Isotype:** China. Hubei: Badong, 1889-03-??, A. Henry 5314 (GH).

簇花清风藤 ***Sabia fasciculata*** Lecomte ex L. Chen in Sargentia 3: 42, f. 4. 1943. **Syntype**: China. Yunnan: Mengzi, alt. 1 525 m, A. Henry 10487 (A).

腺体清风藤 ***Sabia glandulosa*** L. Chen in Sargentia 3: 30. 1943. **Holotype:** China. Yunnan: Shangri-La, alt. 2 900 m, 1939-07-25, K. M. Feng 1834 (A).

湖北清风藤 ***Sabia gaultheriifolia*** Stapf ex L. Chen in Sargentia 3: 26. 1943. **Holotype:** China. Hubei: Precise locality not known, (1885—1888)-??-??, A. Henry 6227 (GH).

细枝清风藤 ***Sabia gracilis*** Hemsl. Hook. Icon. Pl. 29: pl. 2831. 1907. **Isotype:** China. Sichuan: Emeishan, Emei Shan, 1904-06-??, E. H. Wilson 4806 (A).

异萼清风藤 ***Sabia heterosepala*** L. Chen in Sargentia 3: 41. 1943. **Holotype:** China. Hunan: Wugang, Yun Shan, alt. 400~1 420 m, 1919-04-??, T. H. Wang 87 (A).

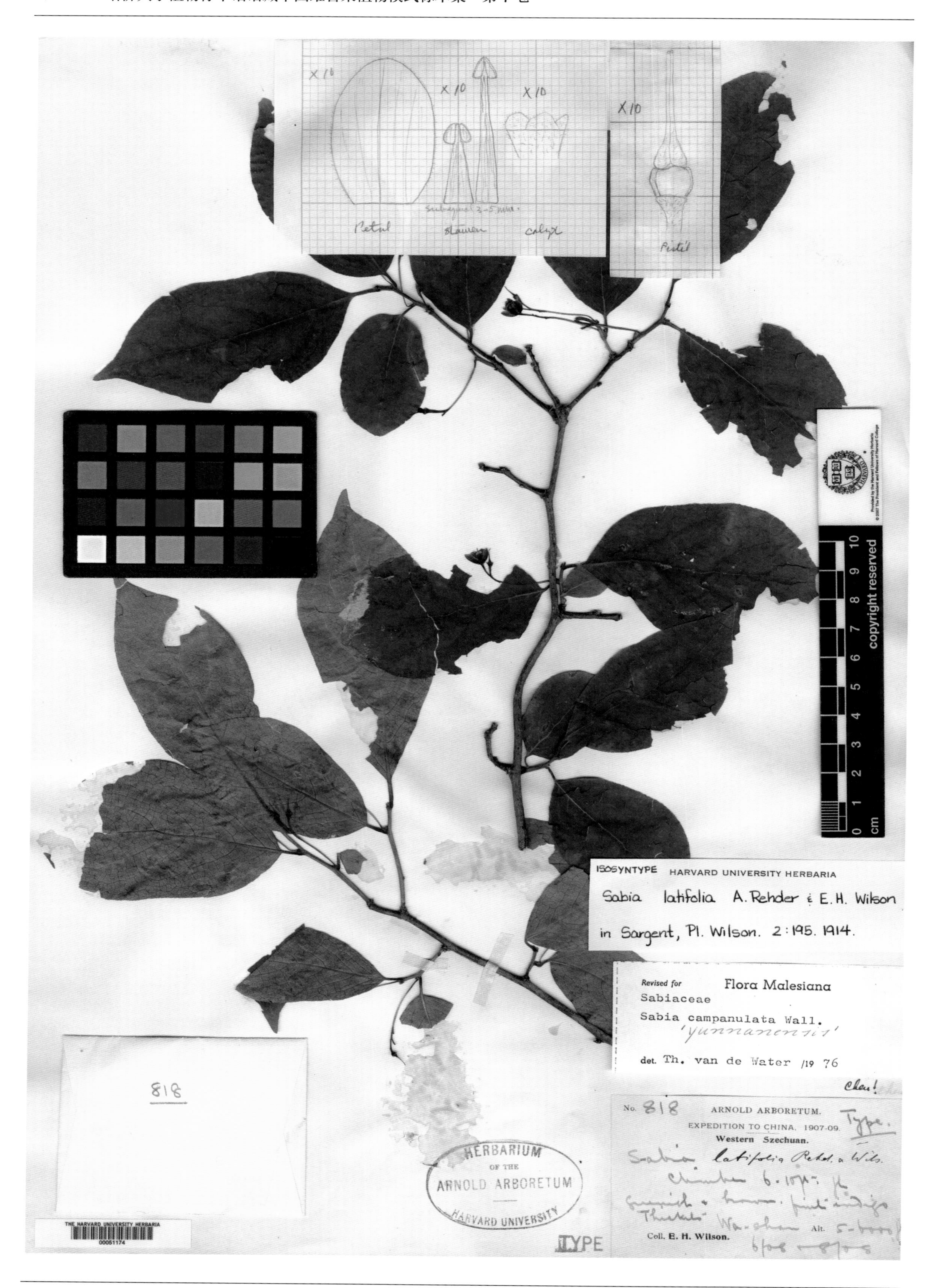

阔叶清风藤 ***Sabia latifolia*** Rehd. & Wils. in Sargent, Pl. Wils. 2: 195. 1914. **Holotype:** China. Sichuan: Ebian, Wa Shan, alt. 1 525~1 830 m, 1908-(06-08)-??, E. H. Wilson 818 (A).

阔叶清风藤 ***Sabia latifolia*** Rehd. & Wils. in Sargent, Pl. Wils. 2: 195. 1914. **Isotype:** China. Sichuan: Ebian, Wa Shan, alt. 1 525~1 830 m, 1908-(06-08)-??, E. H. Wilson 818 (A).

紫金牛叶清风藤 ***Sabia limoniacea*** Wall. var. ***ardisioides*** L. Chen in Sargentia 3: 58. 1943. **Holotype:** China. Guangxi: Shangsi, Shiwan Dashan, 1934-10-(01-16), W. T. Tsang 24415 (A).

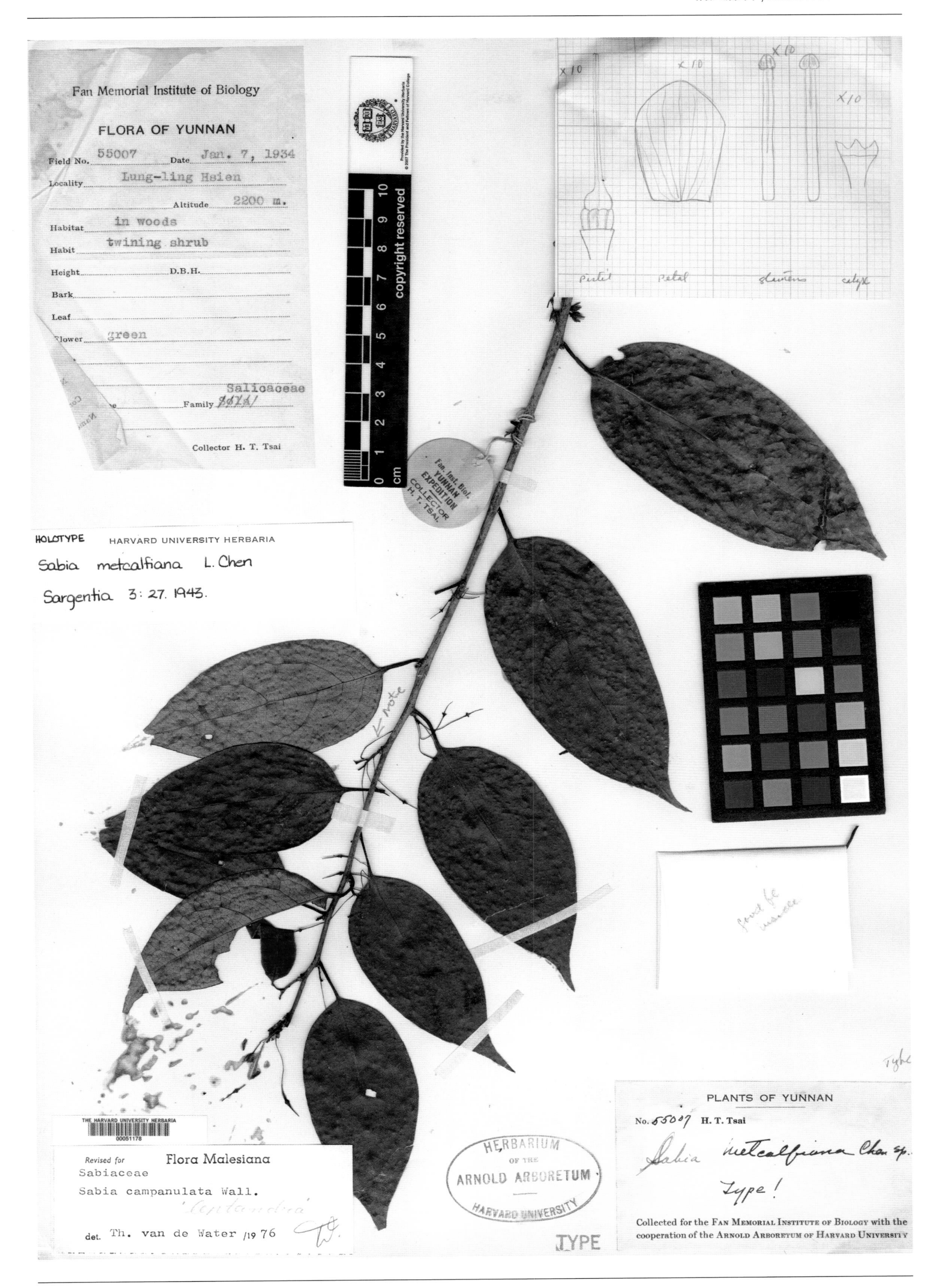

龙陵清风藤 ***Sabia metcalfiana*** L. Chen in Sargentia 3: 27. 1943. **Holotype:** China. Yunnan: Longling, alt. 2 200 m, 1934-01-07, H. T. Tsai 55007 (A).

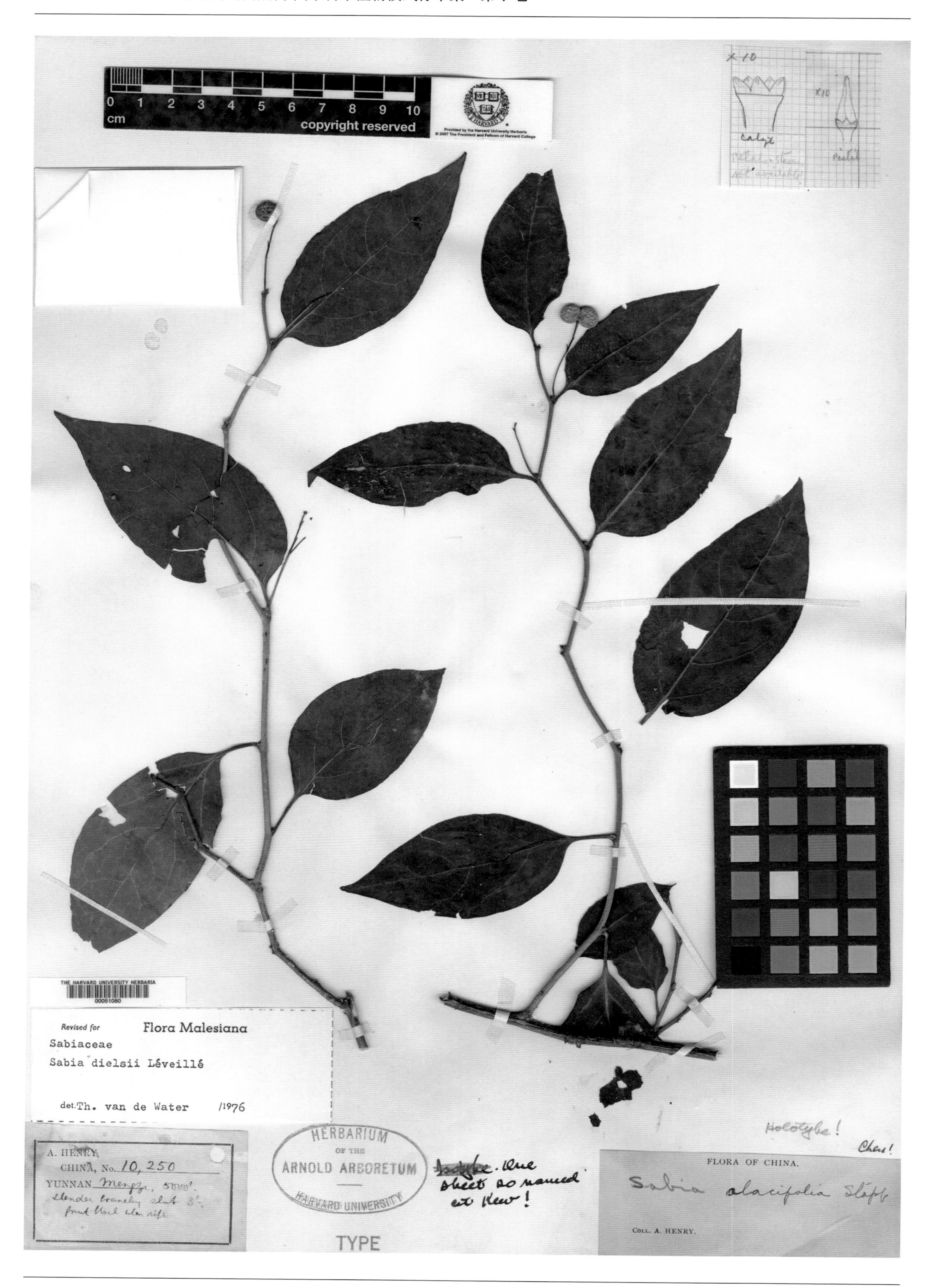

橄榄叶清风藤 ***Sabia olacifolia*** Stapf ex L. Chen in Sargentia 3: 52. 1943. **Syntype**: China. Yunnan: Mengzi, alt. 1 525 m, 1922-11-??, A. Henry 10250 (A).

峨眉清风藤 ***Sabia omeiensis*** Stapf ex L. Chen in Sargentia 3: 29. 1943. **Isotype:** China. Sichuan: Emeishan, Emei Shan, 1904-06-??, E. H. Wilson 4713 (A).

灰背叶清风藤 ***Sabia pallida*** Stapf & L. Chen in Sargentia 3: 33. 1943. **Holotype:** China. Yunnan: Mengzi, alt. 1 830 m, A. Henry 10529 (A).

小叶清风藤 ***Sabia parvifolia*** L. Chen in Sargentia 3: 49. 1943. **Holotype:** China. Yunnan: Zhenkang, alt. 2 300 m, 1938-07-29, T. T. Yu 17082 (A).

亮叶清风藤 ***Sabia parviflora*** N. Wallich var. ***nitidissima*** Lévl. in Fl. Kouy-Tcheou 379. 1915. **Isotype:** China. Guizhou: Precise locality not known, 1905-08-01, J. Esquirol s. n. (A).

五腺清风藤 ***Sabia pentadenia*** L. Chen in Sargentia 3: 27. 1943. **Holotype:** China. Yunnan: Precise locality not known, 1934-??-??, H. T. Tsai 62875 (A).

多花清风藤 ***Sabia polyantha*** Hand.-Mazz. in Sinensia 3: 190. 1933. **Isotype:** China. Guangxi: Lingyun, alt. 915 m, 1928-08-05, R. C. Ching 6720 (A).

微柔毛清风藤 ***Sabia puberula*** Rehd. & Wils. in Sargent, Pl. Wils. 2: 197. 1914. **Holotype:** China.Hubei: Xingshan, alt. 610～1 220 m, 1907-(05-09)-??, E. H. Wilson 2534 A (A).

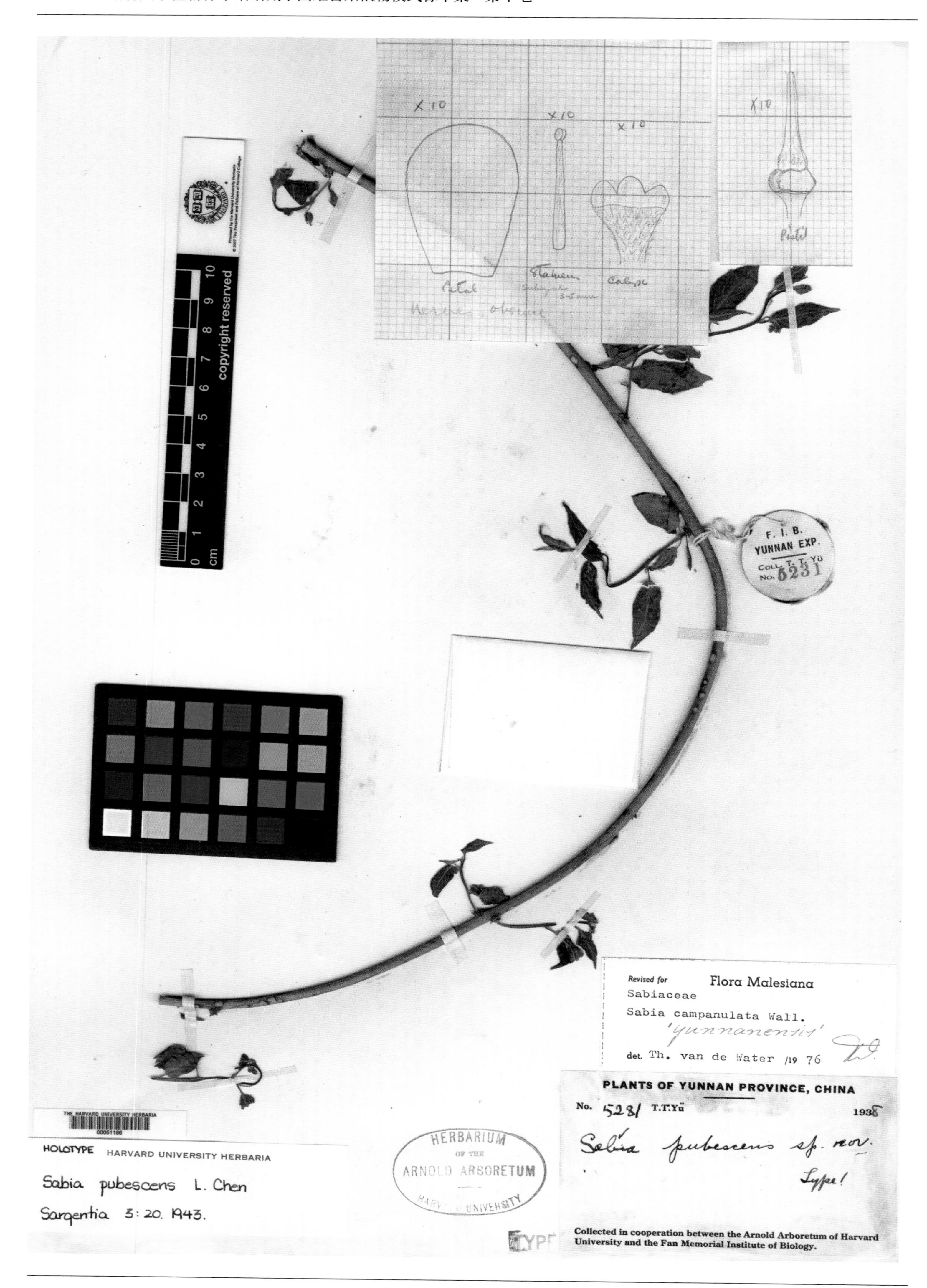

短柔毛清风藤 ***Sabia pubescens*** L. Chen in Sargentia 3: 20. 1943. **Holotype:** China. Yunnan: Precise locality not known, 1938-??-??, T. T. Yu 5231 (A).

鄂西清风藤 ***Sabia ritchiae*** Rehd. & Wils. in Sargent, Pl. Wils. 2: 195. 1914. **Holotype:** China. Hubei: Xingshan, alt. 915~1 220 m, 1907-05-??, E. H. Wilson 2533 (A).

丽江清风藤 ***Sabia rockii*** L. Chen in Sargentia 3: 21. 1943. **Syntype**: China. Yunnan: Lijiang, alt. 2 700~3 000 m, (1923—1924)-??-??, J. F. Rock 8334 (A).

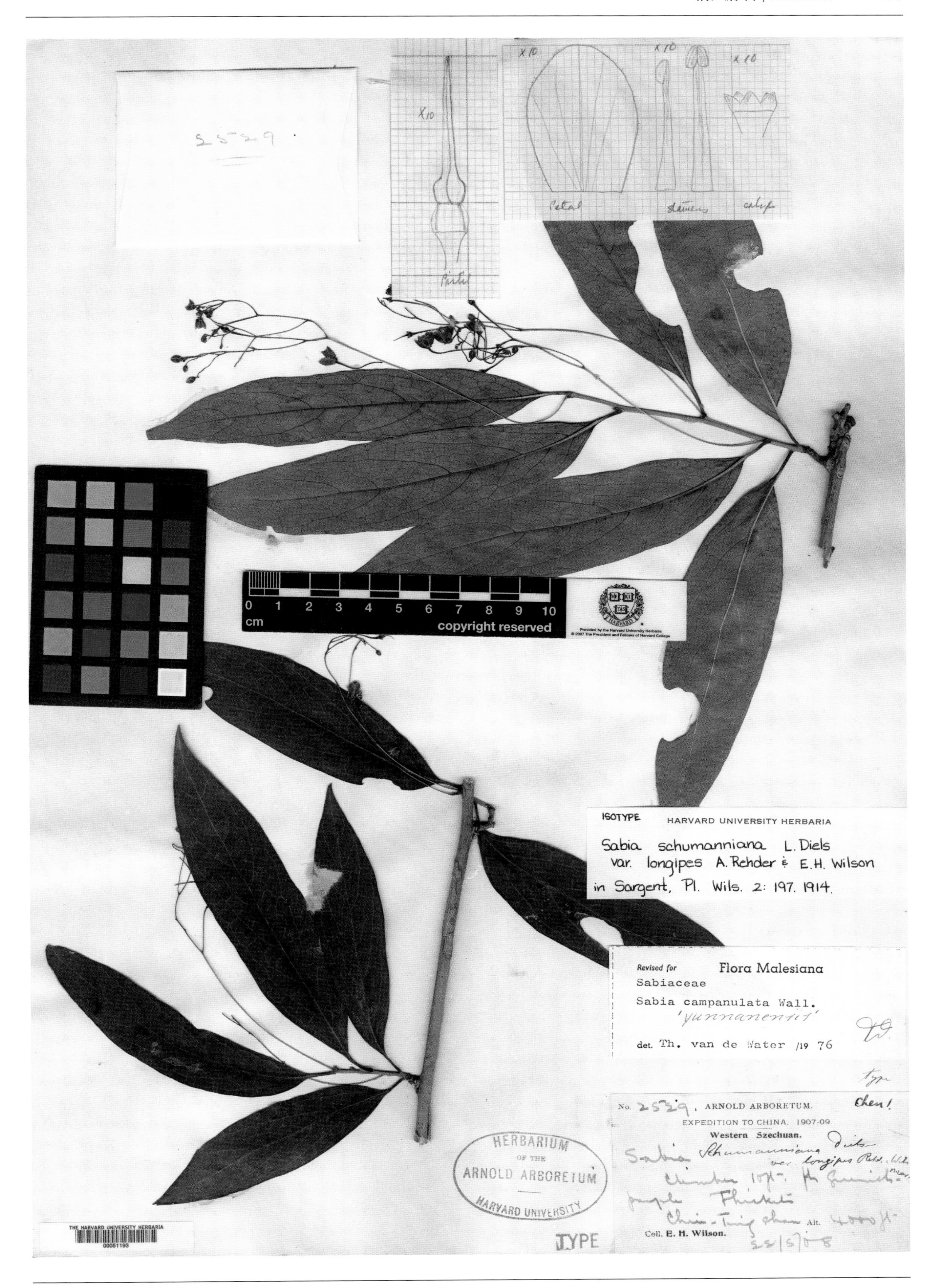

长梗清风藤 ***Sabia schumanniana*** Diels var. ***longipes*** Rehd. & Wils. in Sargent, Pl. Wils. 2: 197. 1914. **Isotype:** China. Sichuan: Pengzhou, Jiufeng Shan, alt. 1 220 m, 1908-05-22, E. H. Wilson 2529 (A).

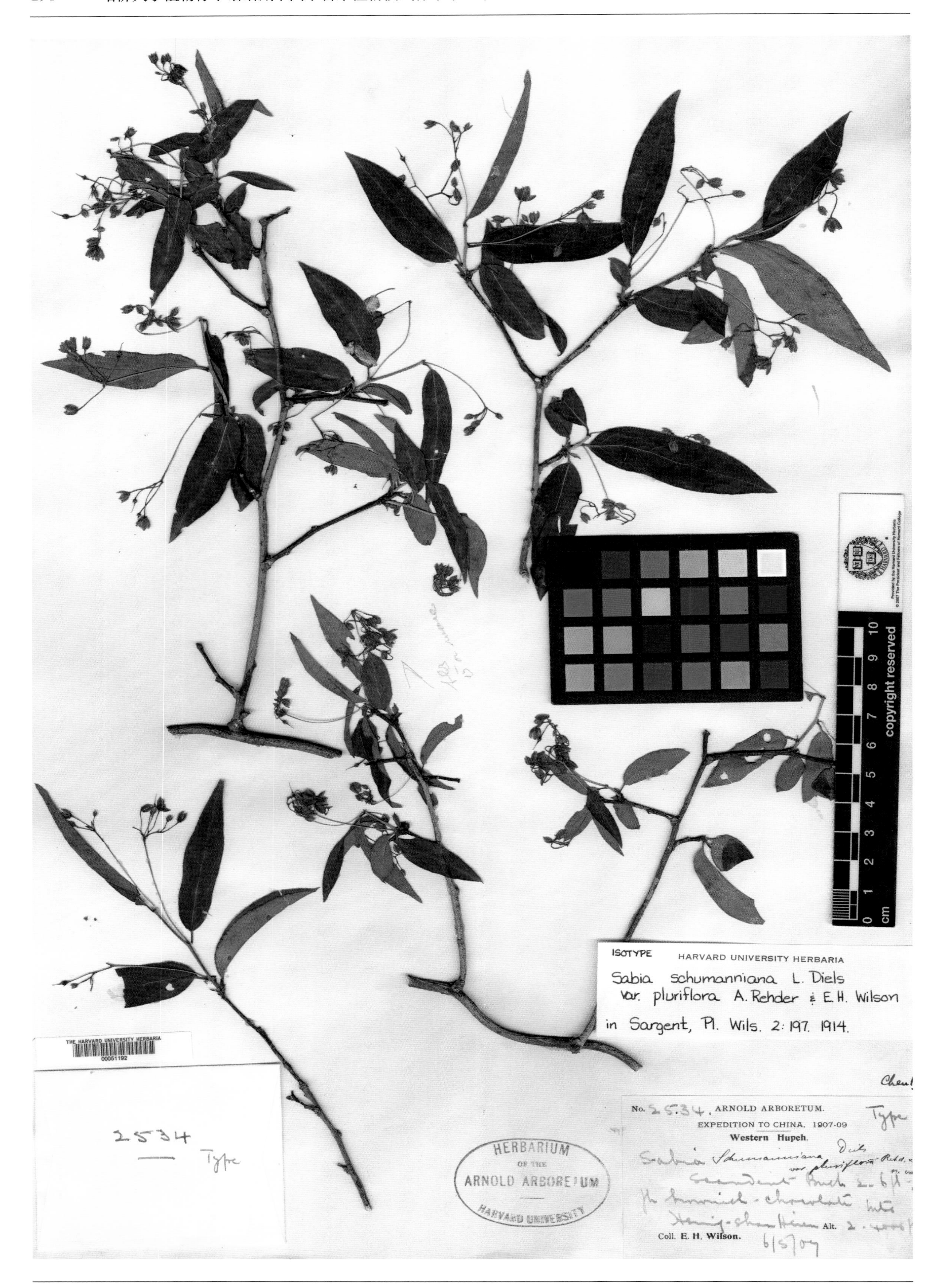

多花清风藤 ***Sabia schumanniana*** Diels var. ***pluriflora*** Rehd. & Wils. in Sargent, Pl. Wils. 2(1): 197. 1914. **Isotype:** China. Hubei: Xingshan, alt. 610~1 220 m, 1907-05-06, E. H. Wilson 2534 (A).

陕西清风藤***Sabia shensiensis*** L. Chen in Sargentia 3: 31.1943. **Holotype:** China. Shaanxi: Taibai, Taibai Shan, 1910-??-??, W. Purdom 894 (A).

海南清风藤 ***Sabia swinhoei*** Hemsl. ex Forb & Hemsl. var. ***hainanensis*** L. Chen in Sargentia 3: 45. 1943. **Holotype:** China. Hainan: Bak Sa (=Baisha), 1936-03-18, S. K. Lau 25751 (A).

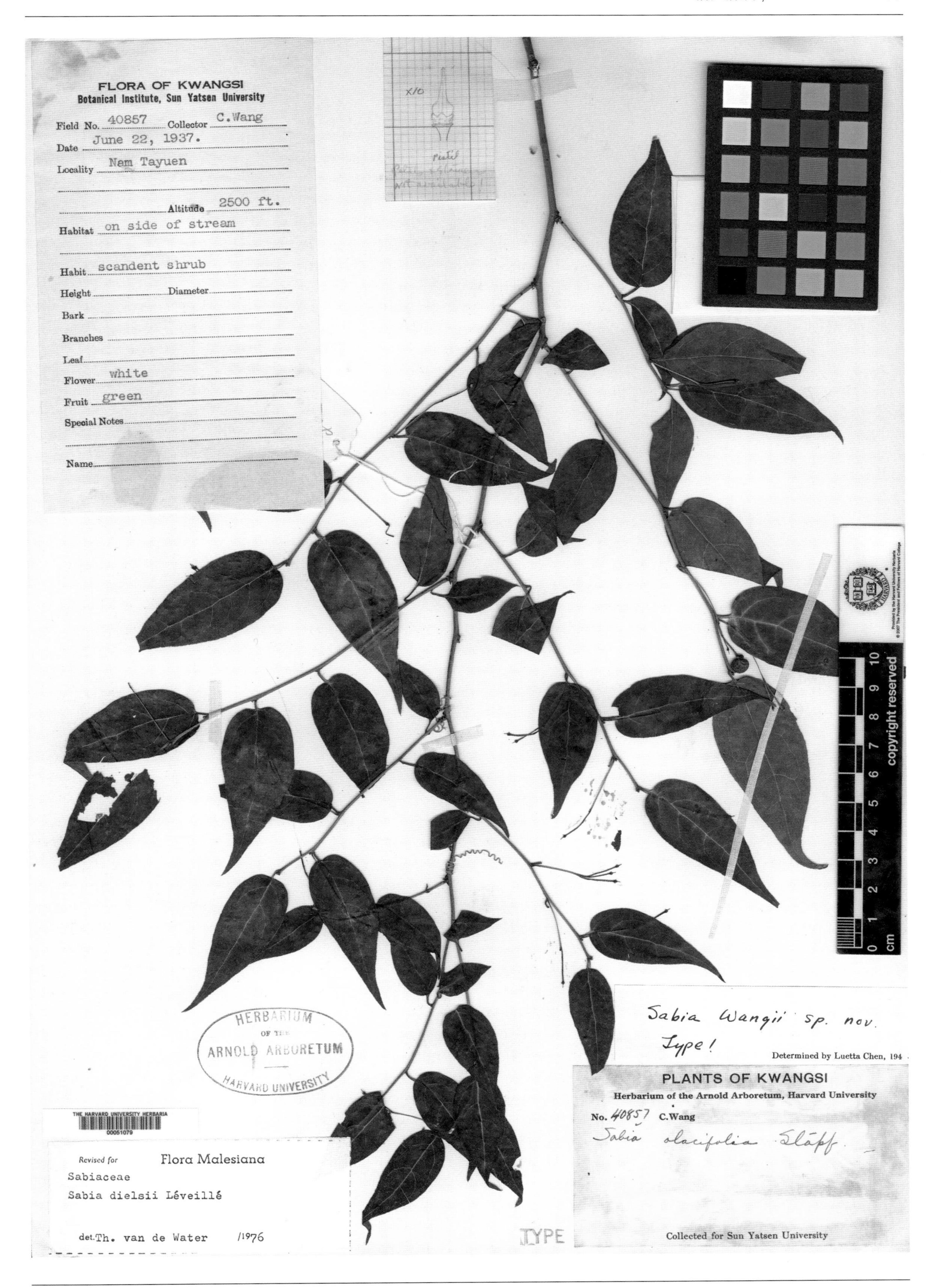

黄志清风藤 ***Sabia wangii*** L. Chen in Sargentia 3: 51. 1943. **Holotype:** China. Guangxi: Nam Tayuen (=Nandan), alt. 763 m, 1937-06-22, C. Wang 40857 (A).

凤庆清风藤 ***Sabia yuii*** L. Chen in Sargentia 3: 25. 1943. **Holotype:** China. Yunnan: Shunning (=Fengqing), alt. 3 000 m, 1938-05-26, T. T. Yu 15975 (A).

凤仙花科

Balsaminaceae

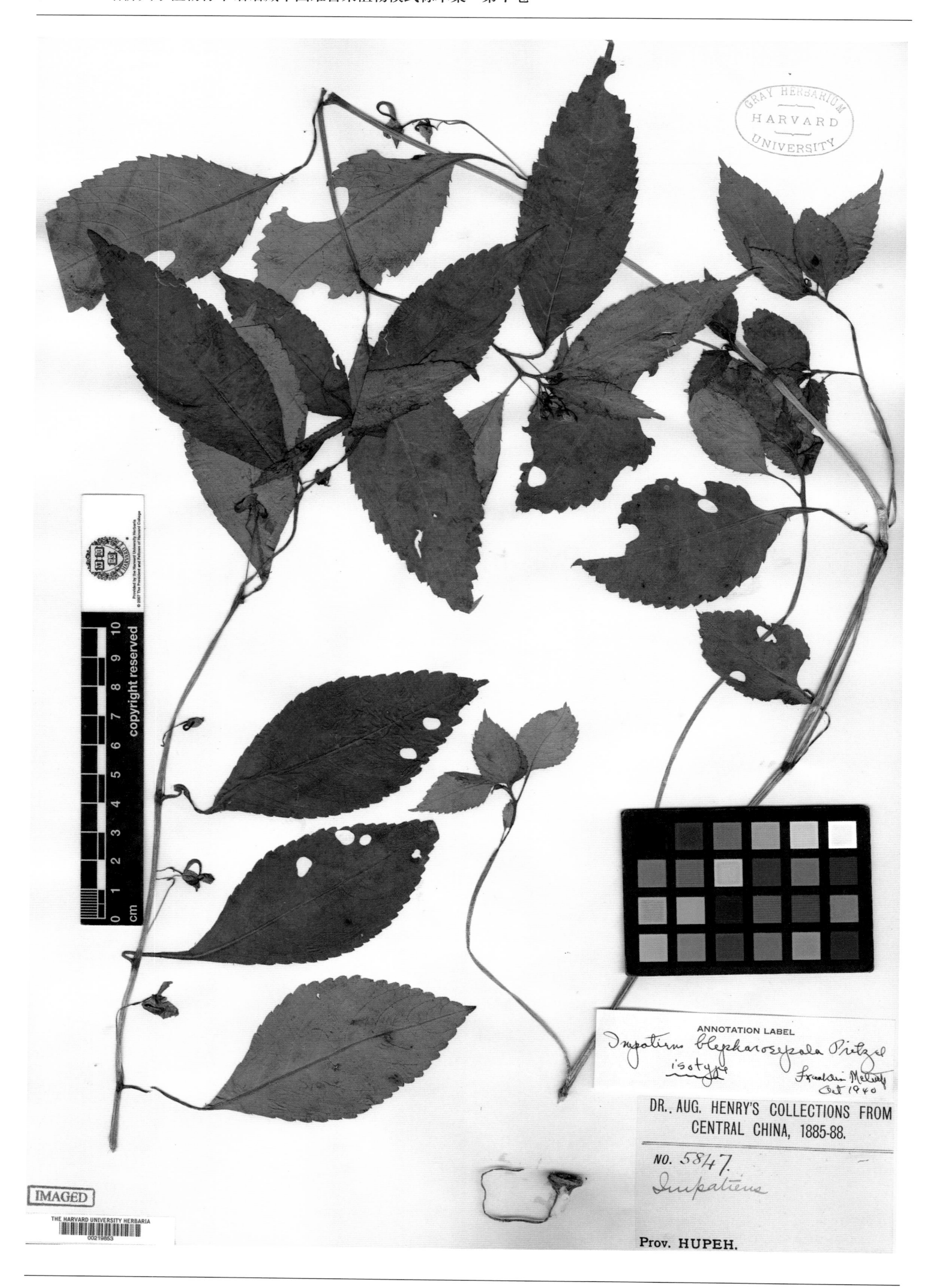

睫毛萼凤仙花 ***Impatiens blepharosepala*** Pritz. ex Diels in Engler, Bot. Jahrb. Syst. 29: 455. 1900. **Isotype:** China. Hubei: Badong, (1885—1888)-??-??, A. Henry 5847 (GH).

中甸凤仙花 ***Impatiens chungtienensis*** Y. L. Chen in Acta Phytotax. Sin. 16(2): 44. 1978. **Isotype:** China. Yunnan: Zhongdian (=Shangri-La), alt. 3 200~3 300 m, 1939-08-15, K. M. Feng 2025 (A).

梵净山凤仙花 ***Impatiens fanjingshanica*** Y. L. Chen in Acta Phytotax. Sin. 37(1): 93, f. 4. 1999. **Isotype:** China. Guizhou: Jiangkou, alt. 500~700 m, 1986-09-04, Sino-American Guizhou Botanical Exped. 813 (A).

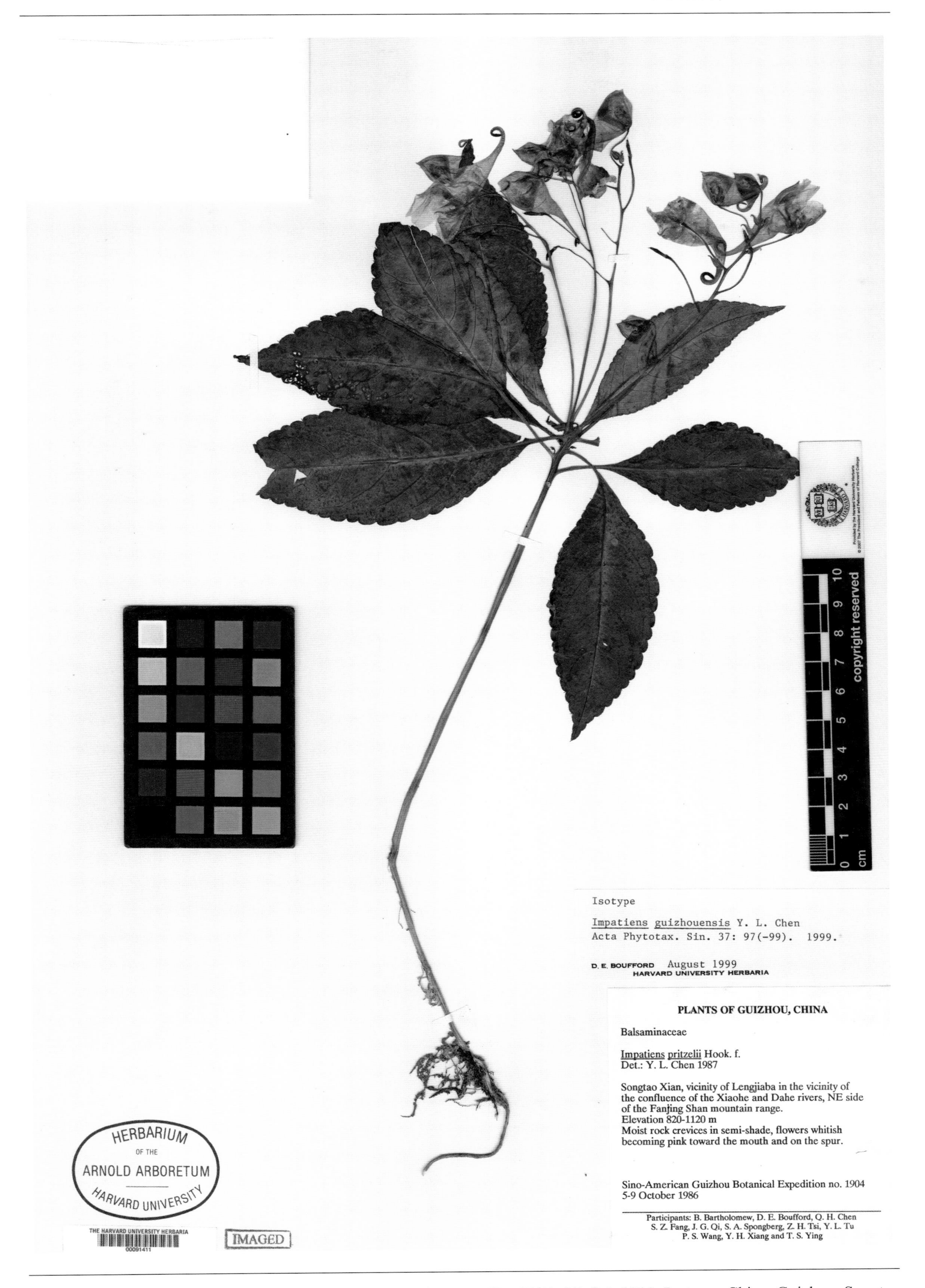

贵州凤仙花 ***Impatiens guizhouensis*** Y. L. Chen in Acta Phytotax. Sin. 37(1): 97, f. 6. 1999. **Isotype:** China. Guizhou: Songtao, Fanjing Shan, alt. 820~1 120 m, 1986-10-(05-09), Sino-America Guizhou Botanical Exped. 1904 (A).

海南凤仙花 ***Impatiens hainanensis*** Y. L. Chen in Guihaia 7(1): 9, f. 1. 1987. **Isotype:** China. Hainan: Ledong, 1936-06-09, S. K. Lau 27038 (A).

丛林凤仙花 ***Impatiens lucorum*** Hook. f. in Nouv. Arch. Mus. Hist. Nat. sér. 4. 10: 254. 1908. **Isotype:** China. Western China, alt. 2 440~3 050 m, 1903-07-27, E. H. Wilson 3295 (A).

矮小无距凤仙花 ***Impatiens margaritifera*** Hook. f. var. ***humilis*** Y. L. Chen in Acta Phytotax. Sin. 16(2): 45. 10. 1978.

Isotype: China. Sichuan: Daocheng, alt. 3 600 m, 1937-08-22, T. T. Yu 12841 (A).

峨眉凤仙花 ***Impatiens omeiana*** Hook. f. Nouv. Arch. Mus. Hist. Nat. sér. 4. 10: 244. 1908. **Isotype:** China. Sichuan: Emeishan, Emei Shan, 1904-09-??, E. H. Wilson 4736 (A).

红雉凤仙花 ***Impatiens oxyanthera*** Hook. f. in Nouv. Arch. Mus. Hist. Nat. sér. 4. 10: 254. 1908. **Isosyntype:** China. Sichuan: Emeishan, Emei Shan, 1904-08-??, E. H. Wilson 4740 (A).

紫萼凤仙花 ***Impatiens platychlaena*** Hook. f. in Nouv. Arch. Mus. Hist. Nat. sér. 4. 10: 270. 1908. **Isotype:** China. Sichuan: Emeishan, Emei Shan, 1904-08-??, E. H. Wilson 4738 (A).

羞怯凤仙花 ***Impatiens pudica*** Hook. f. in Nouv. Arch. Mus. Hist. Nat. sér. 4. 10: 254. 1908. **Isosyntype**: China. Sichuan: Emeishan, Emei Shan, 1903-10-21, E. H. Wilson 3296 C (A).

柔茎凤仙花 ***Impatiens tenerrima*** Y. L. Chen in Acta Phytotax. Sin. 16(2): 51. 1978. **Isotype:** China. Sichuan: Muli, alt. 2 800 m, T. T. Yu 7543 (A).

白花凤仙花 ***Impatiens wilsonii*** Hook. f. in Nouv. Arch. Mus. Hist. Nat. sér. 4. 10: 244. 1908. **Isosyntype**: China. Emeishan, Emei Shan, alt. 2 440 m, 1903-10-14, E. H. Wilson 2273C (A).

维西凤仙花 ***Impatiens weihsiensis*** Y. L. Chen in Acta Phytotax. Sin. 16(2): 52. 1978. **Isotype:** China. Yunnan: Weixi, alt. 3 600 m, 1935-08-??, C. W. Wang 68721(A).

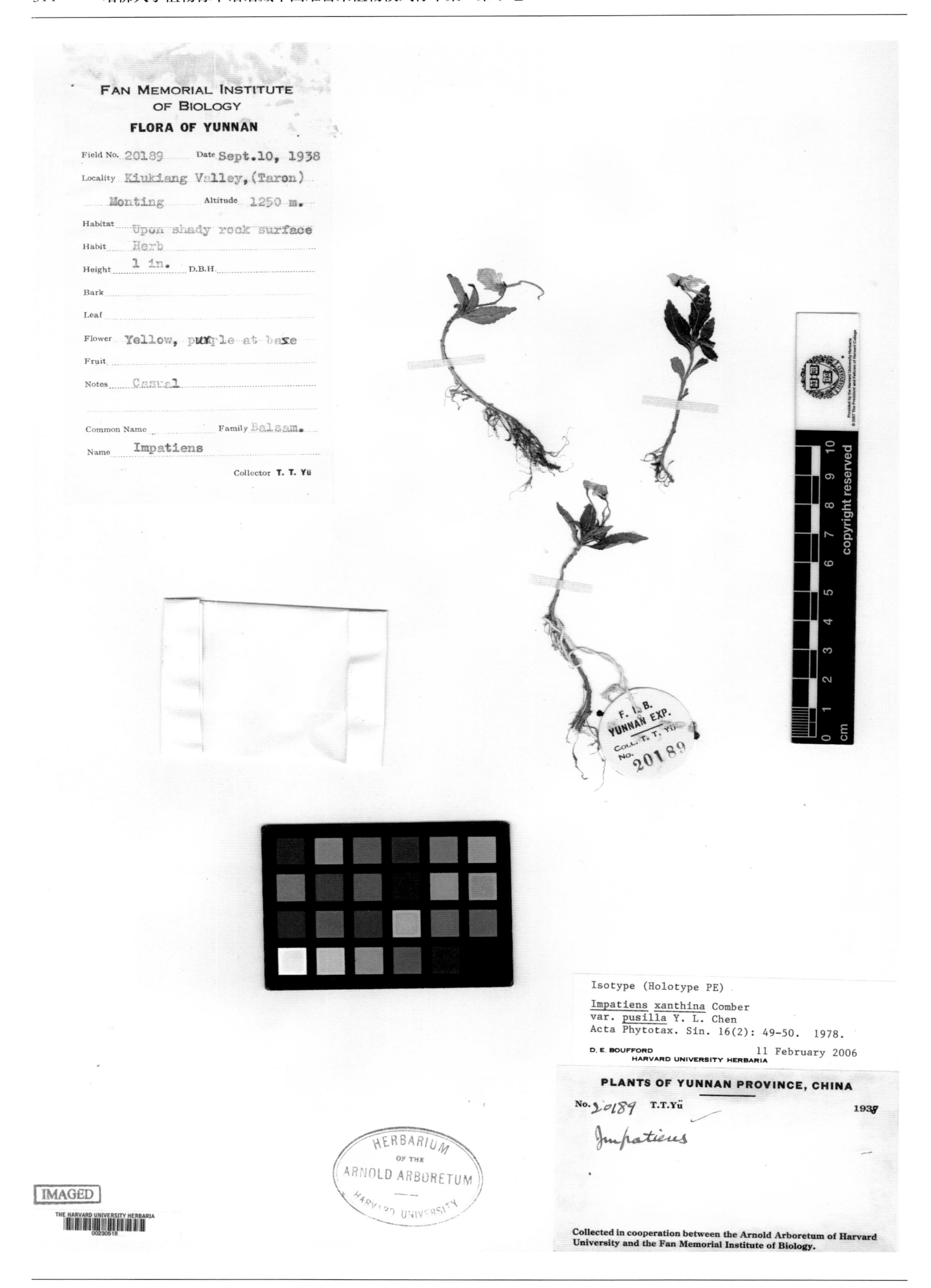

细小金黄凤仙花 ***Impatiens xanthina*** Comber var. ***pusilla*** Y. L. Chen in Acta Phytotax. Sin. 16(2): 49. 1978. **Isotype:** China. Yunnan: Gongshan, alt. 1 250 m, 1938-09-10, T. T. Yu 20189 (A).

葡萄科
Vitaceae

掌裂蛇葡萄 ***Ampelopsis aconitifolia*** Bge. var. ***glabra*** Diels & Gilg in Engler, Bot. Jahrb. Syst. 29: 465. 1900. **Isotype:** China. Hubei: Yichang, 1887-10-??, A. Henry 3632 (GH).

牯岭蛇葡萄 *Ampelopsis brevipedunculata* (Maxim.) Trautv. var. ***kulingensis*** Rehd. in Gent. Herb. 1: 36. 1920. **Holotype:** China. Jiangxi: Lu Shan, Kuling, alt. 1 220 m, 1907-07-28, E. H. Wilson 1703 (A).

显齿蛇葡萄 ***Ampelopsis cantoniensis*** (Hook. & Arn.) Planch. var.***grossedentata*** Hand.-Mazz. in Anz. Akad. Wiss. Wien, Math.-Nat. Kl. 59: 105. 1877. **Isosyntype**: China. Guangdong: Tsatmukngao, alt. 500~1 000 m, 1920-07-15, Mell 587 (A).

显齿蛇葡萄 ***Ampelopsis cantoniensis*** (Hook. & Arn.) Planch. var.***grossedentata*** Hand.-Mazz. in Anz. Akad. Wiss. Wien, Math.-Nat. Kl. 59: 105. 1877. **Isosyntype**: China. Guangdong: Qujiang, Longtou Shan, alt. 300~800 m, 1917-08-22/09-19, Mell 907 (A).

灰毛蛇葡萄 ***Ampelopsis heterophylla*** (Thunb.) Sieb. & Zucc. var. ***cinerea*** Gagnep. in Sargent, Pl. Wils. 1: 101. 1911.

Syntype: China. Hubei: Yichang, alt. 305~915 m, 1907-06-??, E. H. Wilson 2736 (A).

大叶蛇葡萄 ***Ampelopsis megalophylla*** Diels & Gilg in Engler, Bot. Jahrb. Syst. 29: 466. 1900. **Isosyntype**: China. Hubei: Precise locality not known, A. Henry 5850 A (GH).

闪光蛇葡萄 ***Ampelopsis micans*** Rehd. in Mitt. Deutsch. Dendr. Ges. 21: 188. 1912. **Isotype:** China. Hubei: Changyang, alt. 915~1 220 m, 1907-06-??, E. H. Wilson 157 (A).

惊愕蛇葡萄 ***Ampelopsis mirabilis*** Diels & Gilg in Engler, Bot. Jahrb. Syst. 29: 465. 1900. **Isotype:** China. Hubei: Yichang, 1887-10-??, A. Henry 3638 (A).

车索藤 ***Cayratia japonica*** (Thunb.) Gagnep. var. ***pubifolia*** Merr. & Chun in Sunyatsenia 5(1–3): 118, f. 10. 1940. **Holotype:** China. Hainan: Sanya, alt. 488 m, 1933-02-27, F. C. How & N. K. Chun 70240 (A).

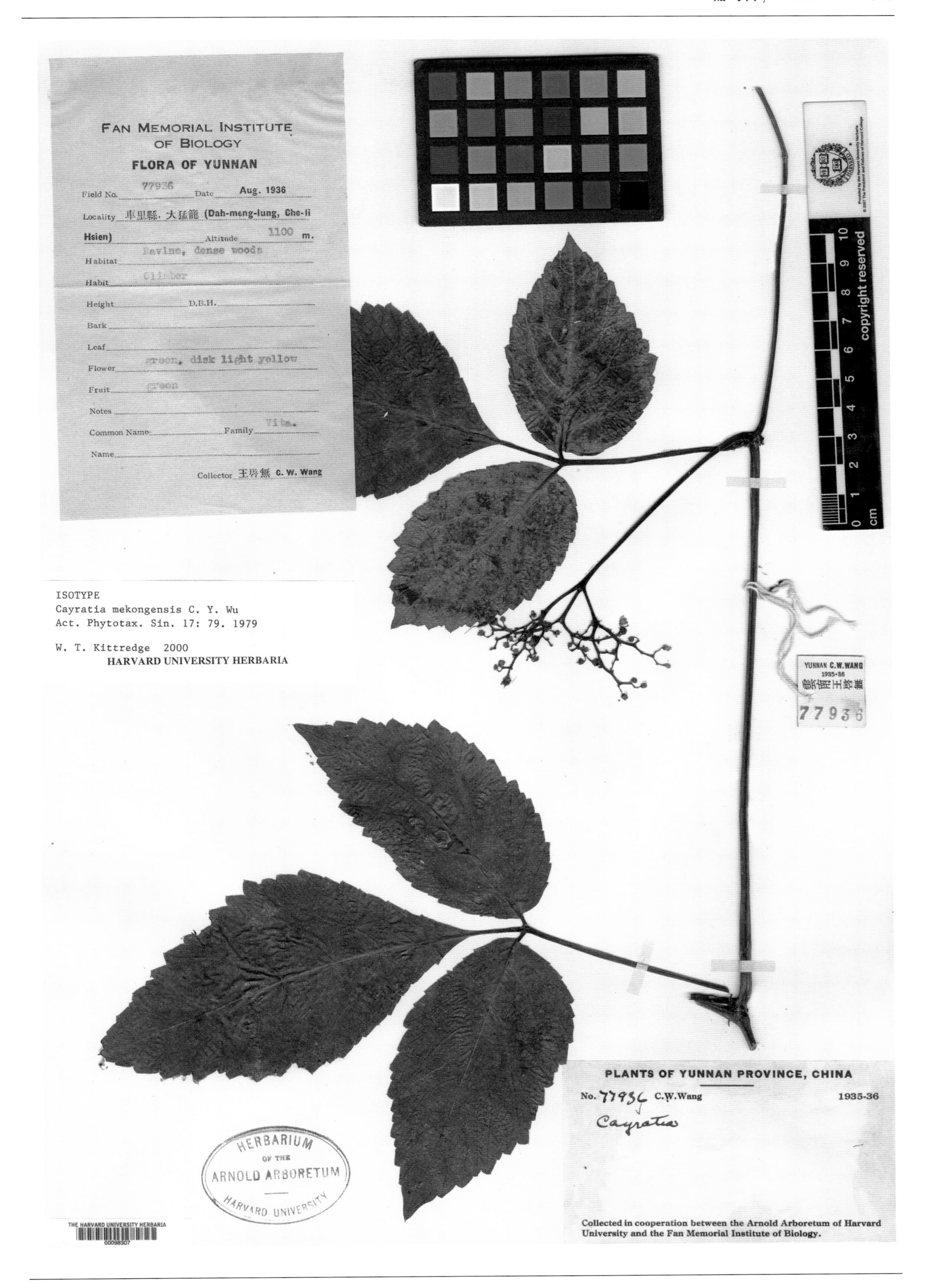

澜沧乌蔹莓 ***Cayratia mekongensis*** C. Y. Wu ex W. T. Wang in Acta Phytotax. Sin. 17(3): 79, f. 1: 5. 1979. **Isotype:** China. Yunnan: Jinghong, alt. 1 100 m, 1936-08-??, C. W. Wang 77936 (A).

脱毛乌蔹莓 ***Cayratia oligocarpa*** (Lévl. & Vant.) Gagnep. f. ***glabra*** Gagnep. in Notul. Syst. Herb. Mus. Paris 1: 360. 1911.

Isosyntype: China. Hubei: Precise locality not known, A. Henry 6592 (A).

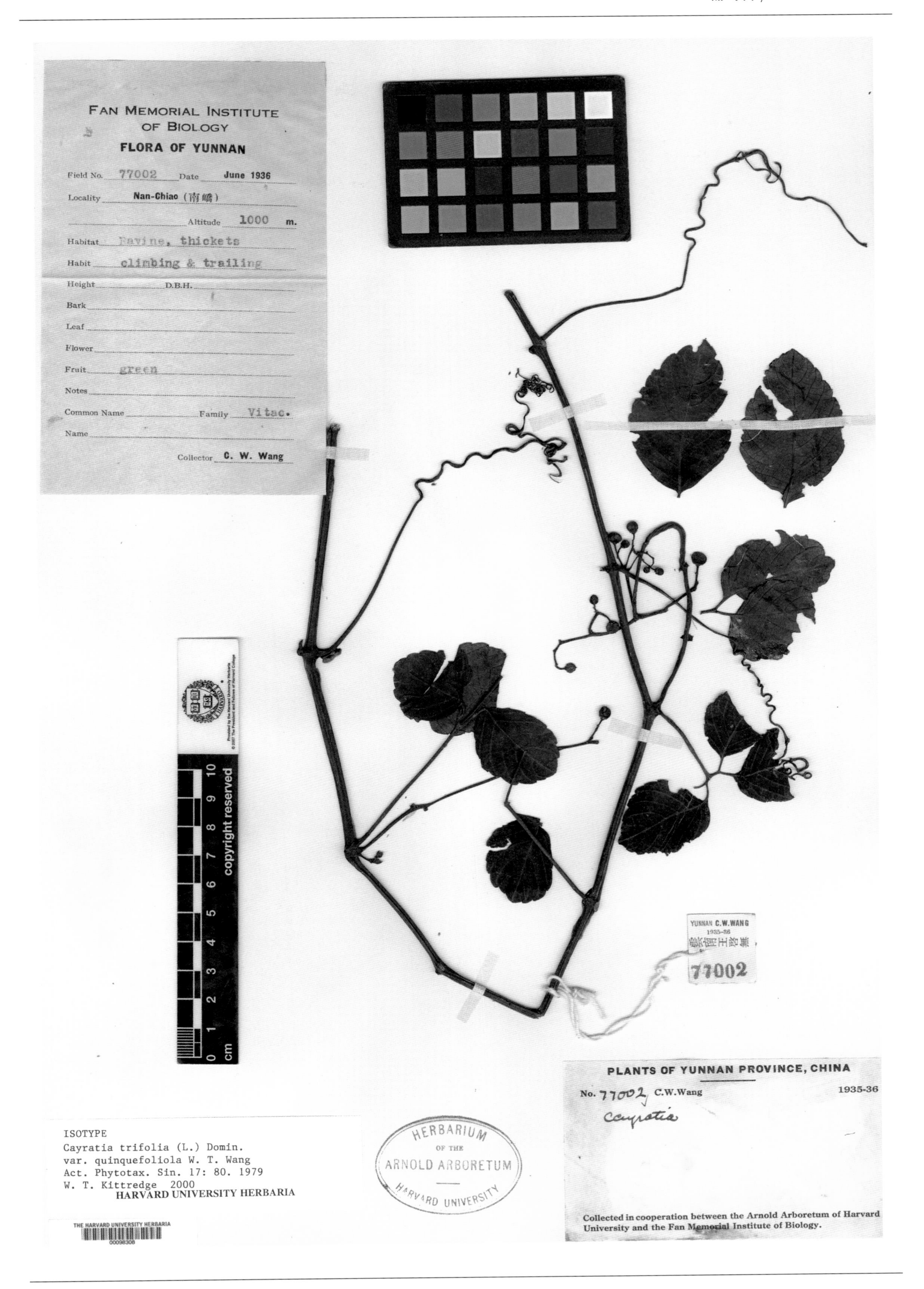

圆叶乌蔹莓 ***Cayratia trifolia*** (L.) Domin var. ***quinquefoliola*** W. T. Wang in Acta Phytotax. Sin. 17(3): 80. 1979. **Isotype:** China. Yunnan: Nan-Chiao (=Menghai), alt. 1 000 m, 1936-06-??, C. W. Wang 77002 (A).

中国白粉藤 ***Cissus repens*** Lamk var. ***sinensis*** Hand.-Mazz. in Symb. Sin. 7: 683–684. 1933. **Isotype:** China. Hunan:Wugang, Yun Shan, 1918-07-(08-12), alt. 650~950 m, H. R. E. Handel-Mazzetti 12244 (A).

窄叶火筒树 ***Leea longifoliola*** Merr. in Lingnan Sci. J. 14(1): 33, f. 11. 1935. **Isotype:** China. Hainan: Sanya, 1932-10-12, S. K. Lau 556 (A).

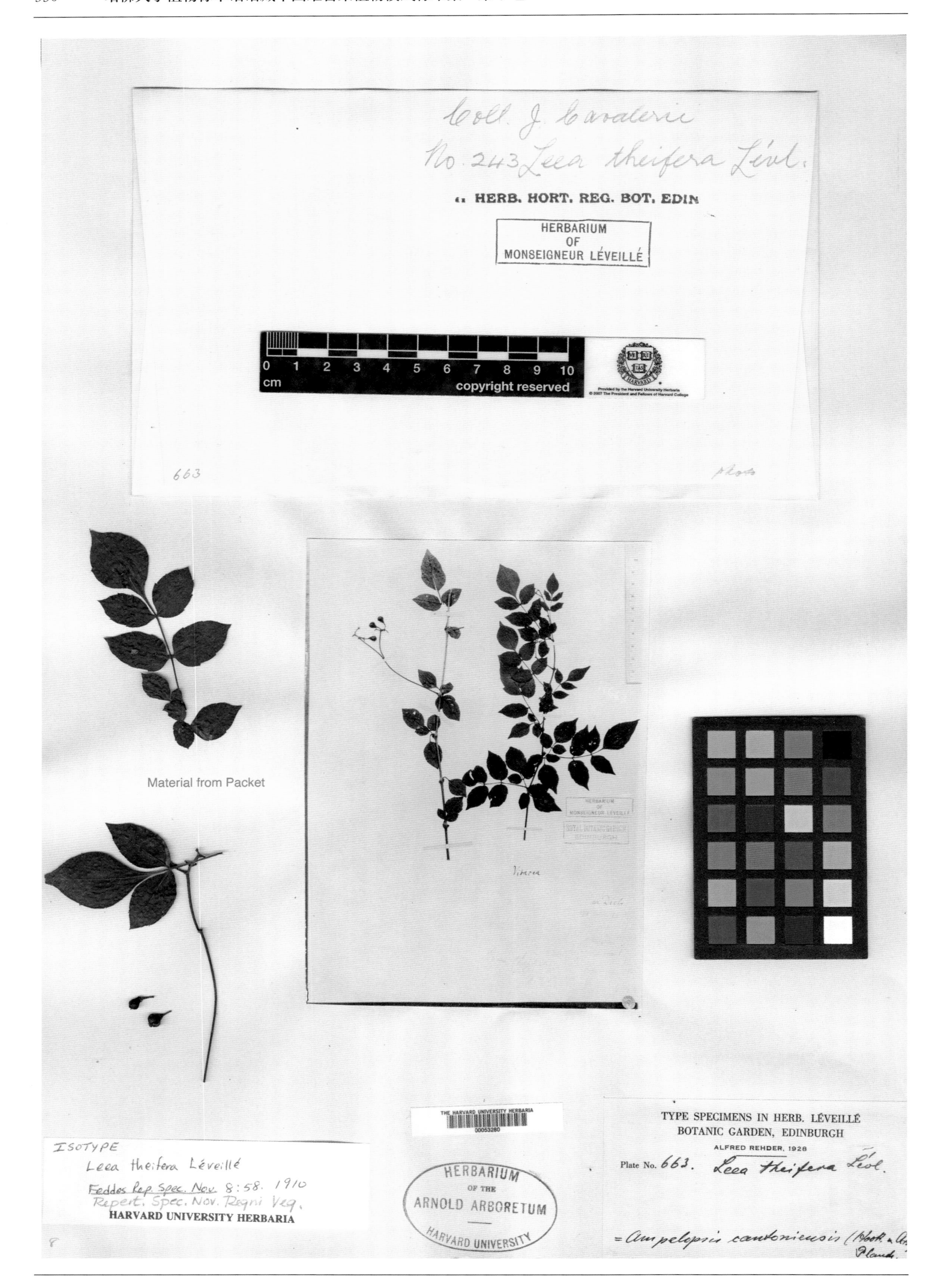

蛇葡萄茶 ***Leea theifera*** Lévl. in Feede, Repert. Sp. Nov. 8: 58. 1910. **Isotype:** China. Guizhou: Guiding, Pin-Fa, 1902-08-21, J. Cavalerie 243 (A).

大果俞藤 ***Parthenocissus austro-orientalis*** Metc. in Bull. Fan Mem. Inst. Biol., New Ser. 1(2): 132, f. 1. 1948. **Isotype:** China. Guangdong: Qujiang, Longtou Shan, 1924-05-27, Lingnan University (To & Tsang) 12378 (A).

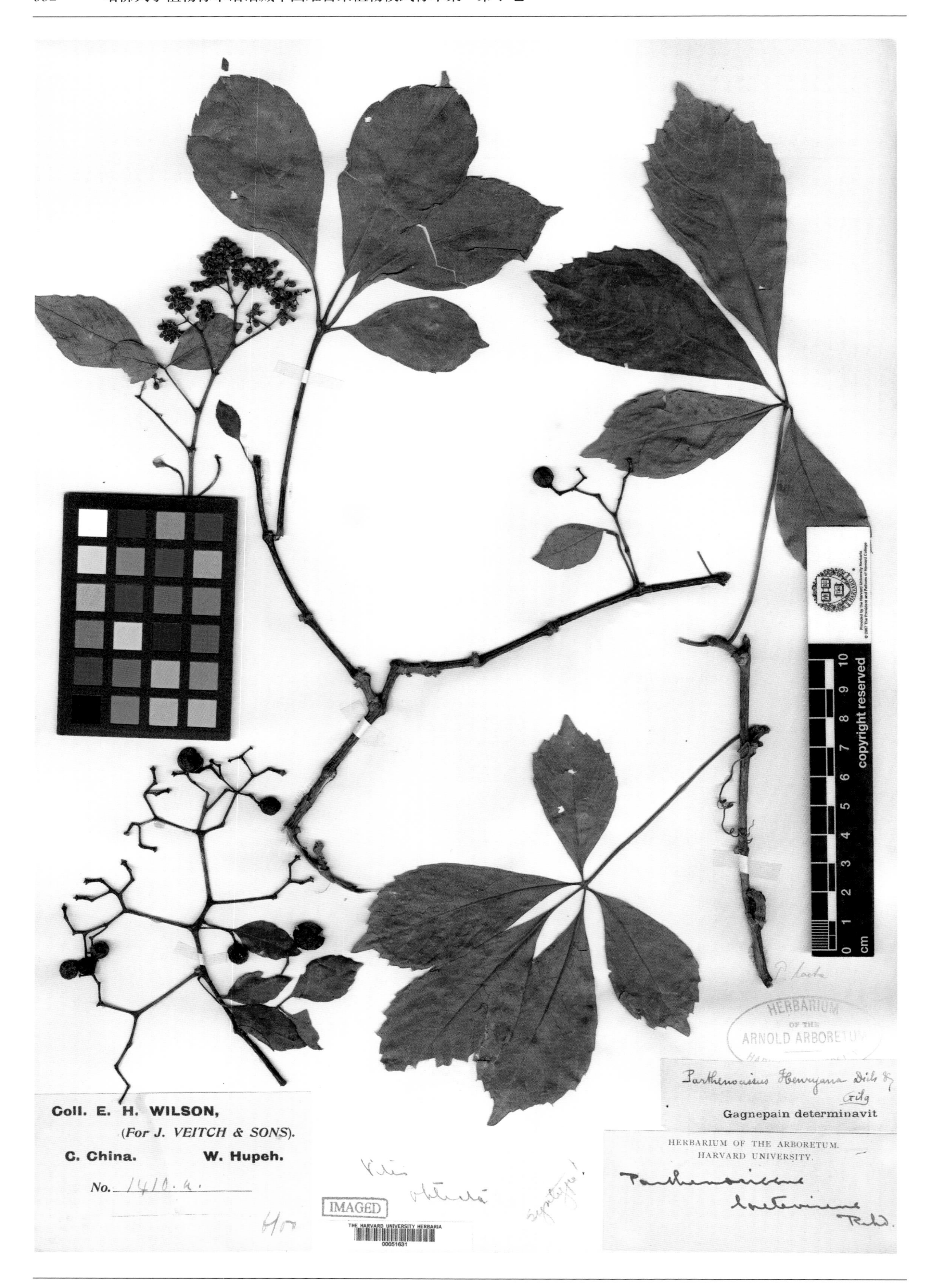

绿叶地锦 ***Parthenocissus laetevirens*** Rehd. in Mitt. Deutsch. Dendr. Ges. 21: 190. 1912. **Syntype**: China. Hubei: Western Hubei, Precise locality not known, 1900-06-??, E. H. Wilson 1410 a (A).

栓翅地锦 ***Parthenocissus suberosa*** Hand.-Mazz. in Symb. Sin. 7: 681, pl. 9: 25. 1933. **Isotype:** China. Guizhou: Guiding, alt. 1 050 m, 1917-07-09, H. R. E. Handel-Mazzetti 194 (=10663) (A).

海南大叶白粉藤 ***Parthenocissus subferruginea*** Merr. & Chun in Sunyatsenia 5(1–3): 120. 1940. **Isotype:** China. Hainan: Lingshui, 1932-05-(04-20), F. A. McClure 20086 (A).

尾叶崖爬藤 ***Tetrastigma caudatum*** Merr. & Chun in Sunyatsenia 2: 275, pl. 59. 1935. **Isotype:** China. Hainan: Dung Ka (=Ding'an), alt. 730 m, 1932-09-22, N. K. Chun & C. L. Tso 43880 (A).

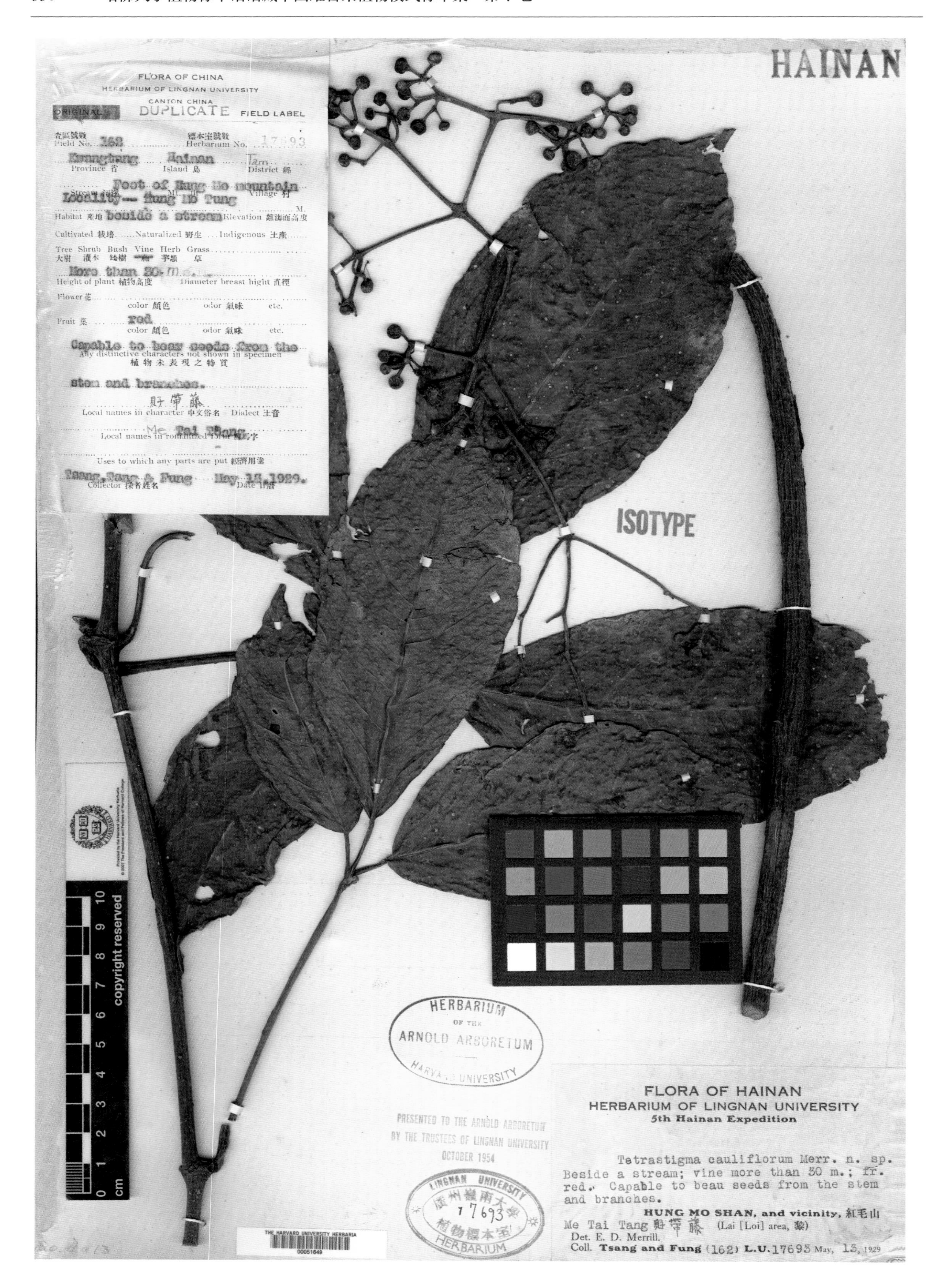

茎花崖爬藤 ***Tetrastigma cauliflorum*** Merr. in Lingnan Sci. J. 11: 48. 1932. **Isotype:** China. Hainan: Hongmao Shan, 1929-05-13, W. T. Tsang & Fung 162 (=Lingnan University 17693) (A).

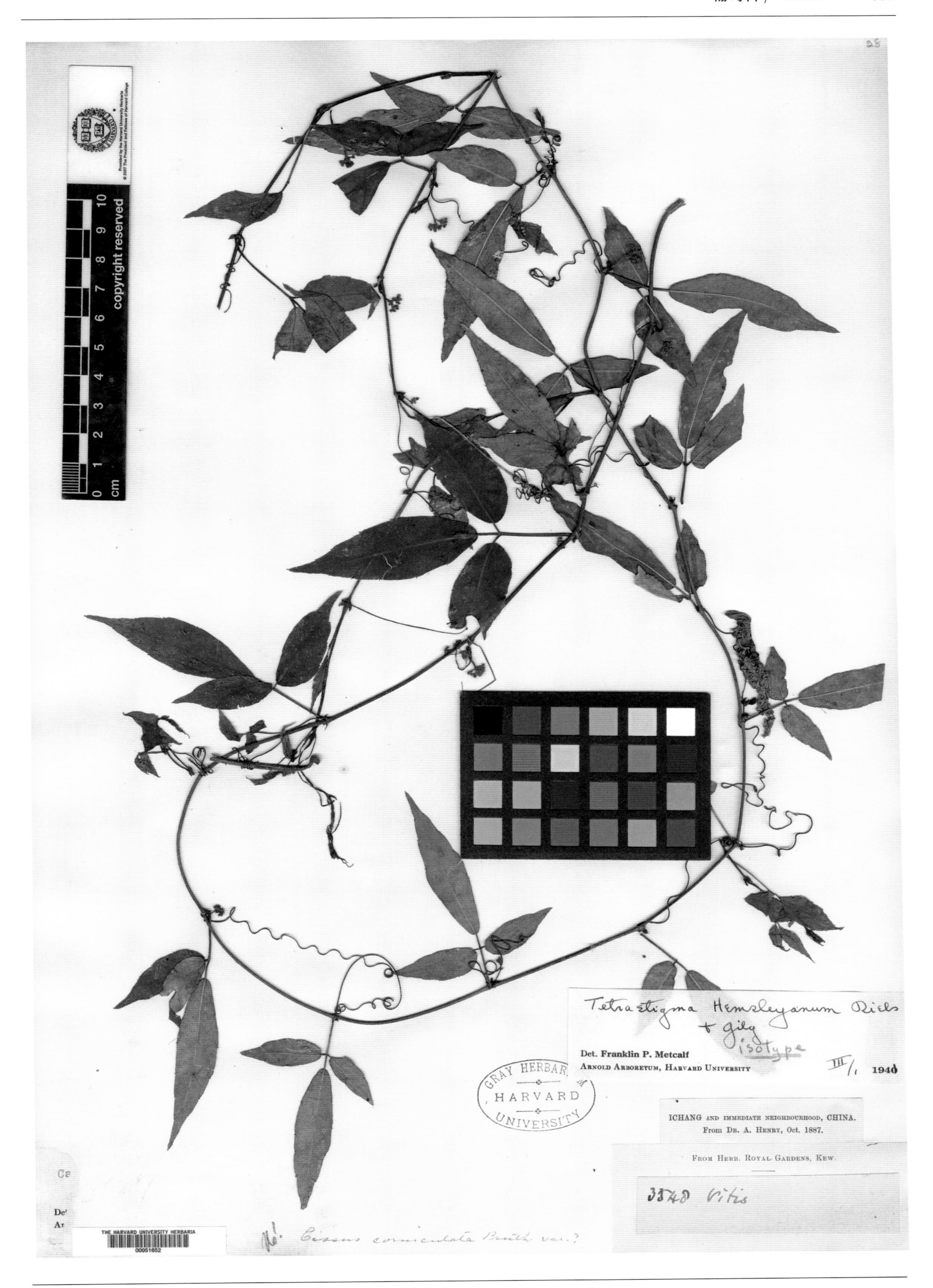

三叶崖爬藤 ***Tetrastigma hemsleyanum*** Diels & Gilg in Engler, Bot. Jahrb. Syst. 29: 463. 1900. **Isotype:** China. Hubei: Yichang, 1887-10-??, A. Henry 3548 (GH).

蒙自崖爬藤 ***Tetrastigma henryi*** Gagnep. in Notul. Syst. (Paris) 1: 264. 1910. **Isosyntype**: China. Yunnan: Mengzi, alt. 1 525 m, A. Henry 9992 (A).

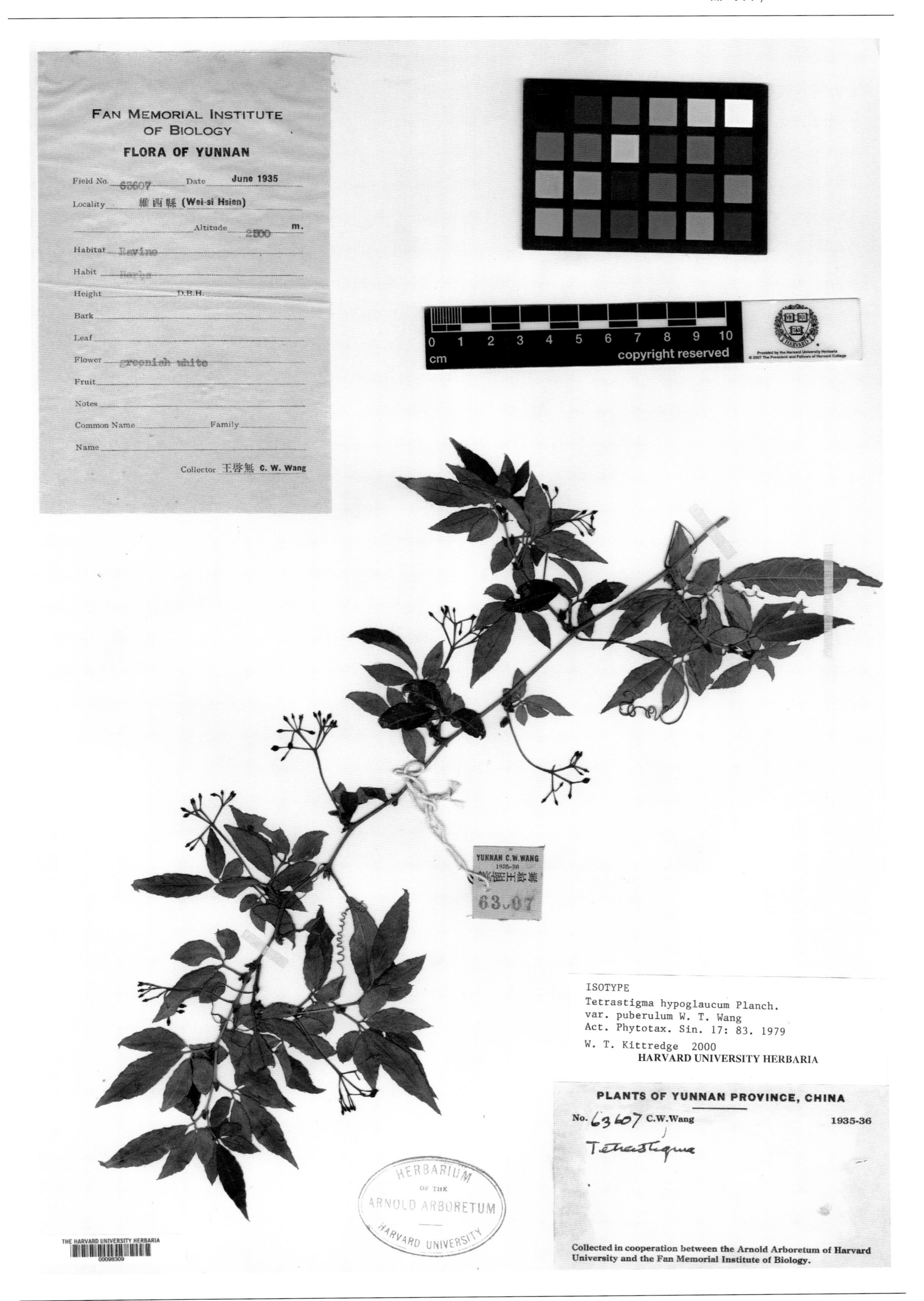

毛狭叶崖爬藤 ***Tetrastigma hypoglaucum*** Planch. var. ***puberulum*** W. T. Wang & Z. Y. Cao in Acta Phytotax. Sin. 17(3): 83. 1979. **Isotype:** China. Yunnan: Weixi, alt. 2 300 m, 1935-06-??, C. W. Wang 63607 (A).

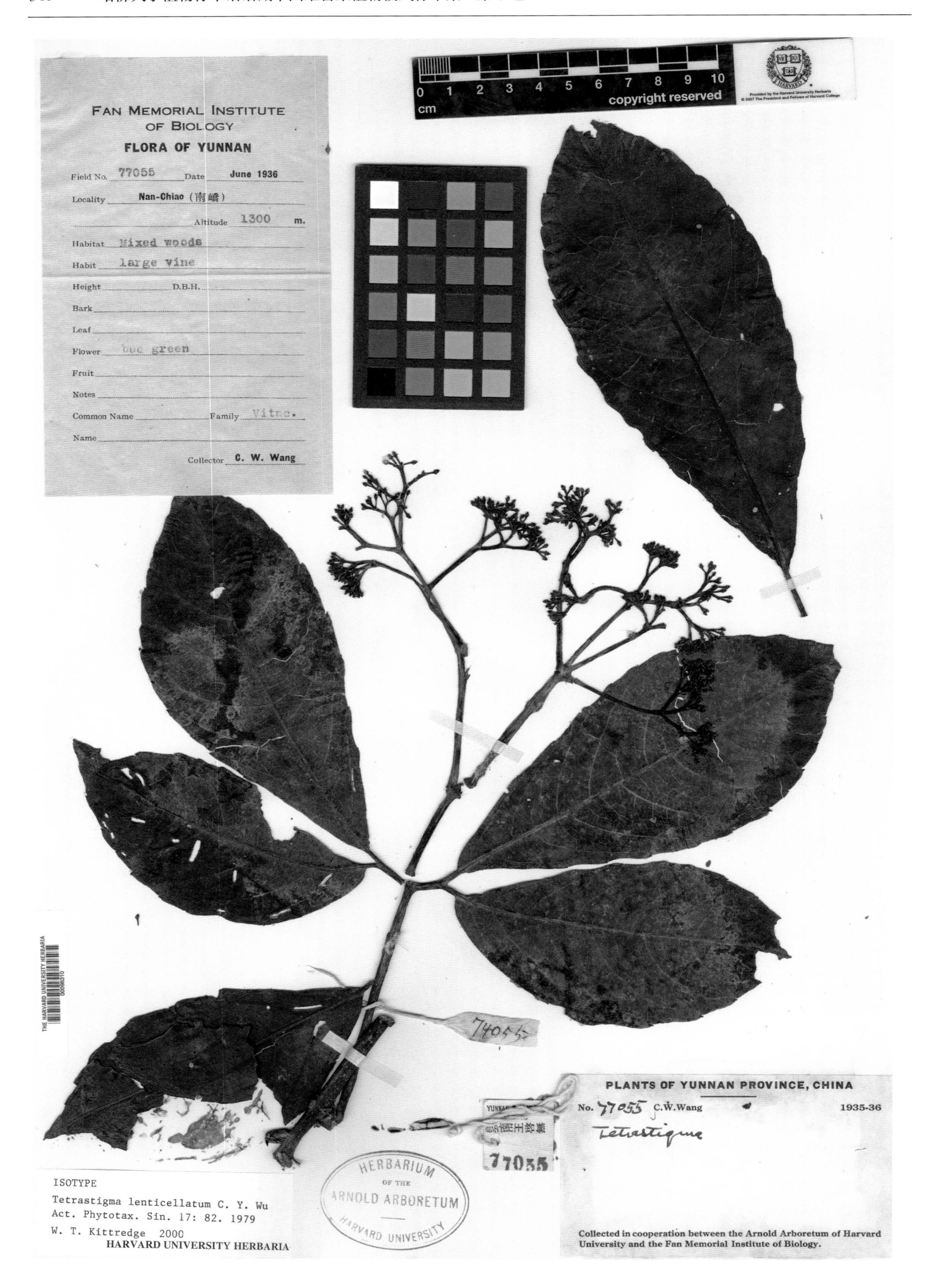

显孔崖爬藤 ***Tetrastigma lenticellatum*** C. Y. Wu in Acta Phytotax. Sin. 17(3): 82, pl. 6: 4. 1979. **Isotype:** China. Yunnan: Nan-Chiao (=Menghai), alt. 1 300 m, 1936-06-??, C. W. Wang 77055 (A).

膜叶崖爬藤 ***Tetrastigma membranaceum*** C. Y. Wu in Acta Phytotax. Sin. 17(3): 82, pl. 6: 2. 1979. **Isotype:** China. Yunnan: Che-li (=Jinghong), alt. 1 100 m, 1936-10-??, C. W. Wang 79358 (A).

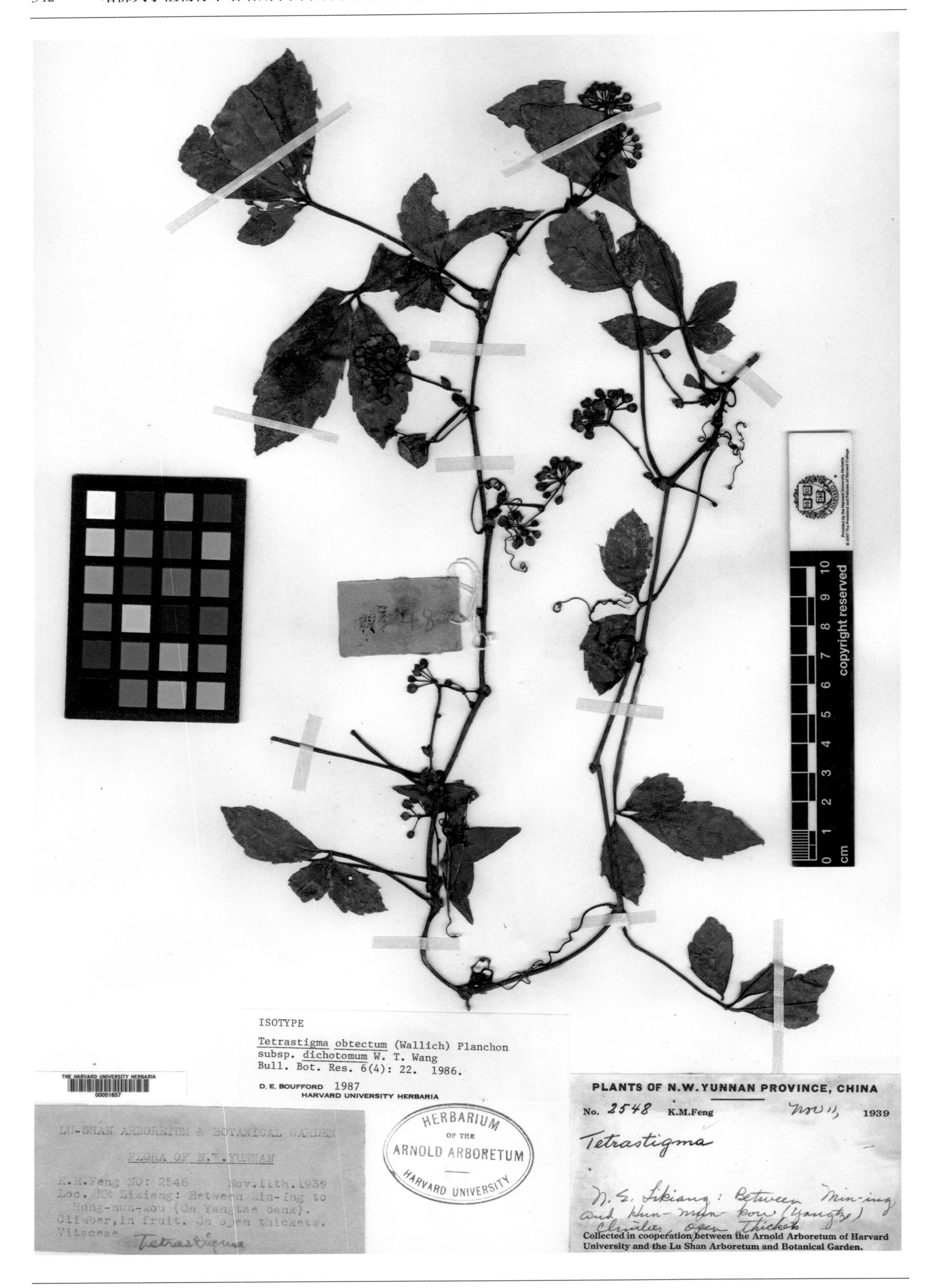

叉须崖爬藤 ***Tetrastigma obtectum*** (Wall.) Planch. ssp. ***dichotomum*** W. T. Wang in Bull. Bot. Res., Harbin 6(4): 22, pl. 1: 1. 1986. **Isotype:** China. Yunnan: Lijiang, 1939-11-11, K. M. Feng 2548 (A).

毛叶崖爬藤 ***Tetrastigma obtectum*** (Wall.) Planch. var. ***pilosum*** Gagnep. in Lecomte, Not. Syst. Herb. Mus. Paris 1: 324. 1911.
Isosyntype: China. Hubei: Yichang, A. Henry 3539 (A).

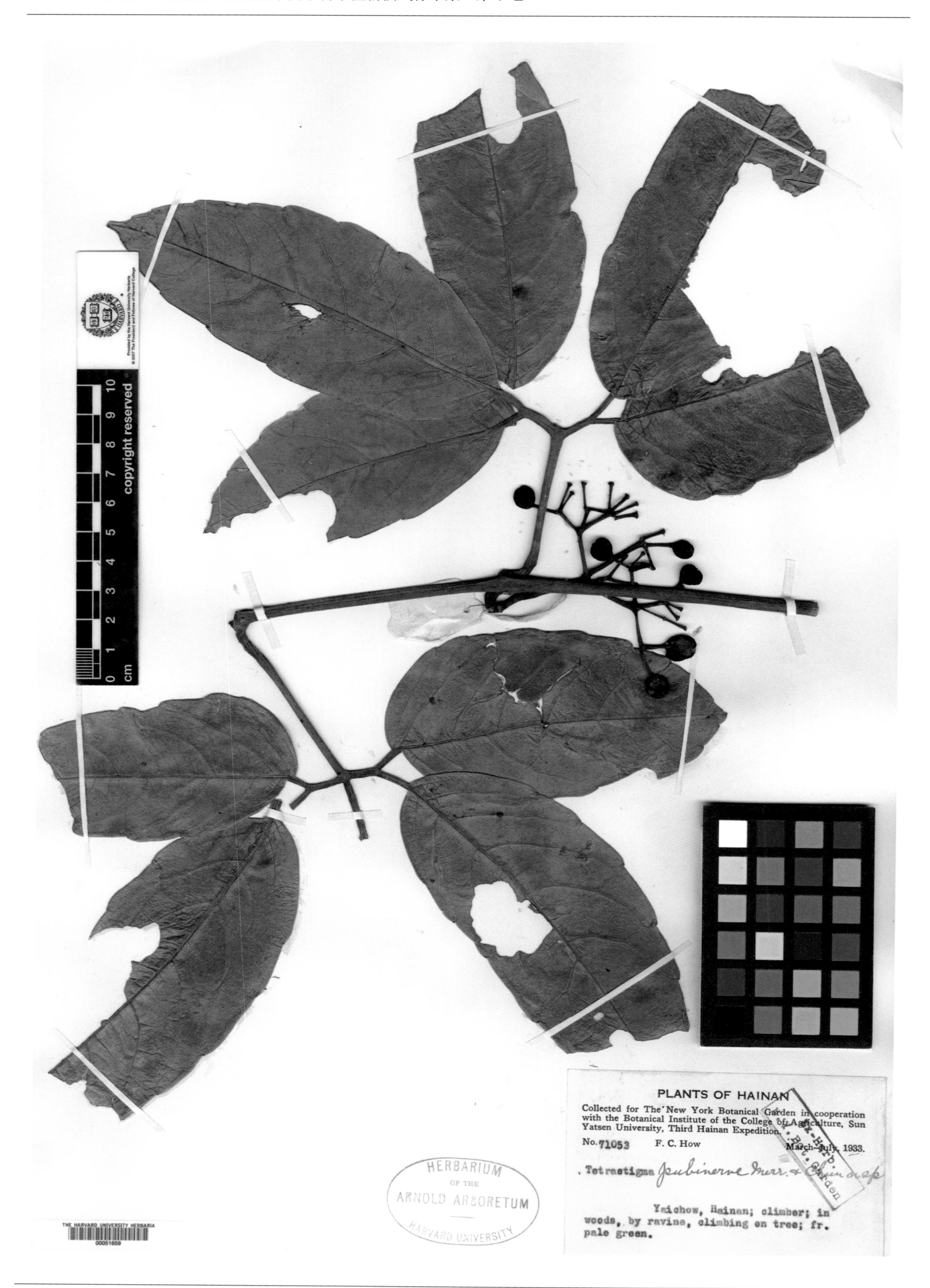

毛脉崖爬藤 ***Tetrastigma pubinerve*** Merr. & Chun in Sunyatsenia 2: 275, f. 33. 1935. **Holotype:** China. Hainan: Yaichow (=Sanya), 1933-07-17, F. C. How 71053 (A).

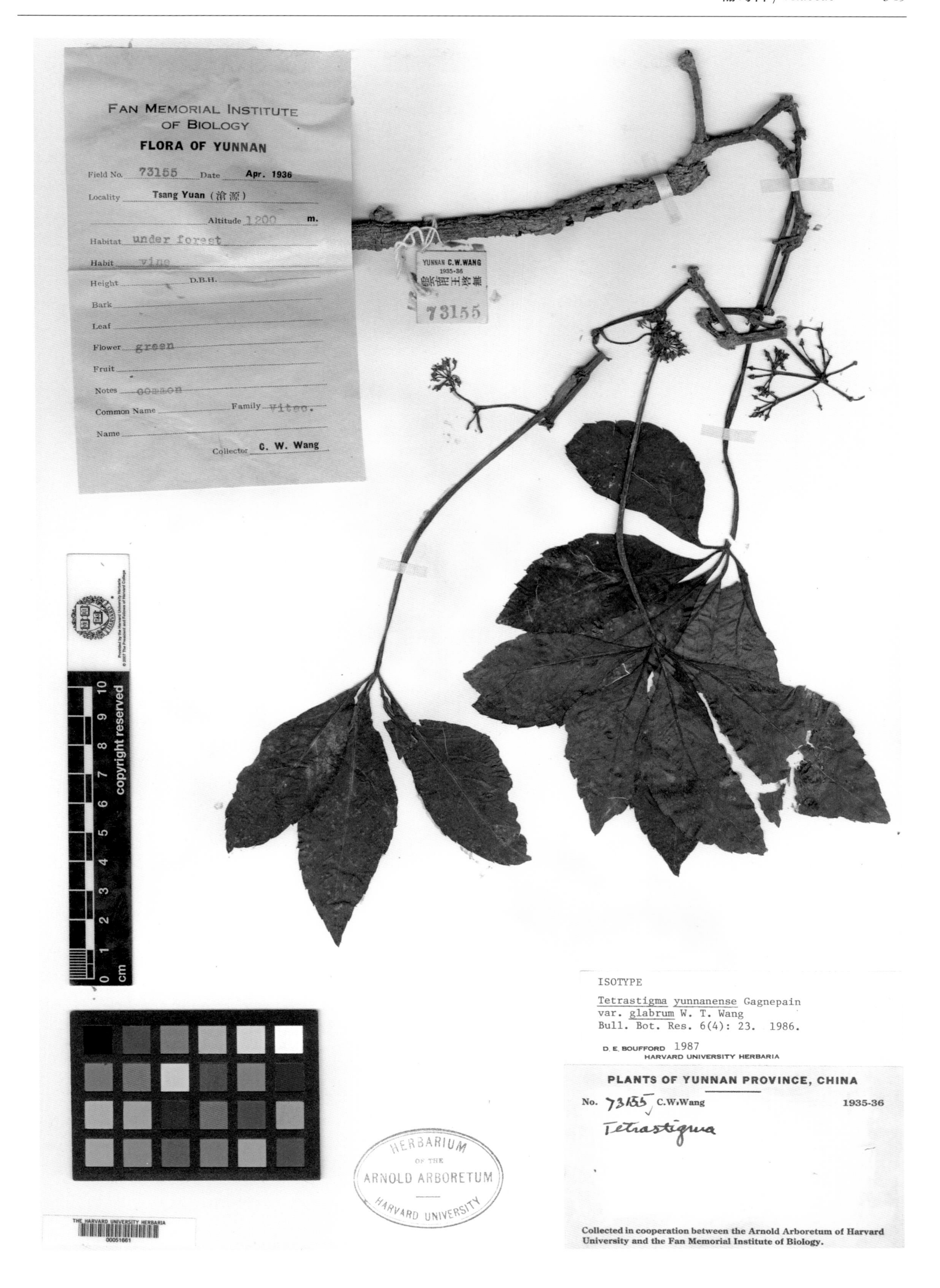

无毛云南崖爬藤 ***Tetrastigma yunnanense*** Gagnep. var. ***glabrum*** W. T. Wang in Bull. Bot. Res., Harbin 6(4): 23. 1986. **Isotype:** China. Yunnan: Cangyuan, alt. 1 200 m, 1936-04-??, C. W. Wang 73155 (A).

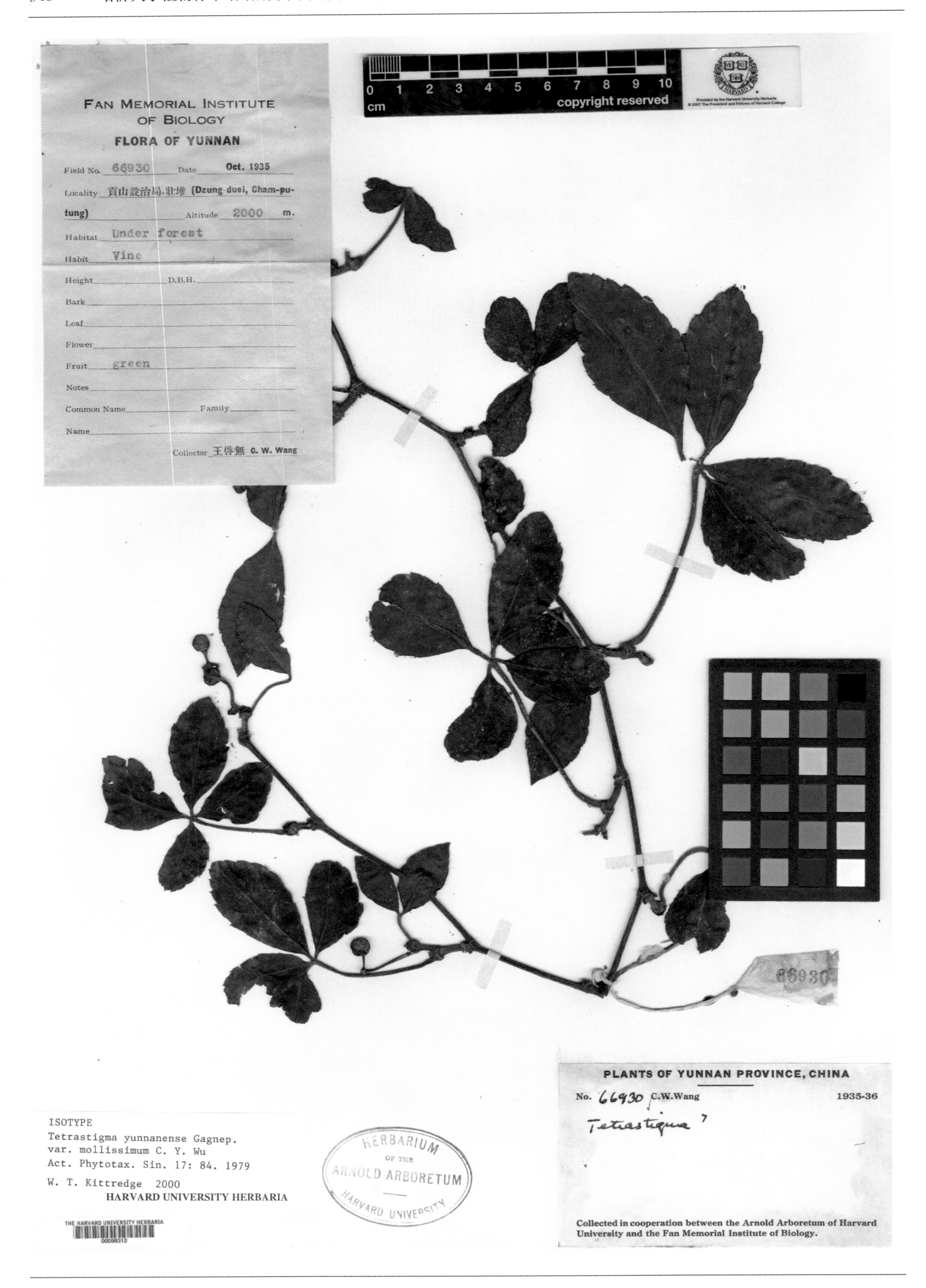

贡山崖爬藤 ***Tetrastigma yunnanense*** Gagnep. var. ***mollissimum*** C. Y. Wu in Acta Phytotax. Sin. 17(3): 84. 1979. **Isotype:** China. Yunnan: Gongshan, alt. 2 000 m, 1935-10-??, C. W. Wang 66930 (A).

刺葡萄 ***Vitis armata*** Diels & Gilg in Engler, Bot. Jahrb. Syst. 29: 462. 1900. **Isosyntype**: China. Hubei: Yichang, 1887-10-??, A. Henry 3521 (GH).

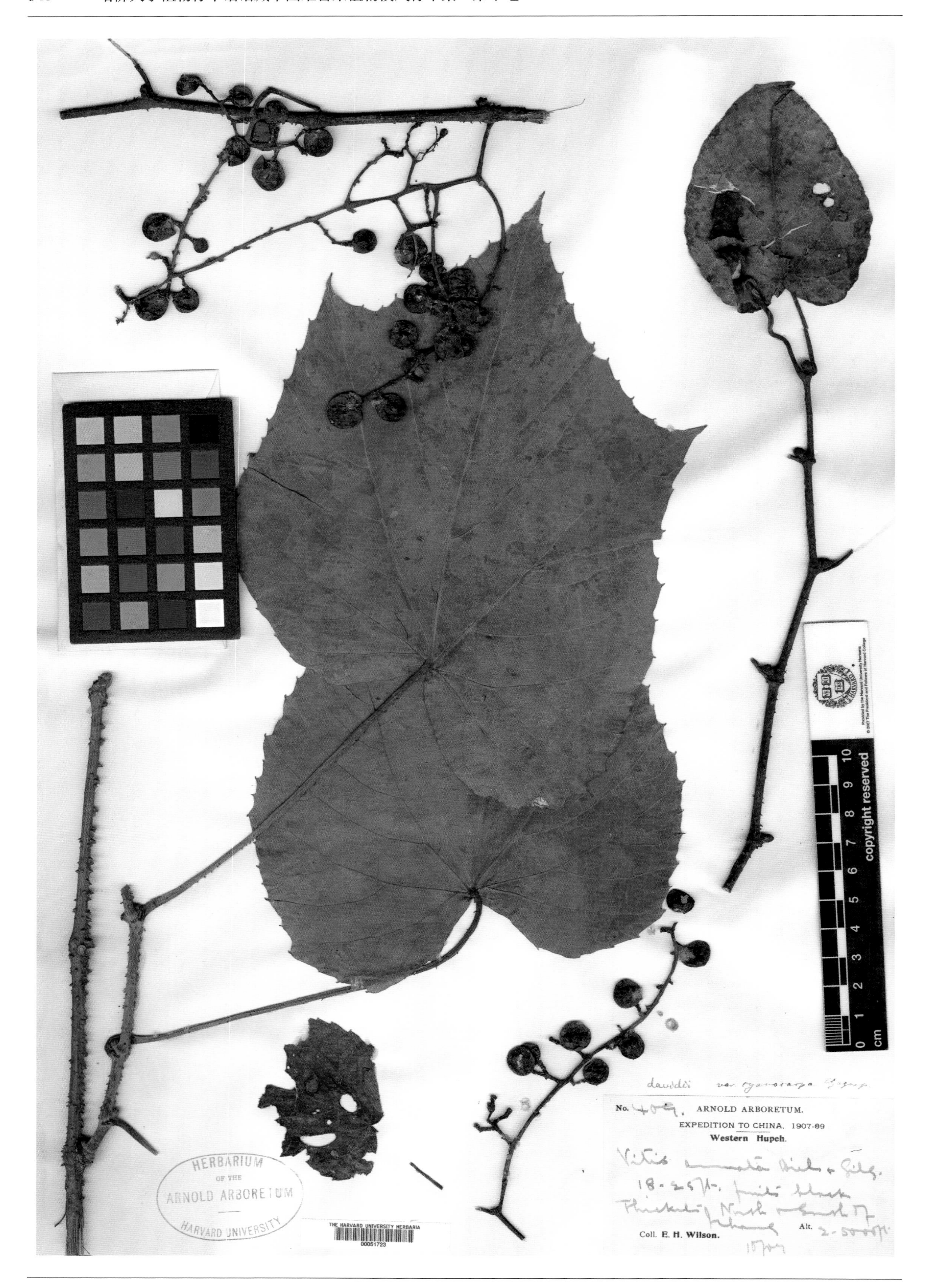

蓝果刺葡萄 ***Vitis armata*** Diels & Gilg var. ***cyanocarpa*** Gagnep. in Sargent, Pl. Wils. 1: 104. 1911. **Isosyntype**: China. Hubei: Yichang, alt. 610~1 525 m, 1907-10-??, E. H. Wilson 409 (A).

东南葡萄 ***Vitis chunganensis*** Hu in J. Arnold Arbor. 6: 143. 1925. **Syntype**: China. Fujian: Chong'an (=Wuyishan), alt. 1 373 m, 1921-07-27, H. H. Hu 1348 (A).

闽赣葡萄 ***Vitis chungii*** Metc. in Lingnan Sci. J. 11: 102. 1932. **Syntype**: China. Fujian: Precise locality not known, 1905-(04-06)-??, Hong Kong Herb. 2500 (A).

角花乌蔹莓 ***Vitis corniculata*** Benth. Fl. Hongk. 54. 1861. **Isosyntype**: China. Hong Kong, Mt. Victoria, C. Wilford 385 (GH).

短毛葡萄 ***Vitis davidii*** (Roman. du Caill.) Föex var. ***brachytricha*** Merr. in Sunyatsenia 1: 200. 1934. **Isotype:** China. Guangdong: Lechang, 1929-05-28, C. L. Tso 20809 (A).

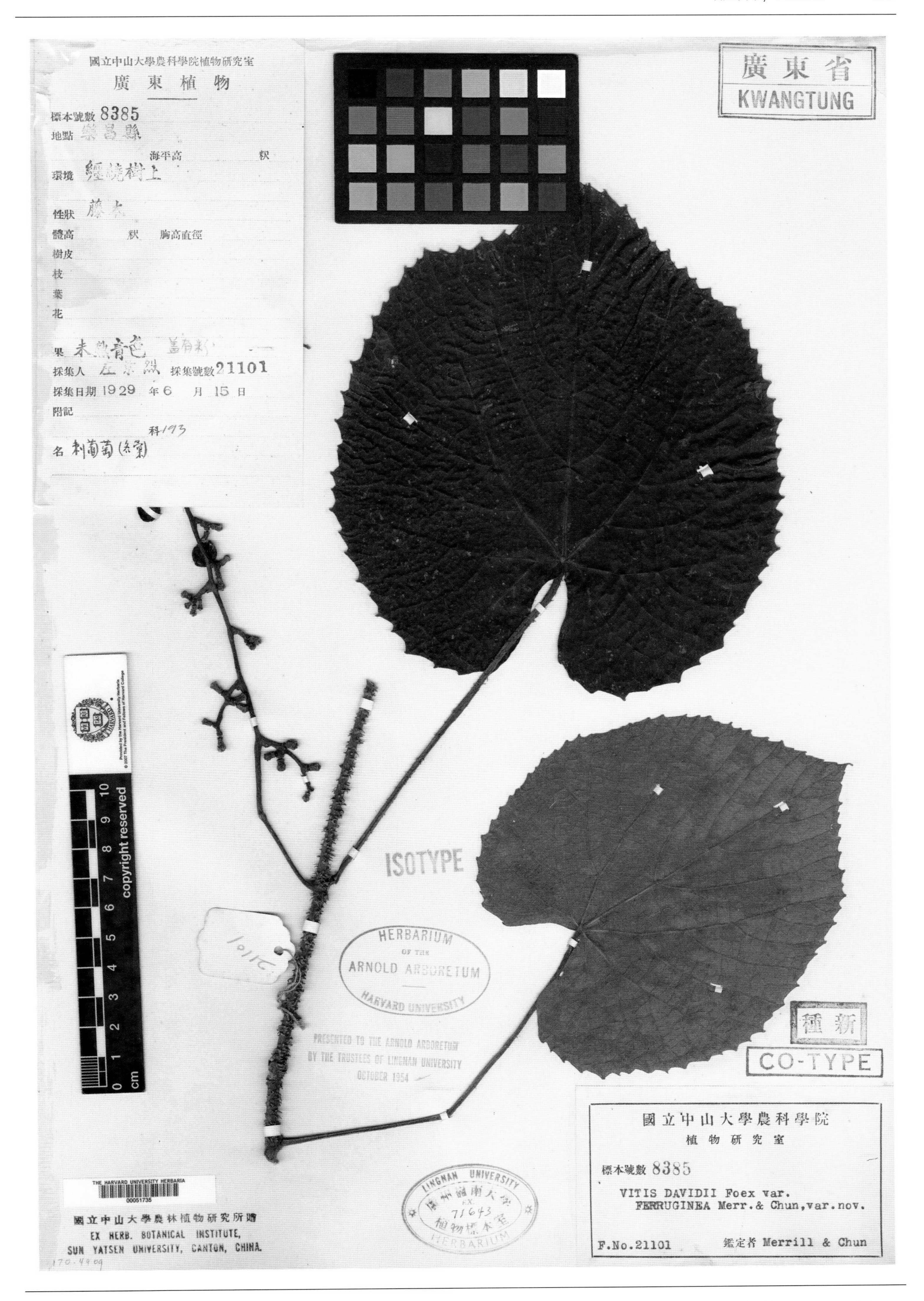

锈毛刺葡萄 *Vitis davidii* (Roman. du Caill.) Föex var. ***ferruginea*** Merr. & Chun in Sunyatsenia 1: 69. 1930. **Isotype:** China. Guangdong: Lechang, 1929-06-15, C. L. Tso 21101 (A).

平伐葡萄 ***Vitis esquirolii*** Lévl. & Vant. in Feede, Repert. Sp. Nov. 3: 20. 1906. **Isotype:** China. Guizhou: Guiding, Pin-Fa, 1903-06-11, J. Cavalerie 1051 (A).

山毛榉叶葡萄 ***Vitis fagifolia*** Hu in J. Arnold Arbor. 6: 142. 1925. **Isotype:** China. Zhejiang: Taizhou, 1924-04-30, R. C. Ching 1297 (A).

长柄地锦 ***Vitis feddei*** Lévl. in Feede, Repert. Sp. Nov. 7: 231. 1909. **Isotype:** China. Guizhou: Guiding, Pin-Fa, 1900-08-02, J. Cavalerie 3347 (A).

台湾葡萄 ***Vitis formosana*** Hemsl. Ann. Bot. Oxford 9: 151. 1895. **Isosyntype**: China. Taiwan: Takow, A. Henry 745 (A).

花叶地锦 ***Vitis henryana*** Hemsl. ex Forb. & Hemsl. in J. Linn. Soc. Bot. 23: 132. 1886. **Isotype:** China. Hubei: Yichang, 1888-05-??, A. Henry 4094 (GH).

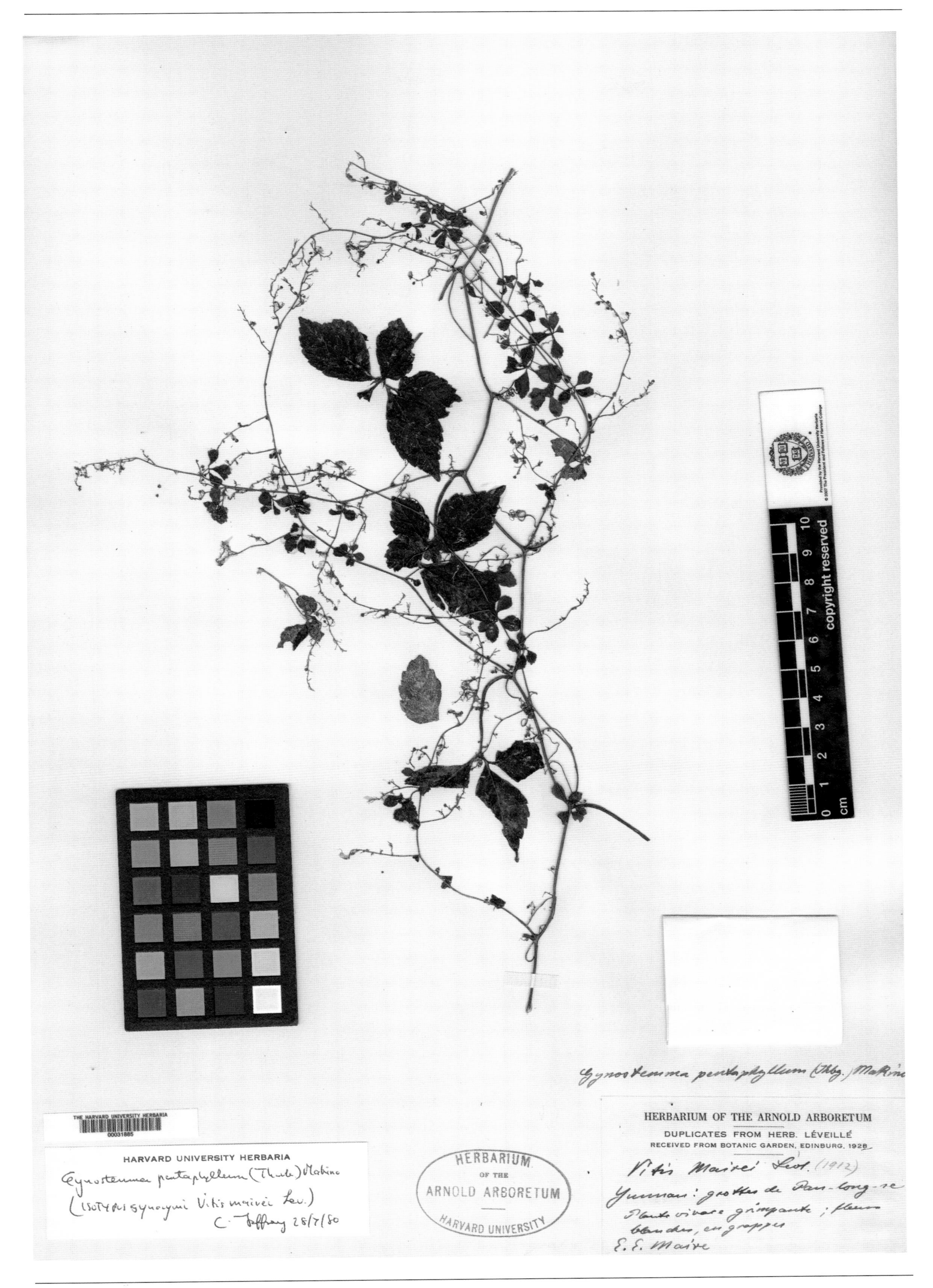

云南乌蔹莓 ***Vitis mairei*** Lévl. in Feede, Repert. Sp. Nov. 11: 299. 1912. **Isotype:** China. Yunnan: Grottes de Pan-long-se, alt. 2 500 m, 1911-09-??, E. E. Maire s. n. (A).

美丽葡萄 ***Vitis pentagona*** Diels & Gilg var. ***bellula*** Rehd. in Sargent, Pl. Wils. 3: 428. 1917. **Holotype:** China. Hubei: Chang lo (=Zigui), alt. 610~915 m, 1907-07-??, E. H. Wilson 77 (A).

河南葡萄 ***Vitis pentagona*** Diels & Gilg var. ***honanensis*** Rehd. in Gent. Herb. 1: 36. 1920. **Holotype:** China. Henan: Xinyang, Chikungshan (=Jigong Shan), 1917-06-13, L. H. Bailey s. n. (A).

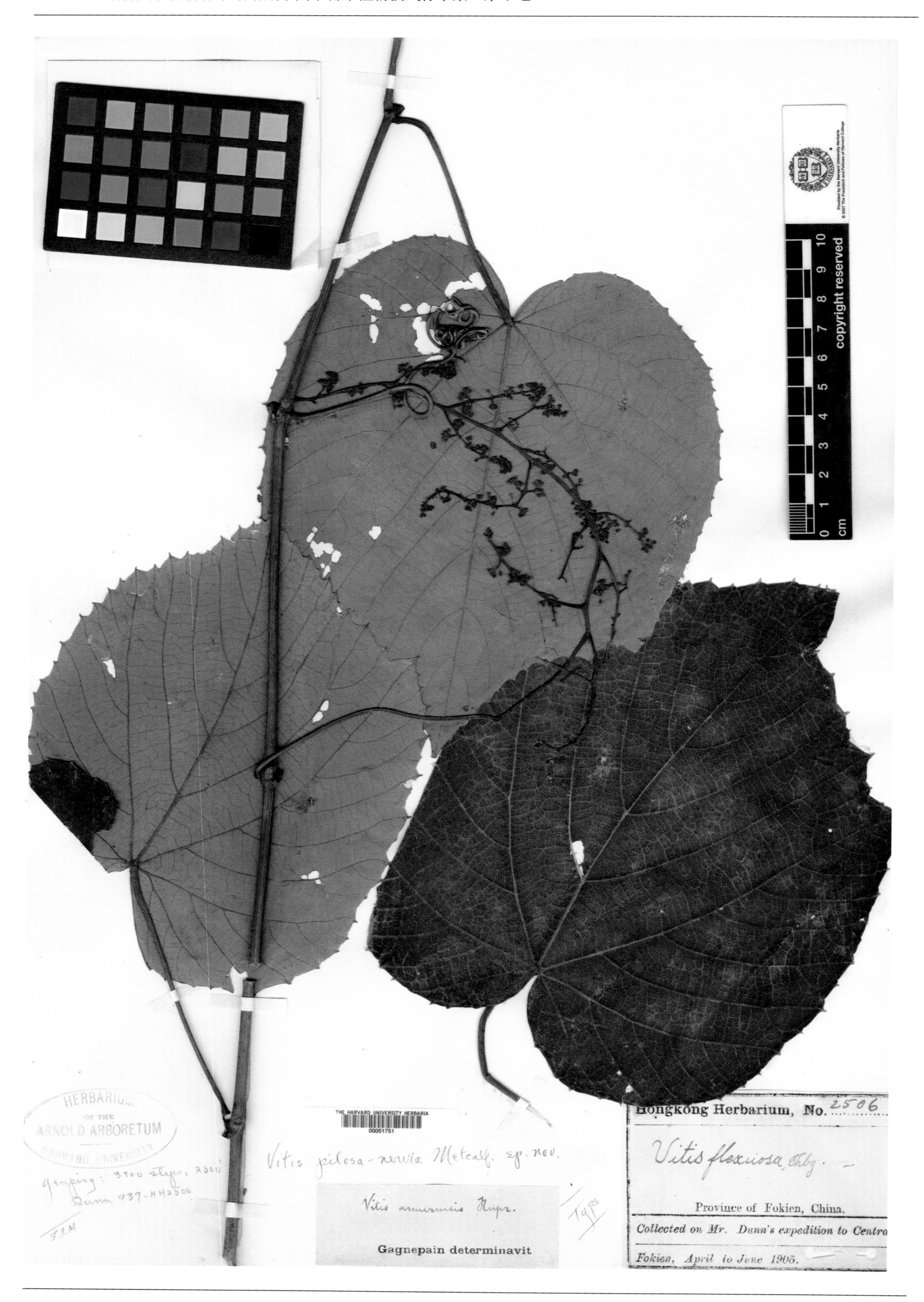

毛脉葡萄 ***Vitis piloso-nervia*** Metc. in Lingnan Sci. J. 11: 14. 1932. **Holotype:** China. Fujian: Nanping, Yanping, alt. 762 m, 1905-(04-06)-??, Dunn Exped. 937 (=Hongkong Herb. 2506) (A).

小叶葡萄 ***Vitis thunbergii*** Sieb. & Zucc. var. ***cinerea*** Gagnep. in Sargent, Pl. Wils. 1(1): 105. 1911.**Holotype:** China. Hubei: Xingshan, alt. 610~1 220 m, 1907-06-08, E. H. Wilson 2728 (A).

杜英科

Elaeocarpaceae

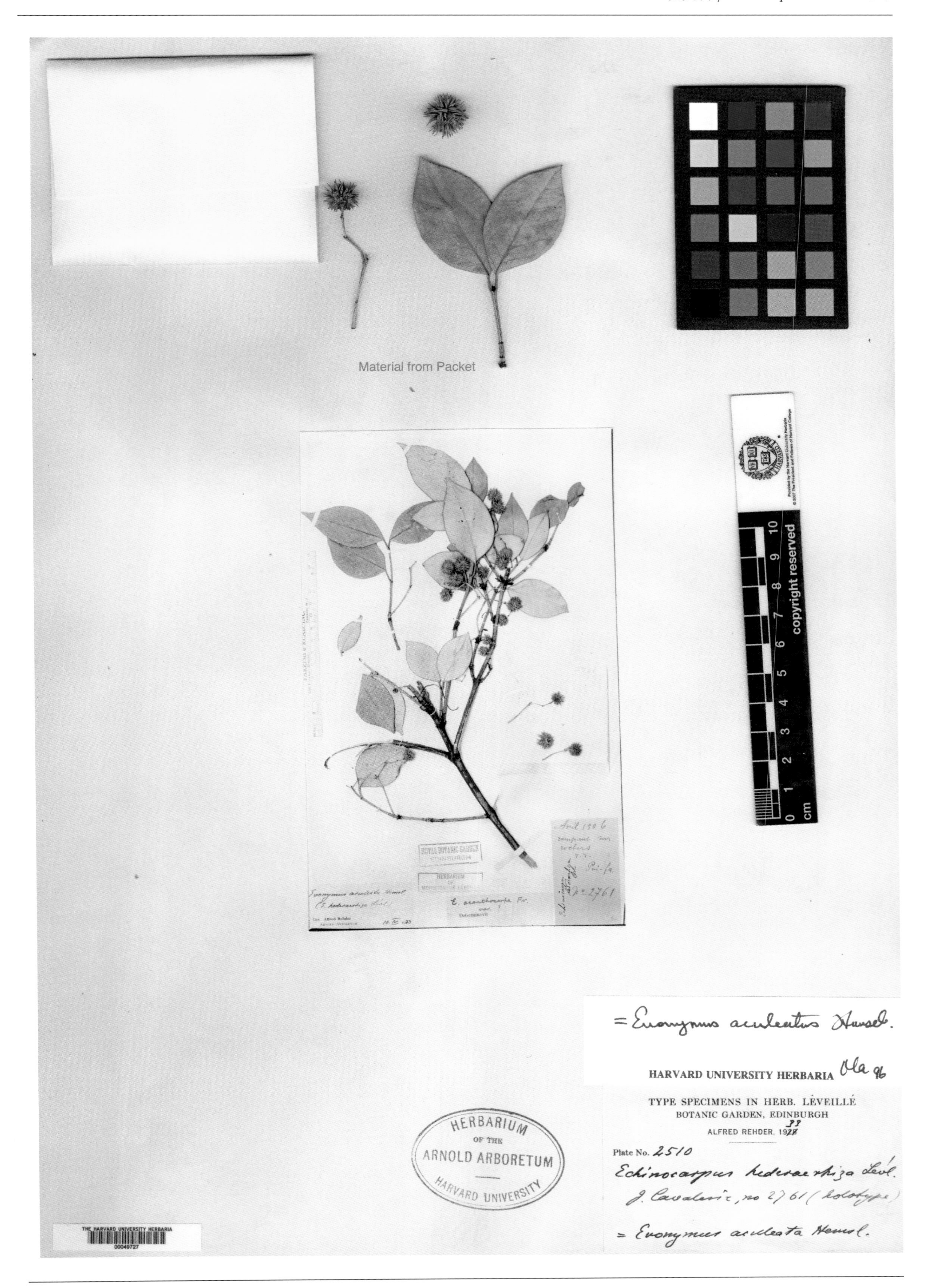

贵州猴欢喜 ***Echinocarpus hederaerhiza*** Lévl. in Feede, Repert. Sp. Nov. 10: 474. 1912. **Isotype:** China. Guizhou: Guiding, Pin-Fa, 1906-04-??, J. Cavalerie 2761 (A).

仿栗 ***Echinocarpus hemsleyanus*** T. Itô in J. Sci. Coll. Sci. Imp. Univ. Tokyo 12: 349. 1899. **Isotype:** China. Hubei: Precise locality not known, (1885—1888)-??-??, A. Henry 7488 (GH).

棱枝杜英 ***Elaeocarpus alatus*** Knuth in Feede, Repert. Sp. Nov. 50: 81. 1941. **Isotype:** China. Hubei: Western Hubei, Precise locality not known, (1885—1888)-??-??, A. Henry 7703 (GH).

金毛杜英 ***Elaeocarpus auricomus*** C. Y. Wu ex Hung T. Chang in Acta Phytotax. Sin. 17(1): 53. 1979. **Isoparatype**: China. Yunnan: Maguan, alt. 1 100~1 500 m, 1947-12-06, K. M. Feng 13656 (A).

. FAN MEMORIAL INSTITUTE OF BIOLOGY

FLORA OF YUNNAN

Field No. 75157 Date June 1936

Locality Nan-Chiao (南峤)

Altitude 1380 m.

Habitat in forest

Habit woody

Height 30 ft. D.B.H. 2 ft.

Bark

Leaf

Flower white

Fruit

Notes

Common Name Family

Name

Collector C. W. Wang

PLANTS OF YUNNAN PROVINCE, CHINA

No. 75157 C.W.Wang 1935-36

Elaeocarpus austroyunnanensis Hu n sp.

Collected in cooperation between the Arnold Arboretum of Harvard University and the Fan Memorial Institute of Biology.

滇南杜英 ***Elaeocarpus austro-yunnanensis*** Hu in Bull. Fan Mem. Inst. Biol., Bot. Ser. 10: 135. 1940. **Isotype:** China. Yunnan: Nan-Chiao (=Menghai), alt. 1 380 m, 1936-06-??, C. W. Wang 75157 (A).

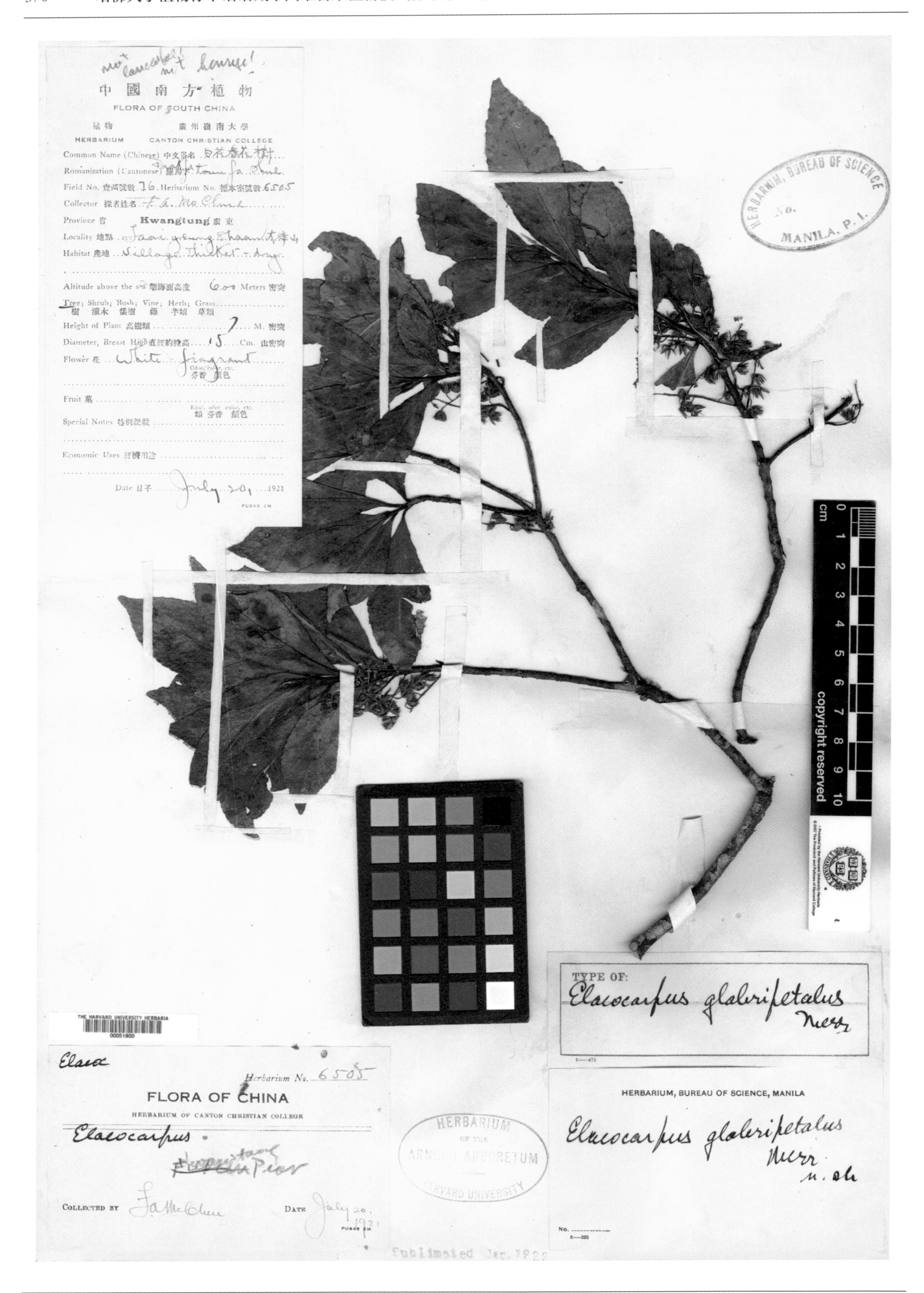

秃瓣杜英 ***Elaeocarpus glabripetalus*** Merr. in Philipp. J. Sci. 21(5): 501. 1922. **Holotype:** China. Guangdong: Shantou, alt. 600 m, 1921-07-20, F. A. McClure 76 (=Canton Christian College Herb. 6505) (A).

锈毛杜英 ***Elaeocarpus howii*** Merr. & Chun in Sunyatsenia 5(1-3): 124, pl. 18. 1940. **Holotype:** China. Hainan: Baoting, alt. 854 m, 1935-06-21, F. C. How 72965 (A).

广东杜英 ***Elaeocarpus kwangtungensis*** Hu in J. Arnold Arbor. 5: 229. 1924. **Holotype:** China. Guangdong: Guangzhou, 1917-09-24, C. O. Levine s. n. (=Canton Christian College Herb. 1623) (A).

澜沧杜英 ***Elaeocarpus lantsangensis*** Hu in Bull. Fan Mem. Inst. Biol., Bot. Ser. 10: 137. 1940. **Isotype:** China. Yunnan: Lancang, alt. 2 200 m, 1936-05-??, C. W. Wang 76792 (A).

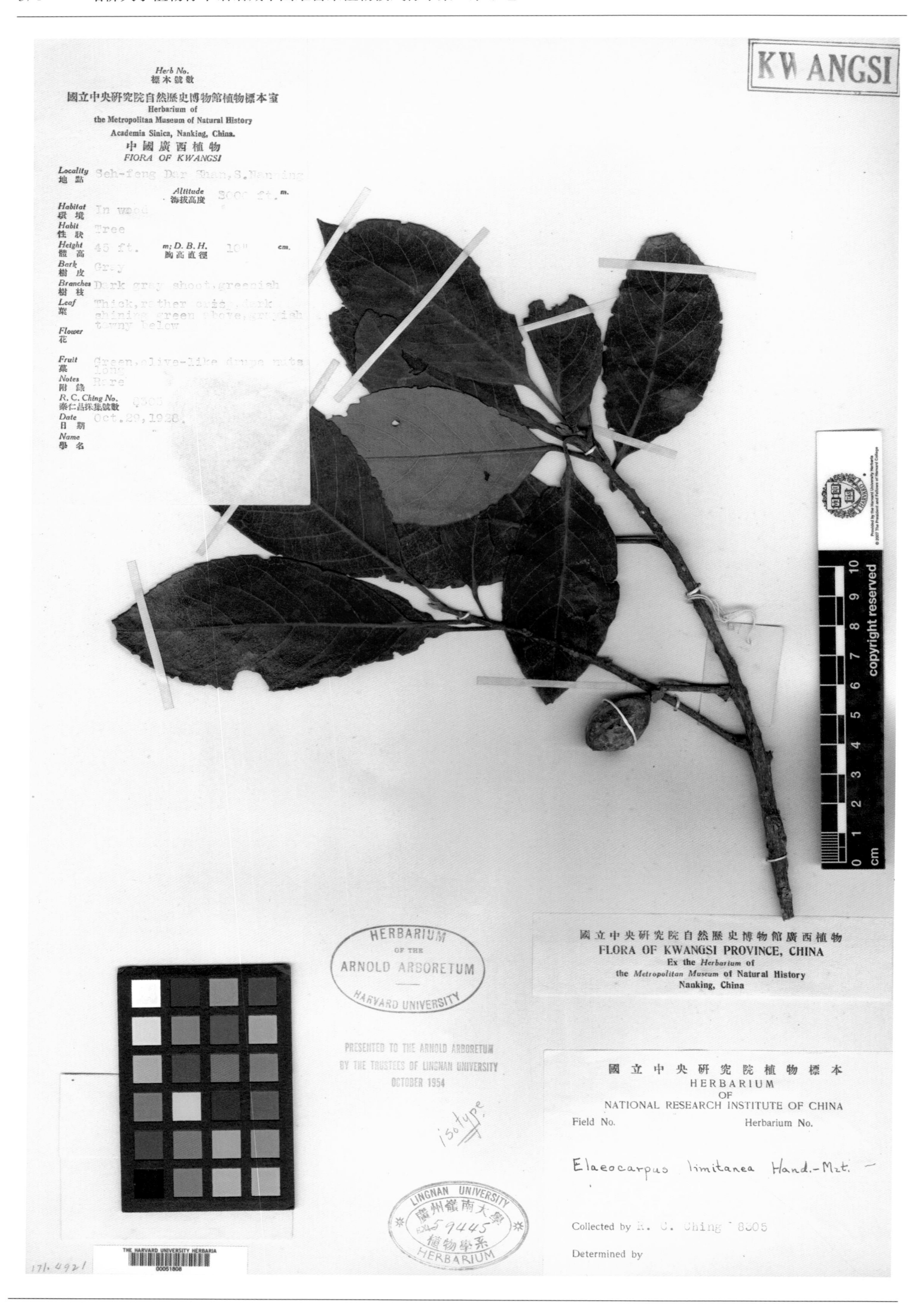

灰毛杜英 ***Elaeocarpus limitaneus*** Hand.–Mazz. in Sinensia 3(8): 193. 1933. **Isotype:** China. Guangxi: Nanning, Shiwan Dashan, alt. 915 m, 1928-10-29, R. C. Ching 8305 (A).

绢毛杜英 ***Elaeocarpus nitentifolius*** Merr. & Chun in Sunyatsenia 2: 279, f. 34. 1935. **Holotype:** China. Hainan: Ding'an, alt. 519 m, 1932-08-24, N. K. Chun & C. L. Tso 43694 (A).

峨眉杜英 ***Elaeocarpus omeiensis*** Rehd. & Wils. in Sargent, Pl. Wils. 2: 360. 1915. **Holotype:** China. Sichuan: Emeishan, Emei Shan, 1904-07-??, E. H. Wilson 5135 (A).

FAN MEMORIAL INSTITUTE
OF BIOLOGY
FLORA OF YUNNAN
Field No. 71901 Date Feb. 1936
Locality Shun-Ning Hsien (順寧縣)
Altitude 3000 m.
Habitat Under forest
Habit Woody plant
Height 20 ft. D.B.H.
Bark
Leaf
Flower Greenish white
Fruit Green
Notes
Common Name Family
Name
Collector C. W. Wang

copyright reserved

YUNNAN C.W.WANG
1935-36
71901

PLANTS OF YUNNAN PROVINCE, CHINA
No. 71901 C.W.Wang 1935-36
Elaeocarpus shunningensis Hu n. sp.
Collected in cooperation between the Arnold Arboretum of Harvard University and the Fan Memorial Institute of Biology.

isotype!

HERBARIUM OF THE ARNOLD ARBORETUM HARVARD UNIVERSITY

THE HARVARD UNIVERSITY HERBARIA
00051813

顺宁杜英 ***Elaeocarpus shunningensis*** Hu in Bull. Fan Mem. Inst. Biol., Bot. Ser. 10: 140. 1940. **Isotype:** China. Yunnan: Shunning (=Fengqing), alt. 3 000 m, 1936-02-??, C. W. Wang 71901(A).

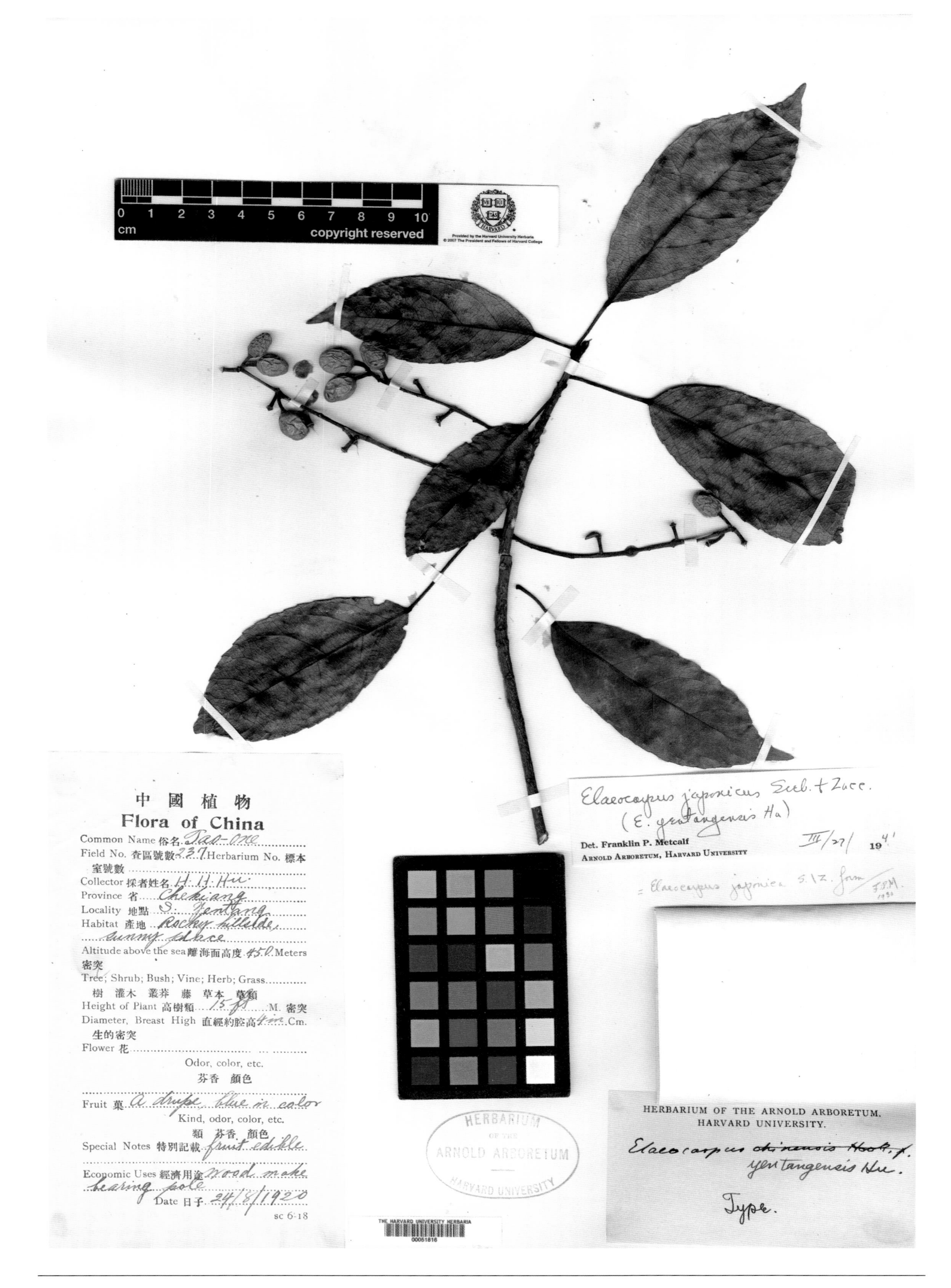

雁荡山杜英 ***Elaeocarpus yentangensis*** Hu in J. Arnold Arbor. 5: 229. 1924. **Holotype:** China. Zhejiang: Wenzhou, Yandang Shan, alt. 450 m, 1920-08-24, H. H. Hu 237 (A).

贞丰猴欢喜 ***Sloanea chengfengensis*** Hu in Sinensia 3: 85. 1932. **Isotype:** China. Guizhou: Cheng-feng (=Zhenfeng), 1930-10-17, Y. Tsiang 4641 (A).

百色猴欢喜 ***Sloanea chingiana*** Hu in J. Arnold Arbor. 11(1): 49. 1930. **Holotype:** China. Guangxi: Baise, alt. 1 159 m, 1928-09-17, R. C. Ching 7486 (A).

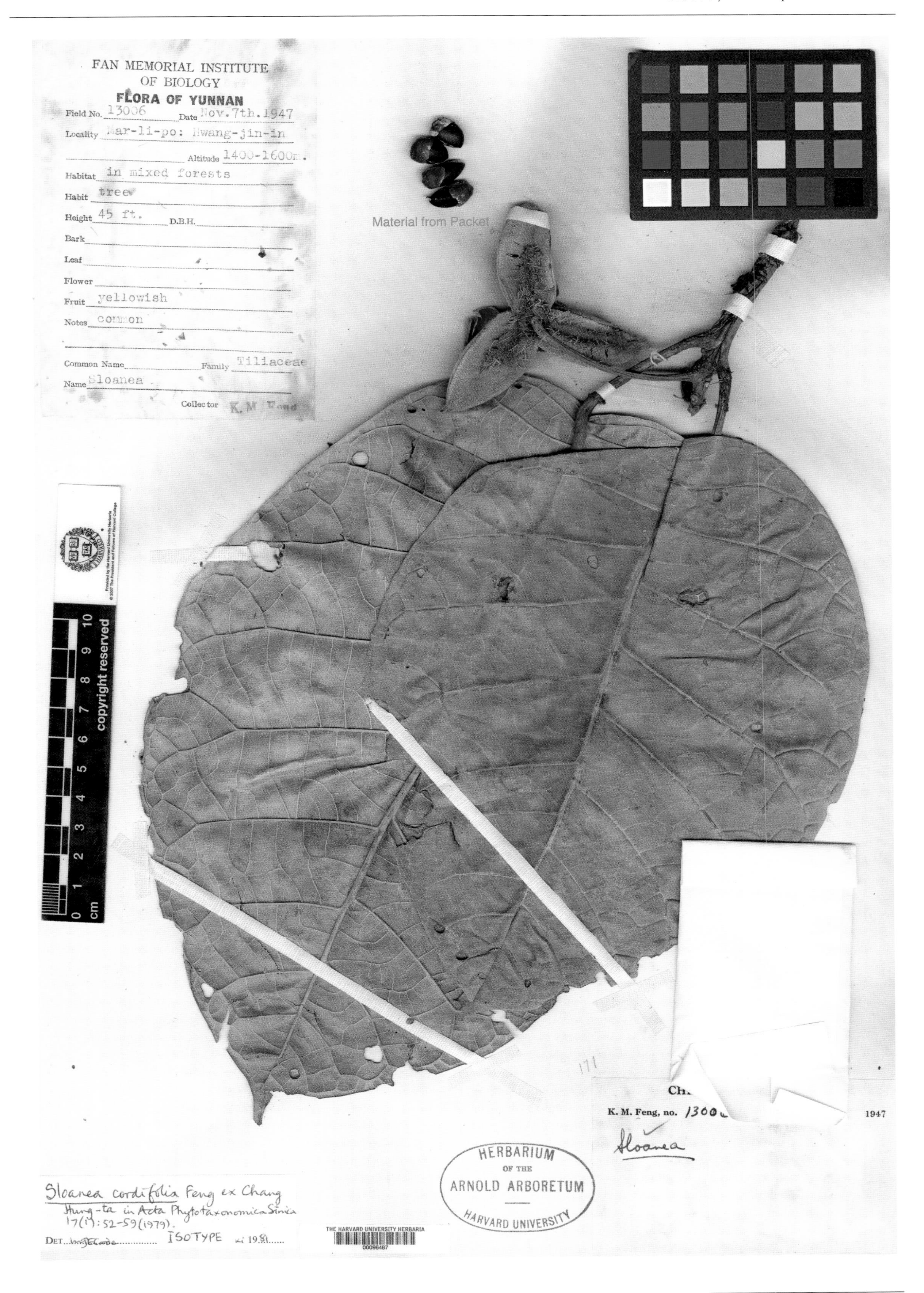

心叶猴欢喜 ***Sloanea cordifolia*** K. M. Feng ex Hung T. Chang in Acta Phytotax. Sin. 17: 58, pl. 6: 2. 1979. **Isotype:** China. Yunnan: Malipo, alt. 1 400~1 600 m, 1947-11-07, K. M. Feng 13006 (A).

海南猴欢喜 ***Sloanea hainanensis*** Merr. & Chun in Sunyatsenia 5: 123, pl. 17. 1940. **Holotype:** China. Hainan: Baoting, alt. 427 m, 1935-05-24, F. C. How 72565 (A).

全叶猴欢喜 ***Sloanea integrifolia*** Chun & How in Acta Phytotax. Sin. 7: 12, pl. 6: 1. 1958. **Isotype:** China.Hainan: Changkan (=Changjiang), 1933-10-09, H. Y. Liang 63433 (A).

蒋英猴欢喜 ***Sloanea tsiangiana*** Hu in Bull. Fan Mem. Inst. Biol., Bot. 5: 310. 1934. **Isotype:** China. Guizhou: Zhenfeng, 1930-10-16, Y. Tsiang 4538 (A).

椴树科

Tiliaceae

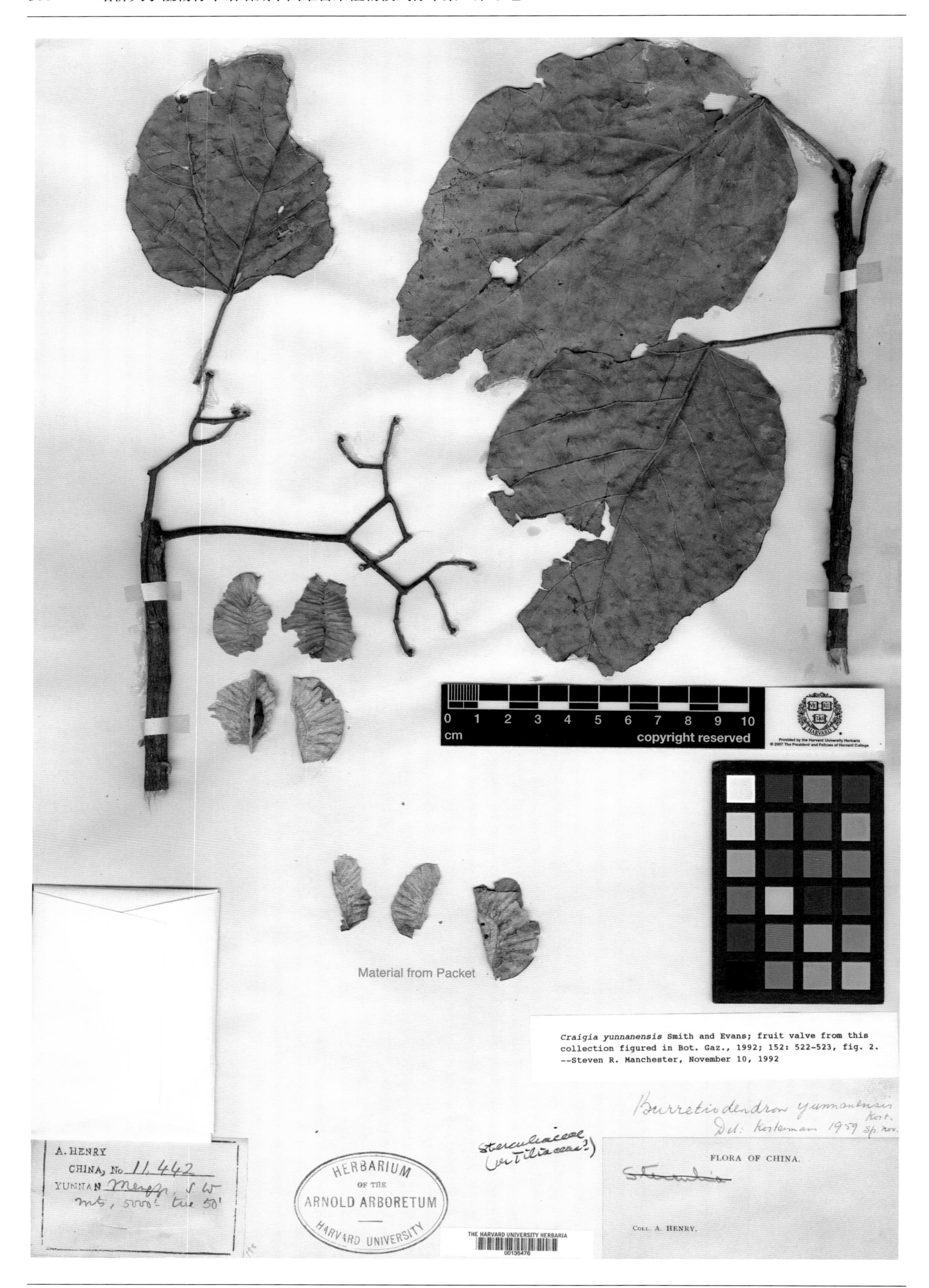

云南柄翅果 ***Burretiodendron yunnanensis*** Kosterm. in Reinwardtia 6: 8, f. 6. 1961. **Holotype:** China. Yunnan: Mengzi, alt. 1 525 m, A. Henry 11442 (A).

FAN MEMORIAL INSTITUTE OF BIOLOGY
FLORA OF YUNNAN
Field No. 80608 Date Nov. 1936
Locality 鎮越縣 猛拉 (Meng-la, Jenn-yeh Hsien)
Altitude 800 m.
Habitat
Habit
Height 25 ft. D.B.H. 10 in.
Bark
Leaf
Flower
Fruit green, winged
Notes (Timber specimen coll.)
Common Name Family
Name
Collector 王啓無 C. W. Wang

copyright reserved

HERBARIUM OF THE ARNOLD ARBORETUM HARVARD UNIVERSITY

Colona sinica Hu sp. nov.

PLANTS OF YUNNAN PROVINCE, CHINA
No. 80608 C.W.Wang 1935-36
Columbia flagrocarpa Clarke var. siamica Craib

Collected in cooperation between the Arnold Arboretum of Harvard University and the Fan Memorial Institute of Biology.

THE HARVARD UNIVERSITY HERBARIA 00052297

华一担柴 ***Colona sinica*** Hu in Bull. Fan Mem. Inst. Biol., Bot. Ser. 10: 142. 1940. **Isotype:** China. Yunnan: Jenn-yeh (=Mengla), alt. 800 m, 1936-11-??, C. W. Wang 80608 (A).

罗甸黄麻 ***Corchorus cavaleriei*** Lévl. in Feede, Repert. Sp. Nov. 10: 437. 1912. **Isotype:** China. Guizhou: Lo-fou (=Luodian), 1909-03-??, J. Cavalerie 3470 (A).

海南破布叶 ***Grewia chungii*** Merrill in Philipp. J. Sci. 23: 252. 1923. **Isotype:** China. Hainan: Qiongzhong, Wuzhi Shan, 1922-04-21, F. A. McClure 2639 (=Canton Christian College Herb. 9197) (A).

崖县扁担杆 ***Grewia chuniana*** Burret Notizbl. Bot. Gart. Mus. Berlin. 13: 488. 1936. **Isosyntype:** China. Hainan: Yaichow (=Sanya), 1933-09-03, H. Y. Liang 62856 (A).

同色扁担杆 ***Grewia concolor*** Merr. in Lingnan Sci. J. 14: 35. 1935. **Holotype:** China. Hainan: Ngai (=Sanya), 1932-08-(21-22), S. K. Lau 428 (A).

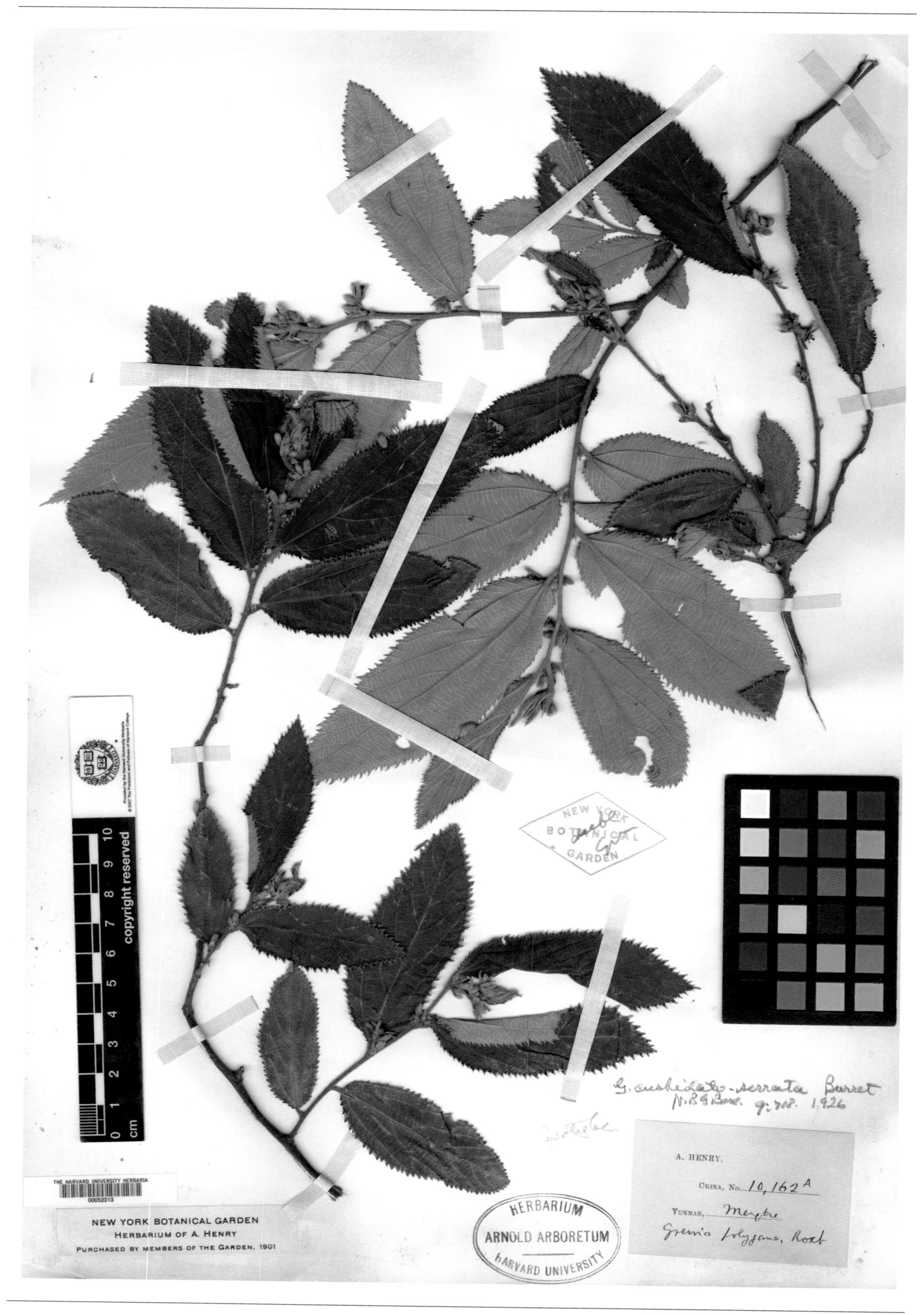

复齿扁担杆 *Grewia cuspidato-serrata* Burret in Notizbl. Bot. Gart. Mus. Berlin. 9: 718. 1926. **Isotype:** China. Yunnan: Mengzi, alt. 1 400 m, A. Henry 10162 A (A).

黄麻叶扁担杆 ***Grewia henryi*** Burret in Notizbl. Bot. Gart. Mus. Berlin. 9: 674. 1926. **Isotype:** China. Yunnan: Simao, alt. 1 678 m, A. Henry 12520 C (A).

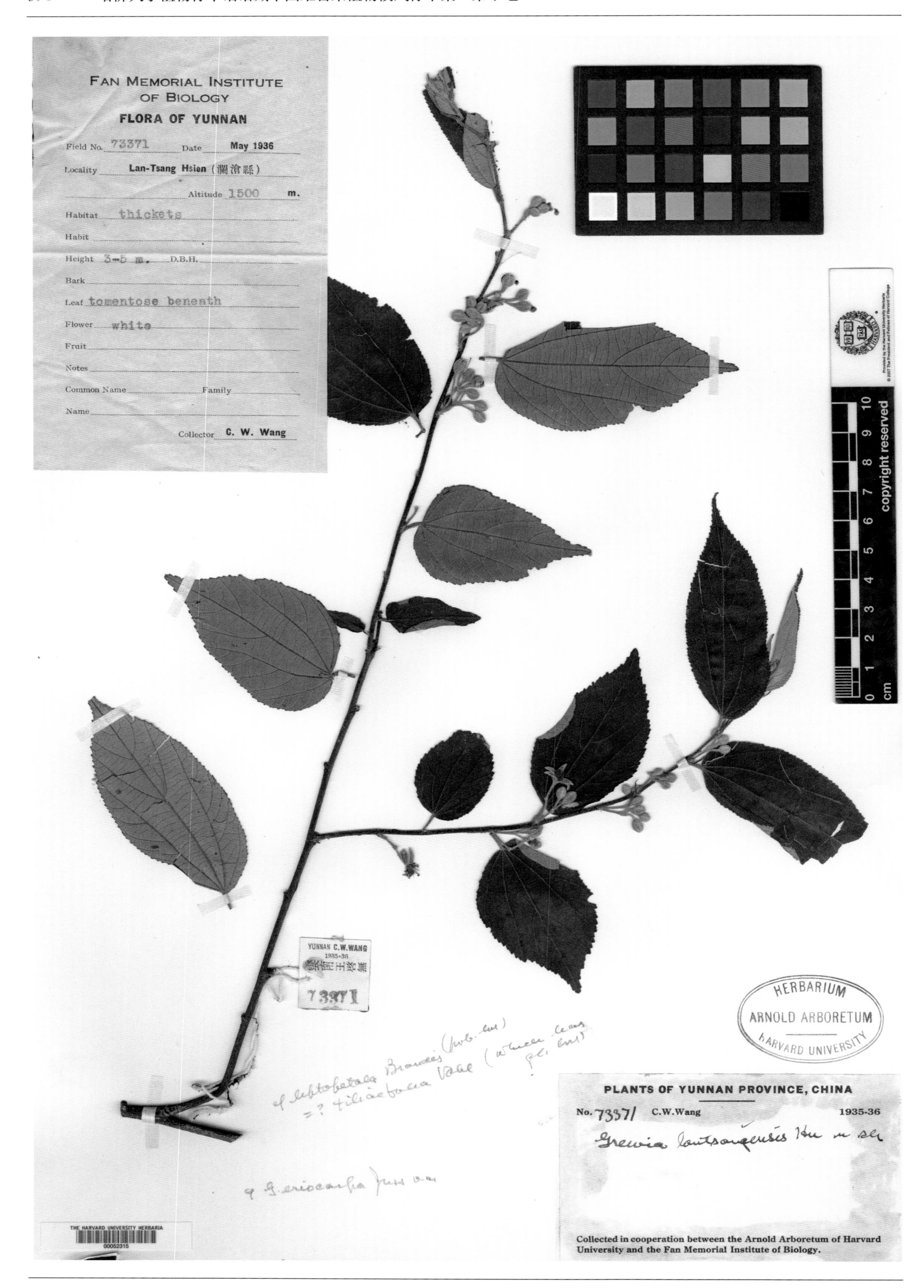

澜沧扁担杆 ***Grewia lantsangensis*** Hu in Bull. Fan Mem. Inst. Biol., Bot. Ser. 10: 134. 1940. **Isotype:** China. Yunnan: Lancang, alt. 1 500 m, 1936-05-??, C. W. Wang 73371 (A).

小花扁担杆 ***Grewia parviflora*** Bunge in Mem. Acad. Imp. Sci. St.-Petersb. Div. Sav. 2: 83. 1833. **Isosyntype**: China. Northern China, Precise locality not known, Herb. Bunge s. n. (GH).

海南椴 ***Hainania trichosperma*** Merr. in Lingnan Sci. J. 14: 36, f. 12. 1935. **Holotype:** China. Hainan: Ngai (=Sanya), 1932-09-05, S. K. Lau 476 (A).

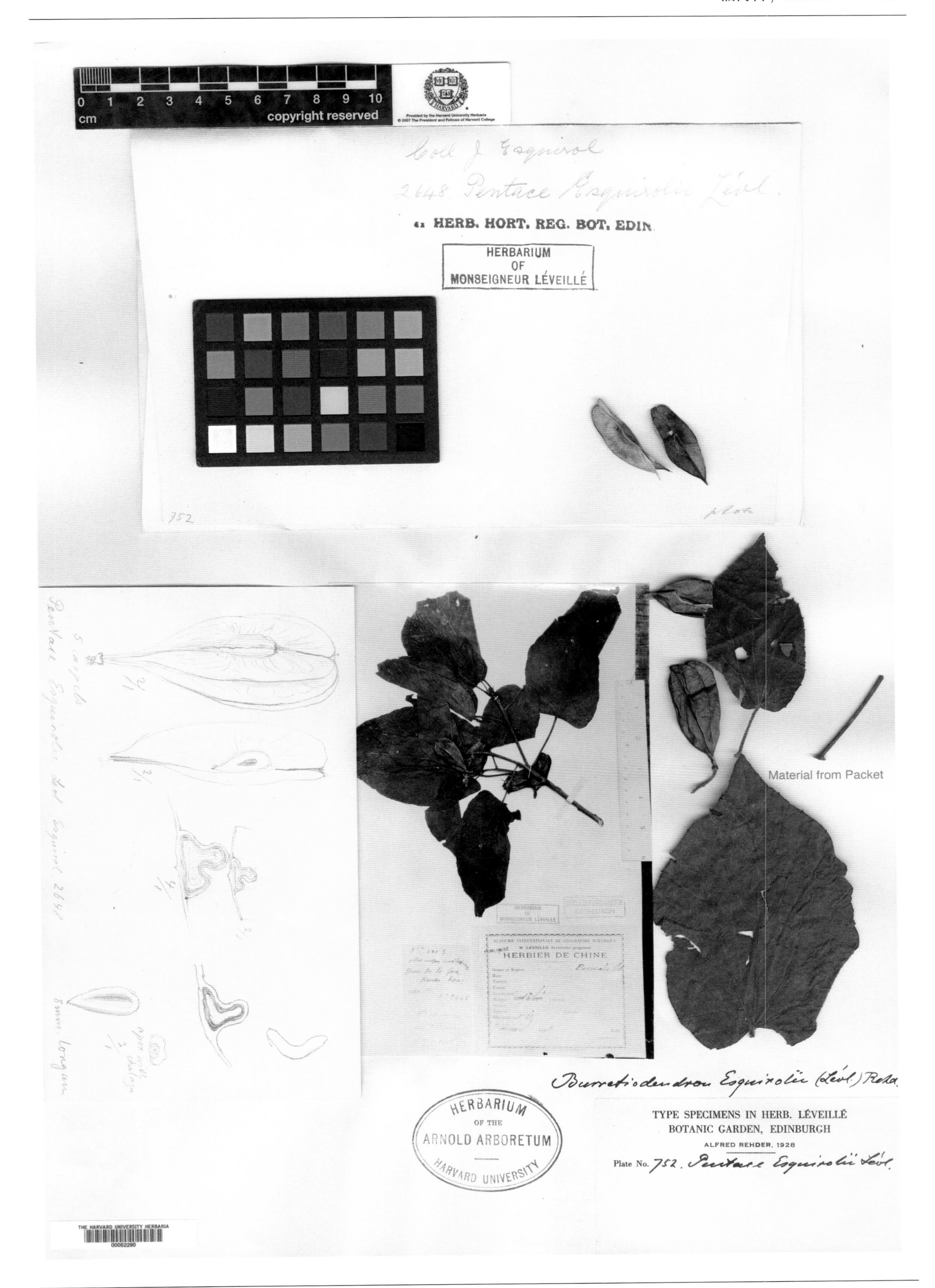

贵州蚬木 ***Pentace esquirolii*** Lévl. in Feede, Repert. Sp. Nov. 10: 147. 1911. **Isotype:** China. Guizhou: Lo-Fou (=Luodian), 1905-11-??, J. Cavalerie 2648 (A).

秋海棠叶椴 ***Tilia begoniifolia*** Chun & H. D. Wong in Sunyatsenia 3(1): 38, pl. 4. 1935. **Isotype:** China. Guangdong: Ruyuan, 1933-10-31, S. P. Ko 54699 (A).

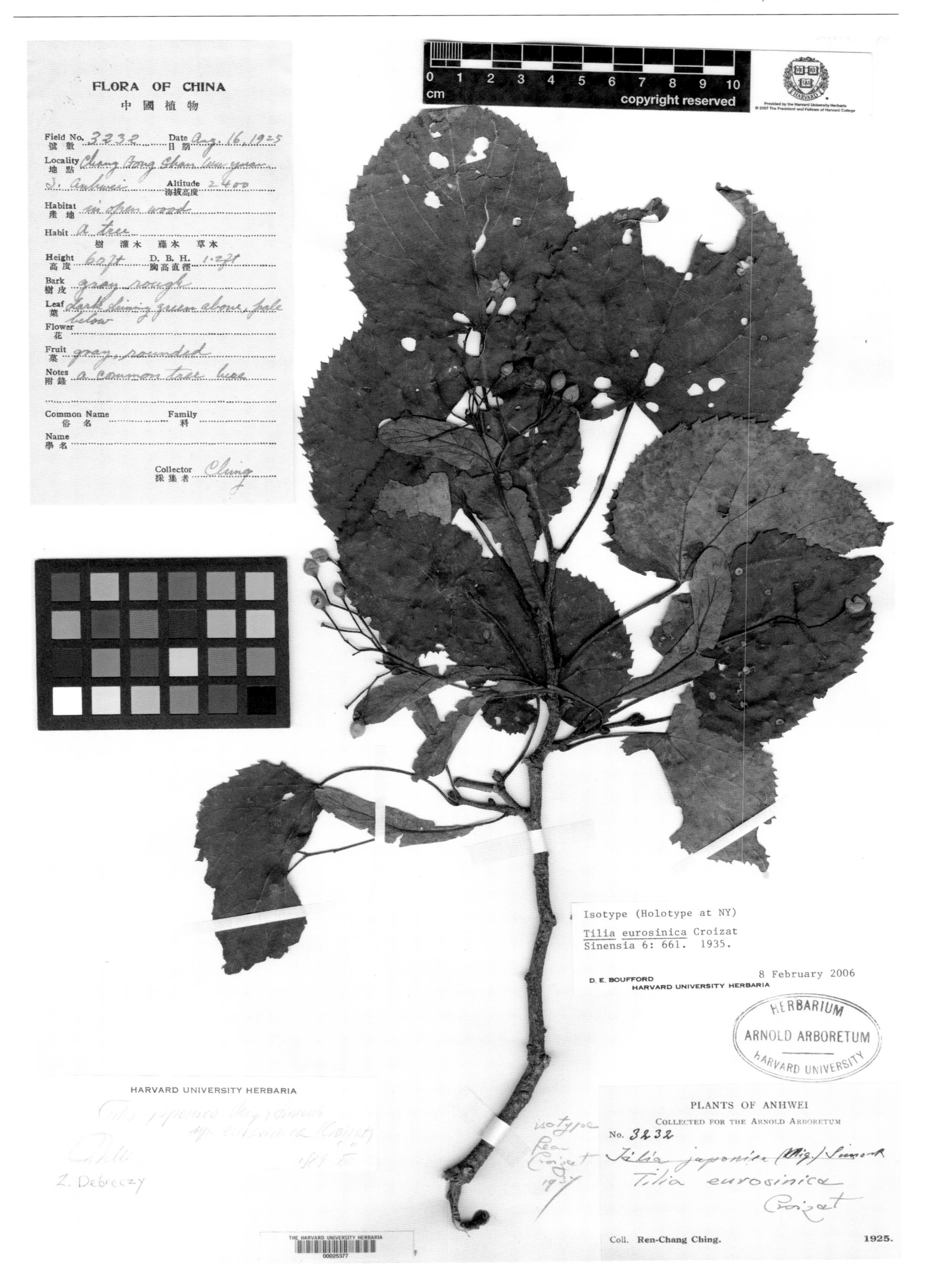

中华椴 ***Tilia eurosinica*** in Croizat in Sinensia 6: 661. 1935. **Isotype:** China. Jiangxi: Wuyuan, alt. 2 400 m, 1925-08-16, R. C. Ching 3232 (A).

毛糯米椴 ***Tilia henryana*** Szyszyl. in Hook. Icon. Pl. 20(3): pl. 1927. 1890. **Isotype:** China. Hubei: Xingshan, (1885—1888)-??-??, A. Henry 7452 A (GH).

湖北椴 ***Tilia hupehensis*** W. C. Cheng ex Hung T. Chang in Acta Phytotax. Sin. 20(2): 173. 1982. **Isotype:** China. Hubei: Lichuan, alt. 850 m, 1948-10-01, W. C. Cheng & C. T. Hwa 1095 (A).

灰背叶椴 ***Tilia hypoglauca*** Rehd. in J. Arnold Arbor. 8: 172. 1927. **Holotype:** China. Zhejiang: Siachu (=Xianju), alt. 976 m, 1924-06-04, R. C. Ching 1813 (A).

多毛椴 ***Tilia intonsa*** Wils. ex Rehd. & Wils. in Sargent, Pl. Wils. 2: 365. 1915. **Isotype:** China. Sichuan: Luding, alt. 2 440 m, 1903-07-26, E. H. Wilson 3287 (A).

广东椴 ***Tilia kwangtungensis*** Chun & H. D. Wong in Sunyatsenia 3: 41, f. 8. 1935. **Isotype:** China. Guangdong: Ruyuan, 1933-08-07, S. P. Ko 53143 (A).

亮绿叶椴 ***Tilia laetevirens*** Rehd. & Wils. in Sargent, Pl. Wils. 2: 369. 1915. **Holotype:** China. Gansu: Min Xian, alt. 2 445~2 592 m, 1911-08-13, W. Purdom 1070 (A).

鳞毛椴 ***Tilia lepidota*** Rehd. in J. Arnold Arbor. 8: 172. 1927. **Holotype:** China. Zhejiang: Qingyuan, alt. 1 037 m, 1924-08-10, R. C. Ching 2385 (A).

薄果椴 ***Tilia leptocarya*** Rehd. in J. Arnold Arbor. 8: 171. 1927. **Holotype:** China. Anhui: Qimen, alt. 244 m, 1925-08-08, R. C. Ching 3177 (A).

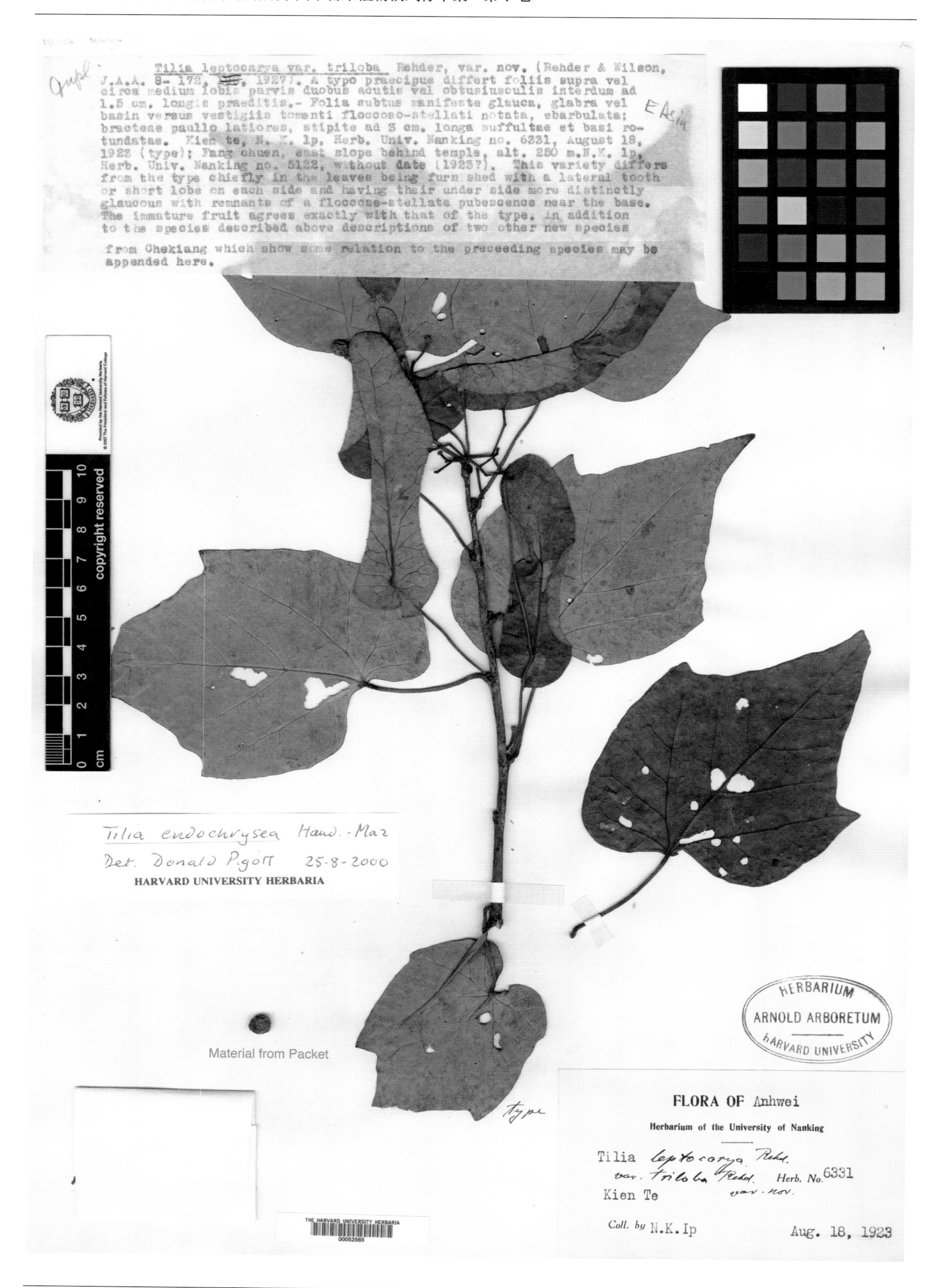

三裂薄果椴 *Tilia leptocarya* Rehd. var. *triloba* Rehd. in J. Arnold Arbor. 8: 172. 1927. **Holotype:** China. Anhui: Kien te (=Dongzhi), 1923-08-18, N. K. Ip s. n. (=University Nanking Herb. 6331) (A).

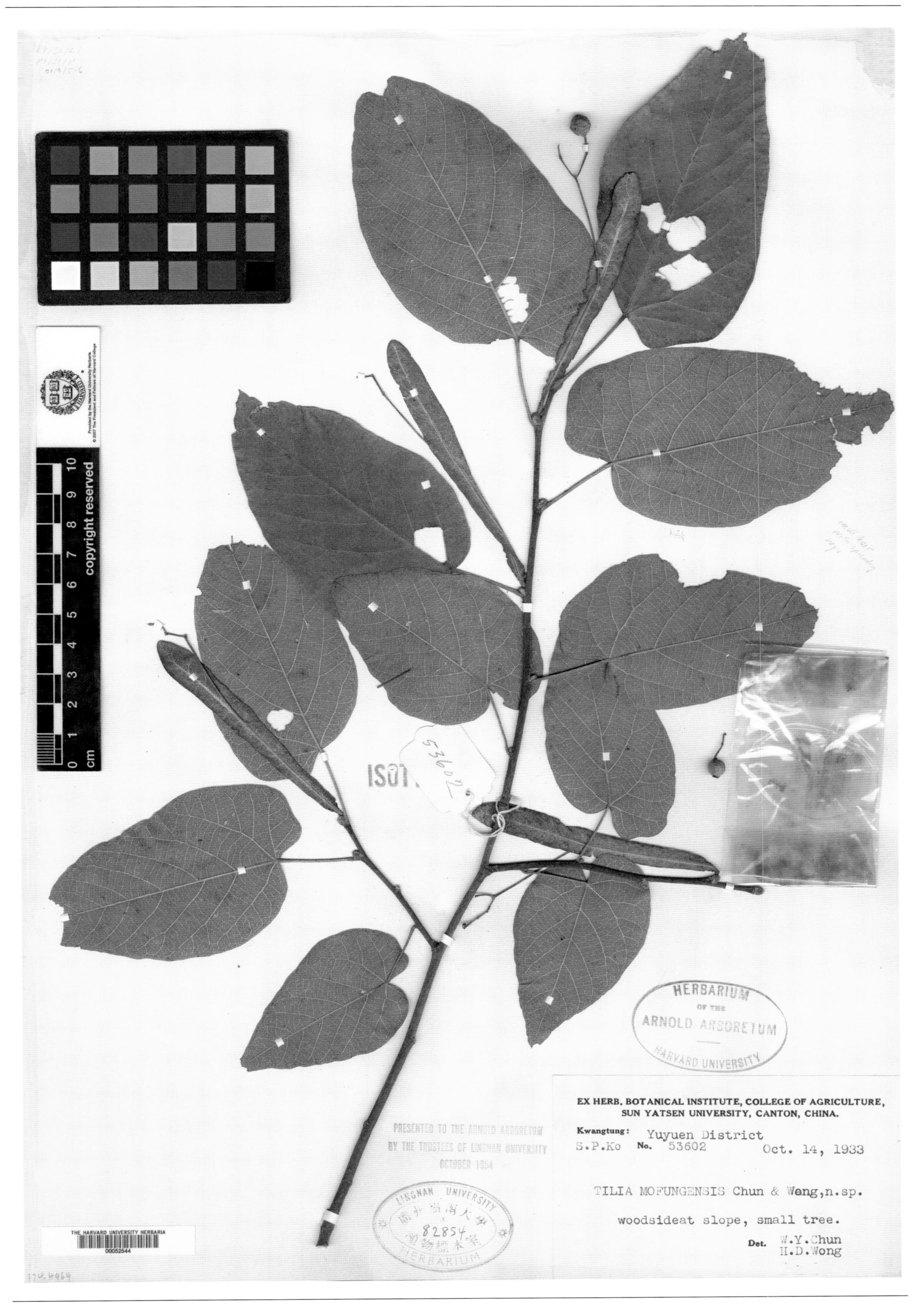

帽峰椴 ***Tilia mofungensis*** Chun & H. D. Wong in Sunyatsenia 3: 40, pl. 5. 1935. **Isotype:** China. Guangdong: Ruyuan, alt. 1 100 m, 1933-10-14, S. P. Ko 53602 (A).

大椴 ***Tilia nobilis*** Rehd. & Wils. in Sargent, Pl. Wils. 2: 363. 1915. **Holotype:** China. Sichuan: Ebian, Wa Shan, alt. 2 440 m, 1903-07-??, E. H. Wilson 3285 (A).

矩圆叶椴 ***Tilia oblongifolia*** Rehd. in J. Arnold Arbor. 8(3): 170. 1927. **Holotype:** China. Anhui: Huang Shan, alt. 442 m, 1925-07-21, R. C. Ching 3078 (A).

云山椴 ***Tilia obscura*** Hand.-Mazz. in Symb. Sin. 7: 610, pl. 21: 3. 1933. **Isotype:** China. Hunan: Wugang, Yun Shan, alt. 400～1 420 m, 1919-04-??, T. H. Wang 55 (A).

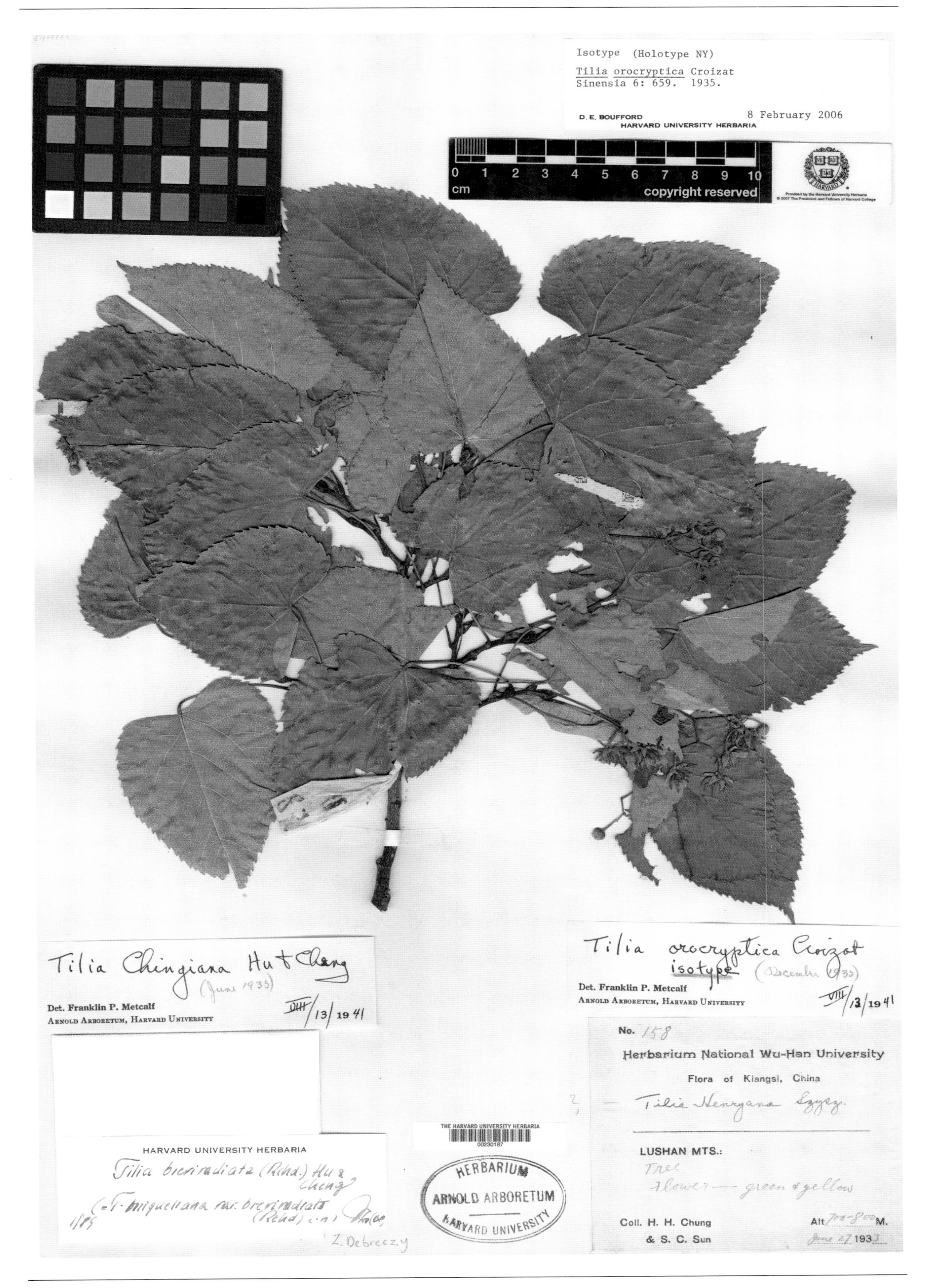

庐山椴 ***Tilia orocryptica*** Croizat in Sinensia 6: 659. 1935. **Isotype:** China. Jiangxi: Lu Shan, alt. 700~800 m, 1933-06-27, H. H. Chung & S. C. Sun 158 (A).

少脉椴 ***Tilia paucicostata*** Maxim. in Trudy Imp. St.-Peterb. Bot. Sada 11: 82. 1890. **Isotype:** China. Gansu: Southern Gansu, Tergyga, 1885-07-12, G. N. Potanin s. n. (A).

椴树 ***Tilia tuan*** Szyszyl. Hook. Icon. Pl. 20(2): pl. 1926. 1890. **Isosyntype**: China. Chongqing: Wushan, 1885-??-??, A. Henry 7452 (A).

短毛椴 ***Tilia tuan*** Szyszyl. var. ***breviradiata*** Rehd. in J. Arnold Arbor. 8(3): 170. 1927. **Holotype:** China. Anhui: Huang Shan, alt. 610 m, 1925-08-15, R. C. Ching 3209 (A).

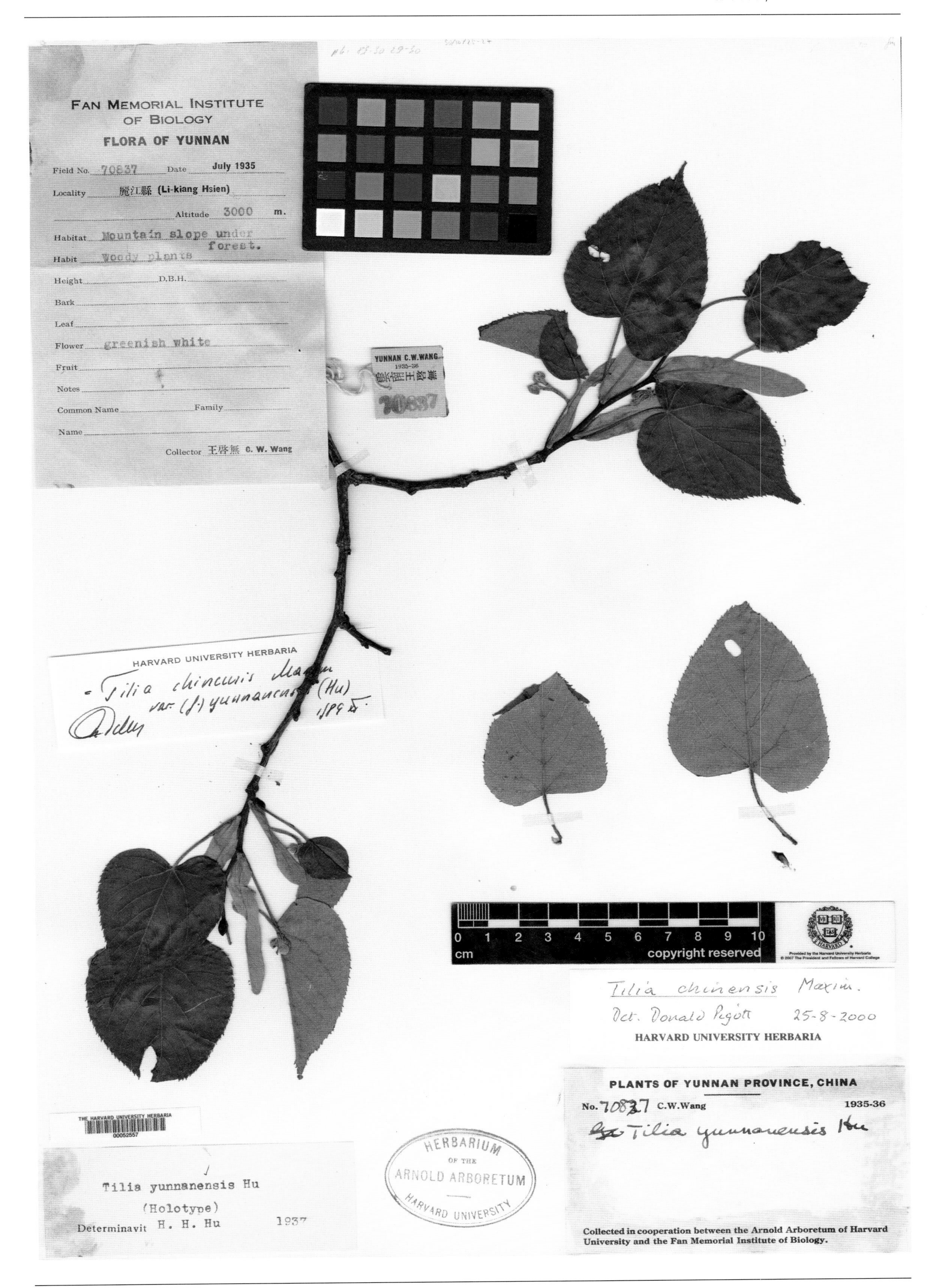

云南椴 ***Tilia yunnanensis*** Hu in Bull. Fan Mem. Inst. Biol., Bot. Ser. 8: 40. 1938. **Isotype:** China. Yunnan: Lijiang, alt. 3 000 m, 1935-07-??, C. W. Wang 70837 (A).

锦葵科
Malvaceae

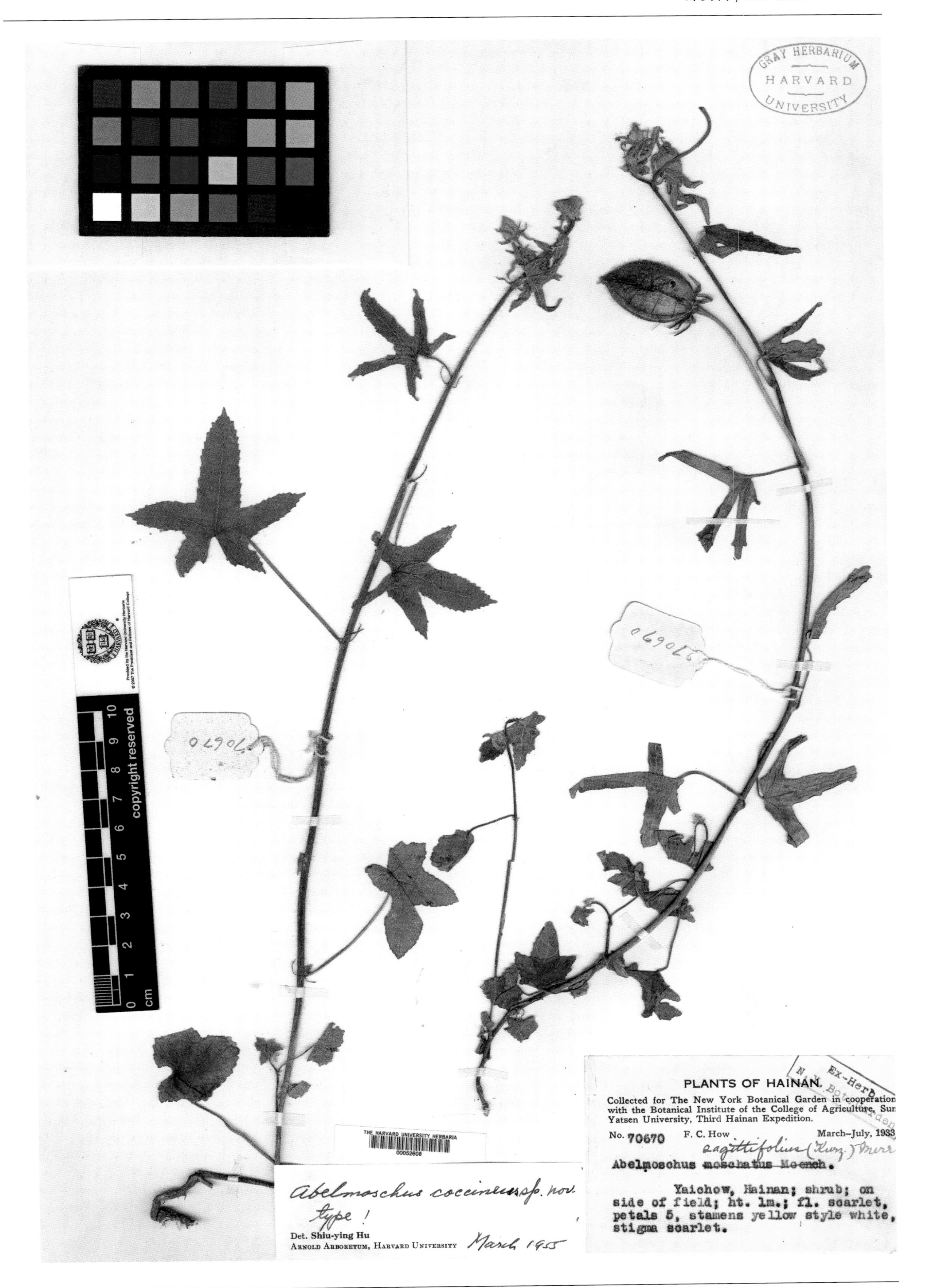

绯红秋葵 ***Abelmoschus coccineus*** S.Y. Hu, Fl. China Family 153: 39, pl. 18:5. 1955. **Holotype:** China. Hainan: Yaichow (=Sanya), 1933-(03-07)-??, F. C. How 70670 (GH).

槭叶秋葵 ***Abelmoschus coccineus*** S.Y. Hu var. ***acerifolius*** S.Y. Hu, Fl. China Family 153: 40, pl. 18: 9. 1955. **Holotype:** China. Hainan: Changjiang, 1933-05-29, S. K. Lau 1812 (A).

山芙蓉 ***Abelmoschus hainanensis*** S.Y. Hu, Fl. China Family 153: 37, pl. 8: 1. 1955. **Holotype:** China. Hainan: Changjiang, 1933-05-29, S. K. Lau 1811 (A).

华苘麻 ***Abutilon sinense*** Oliv. Hook. Icon. Pl. 18: pl. 1750. 1888. **Isolectotype** (designayed by S. Y. Hu, Fl. China Family 153: 30. 1955.): China. Hubei: Yichang, (1885—1888)-??-??, A. Henry 3822 (GH).

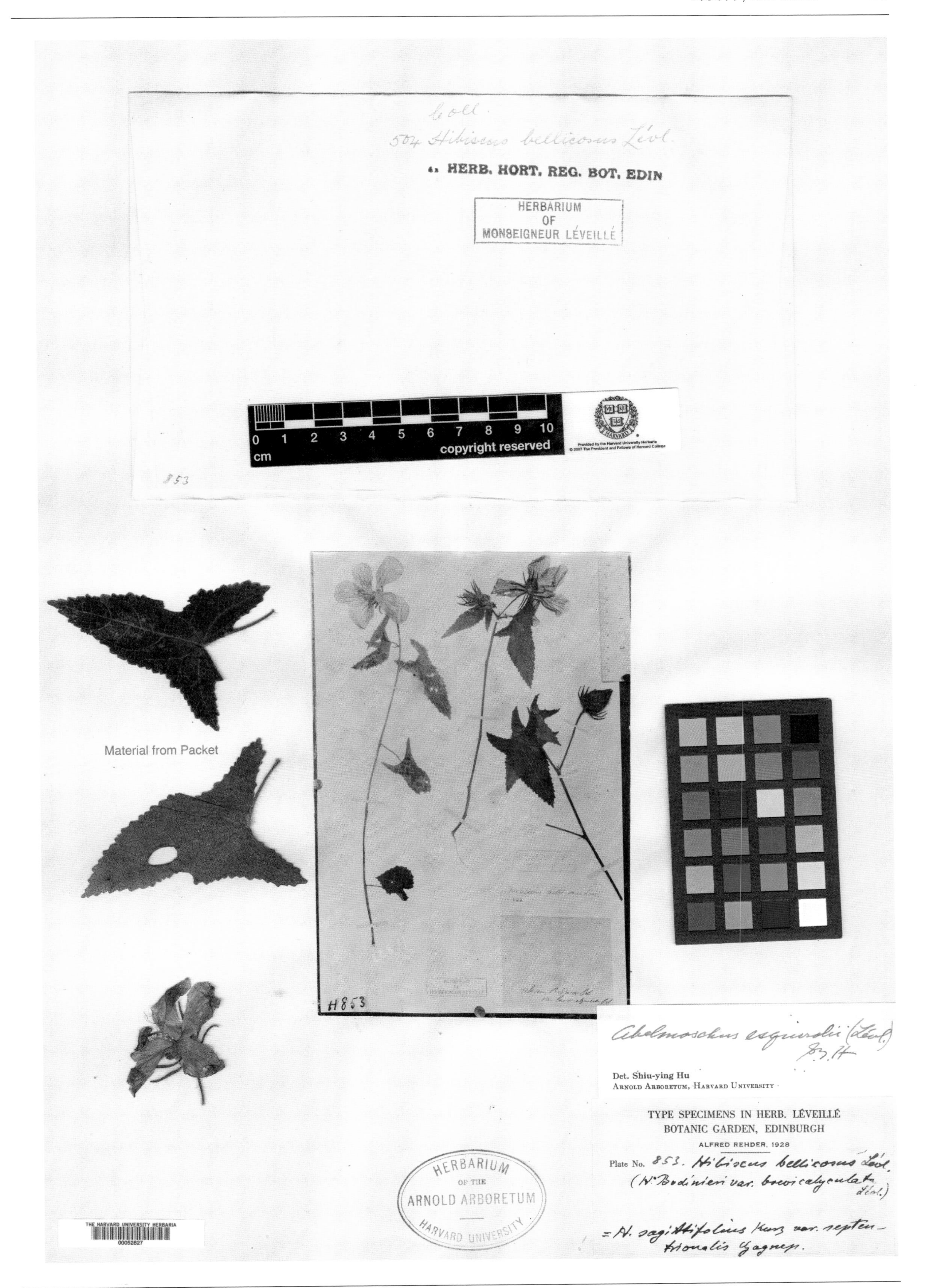

梓桐花 ***Hibiscus bellicosus*** Lévl., Fl. Kouy-Tchéou 273. 1914. **Isotype:** China. Guizhou: Precise locality not known, 1900-07-27, E. Bodinier 504 (A).

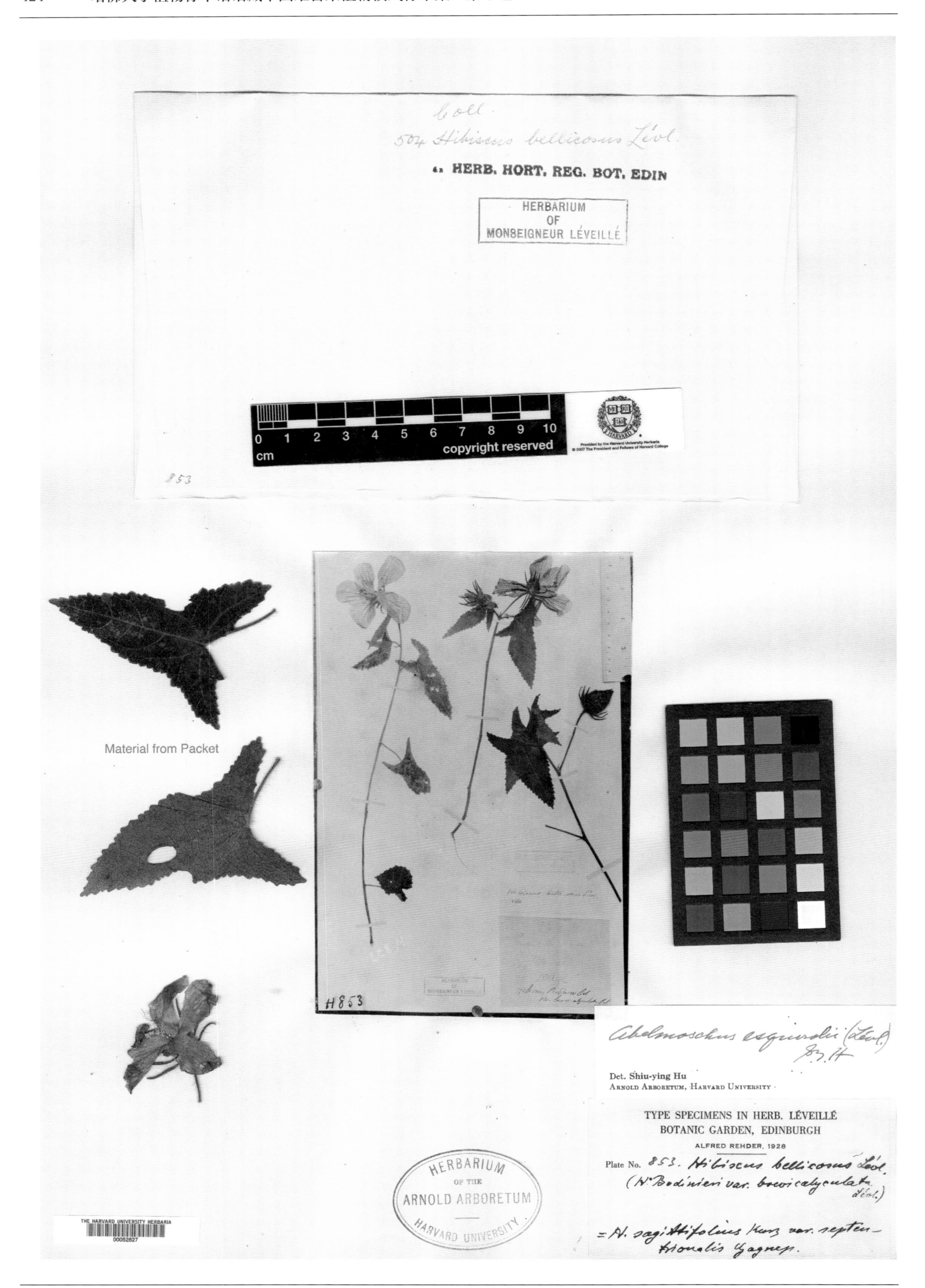

短萼木槿 ***Hibiscus bodinieri*** Lévl. var. ***brevicalyculata*** Lévl. in Feede, Repert. Sp. Nov. 12: 184.1913. **Isosyntype**: China. Guizhou: Precise locality not known, 1900-07-27, E. Bodinier 504 (A).

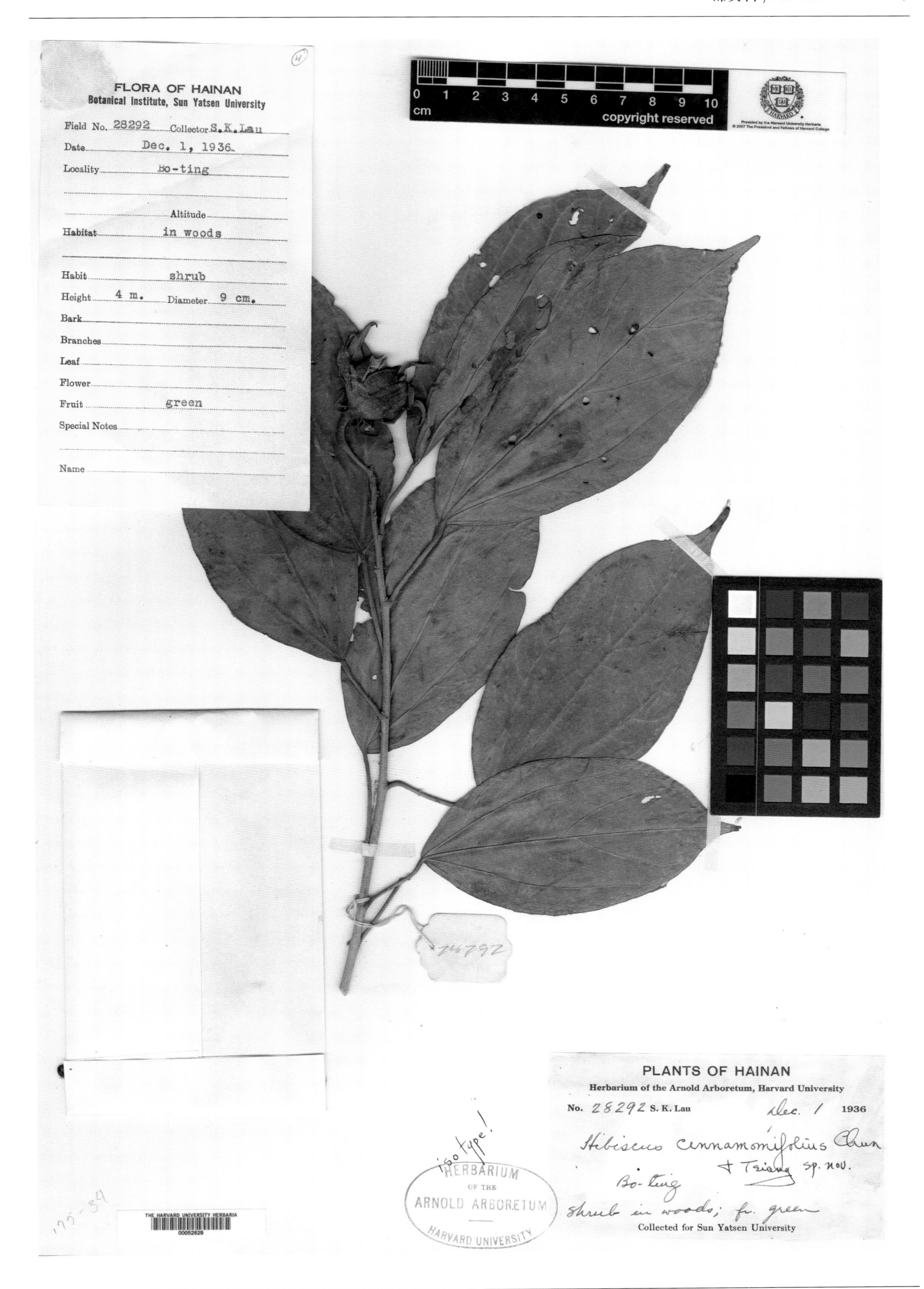

樟叶槿 ***Hibiscus cinnamomifolius*** Chun & Tsiang in Sunyatsenia 4: 18, pl. 7. 1939. **Isotype:** China. Hainan: Baoting, 1936-12-01, S. K. Lau 28292 (A).

林生木槿 ***Hibiscus saltuarius*** Hand.-Mazz. in Anz. Akad. Wiss. Wien. Math.-Nat. Kl. Wien 62: 251. 1925. **Isotype:** China. Hunan: Tsingtschou (=Jingzhou), alt. 400 m, 1917-08-01, H. R. E. Handel-Mazzetti 11049 (= 358) (A).

粉紫重瓣木槿 ***Hibiscus syriacus*** L. var. ***amplissimus*** Gagnaire f. in Rev. Hort. Paris 1861: 132. 1861. **Lectotype** (designayed by S. Y. Hu, Fl. China Family 153: 52. 1955.): China. Shandong: Wai Chen, cultivated, 1915-07-18, Herb. Uniy. Naking 1457 (A).

长苞木槿 ***Hibiscus syriacus*** L. var. ***longibracteatus*** S.Y. Hu, Fl. China Family 153: 53. 1955. **Holotype:** China. Sichuan: Precise locality not known, C. Bock & A. v. Rosthorn 2415 (A).

台湾芙蓉 ***Hibiscus taiwanensis*** S.Y. Hu, Fl. China Family 153: 48. 1955. **Holotype:** China. Taiwan: Ali Shan, alt. 2 000 m, 1918-10-16, E. H. Wilson 10836 (A).

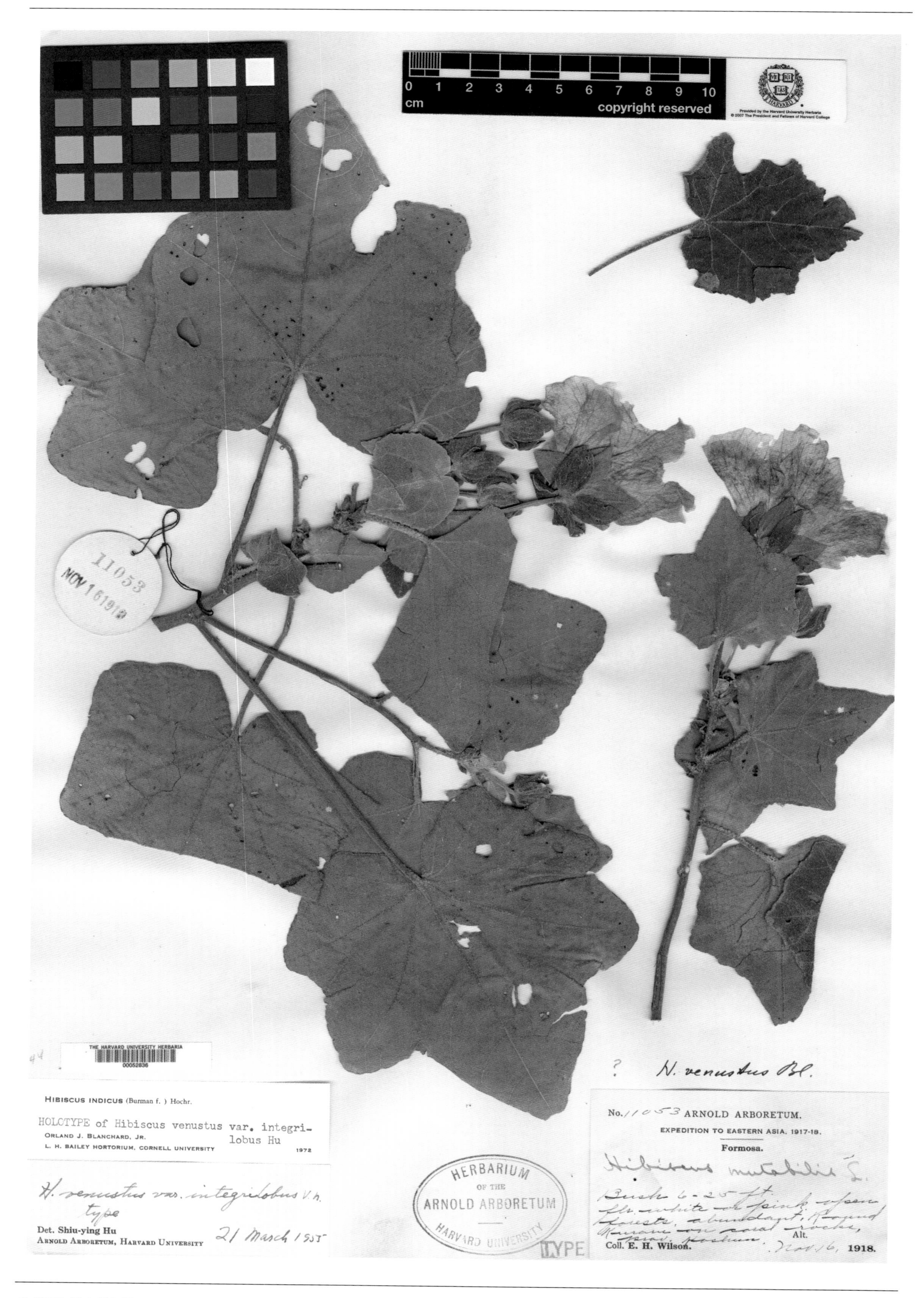

全缘叶美丽芙蓉 ***Hibiscus venustus*** Bl. var. ***integrilobus*** S.Y. Hu, Fl. China Family 153: 49. 1955. **Holotype:** China. Taiwan: Hengchun, 1918-11-06, E. H. Wilson 11053 (A).

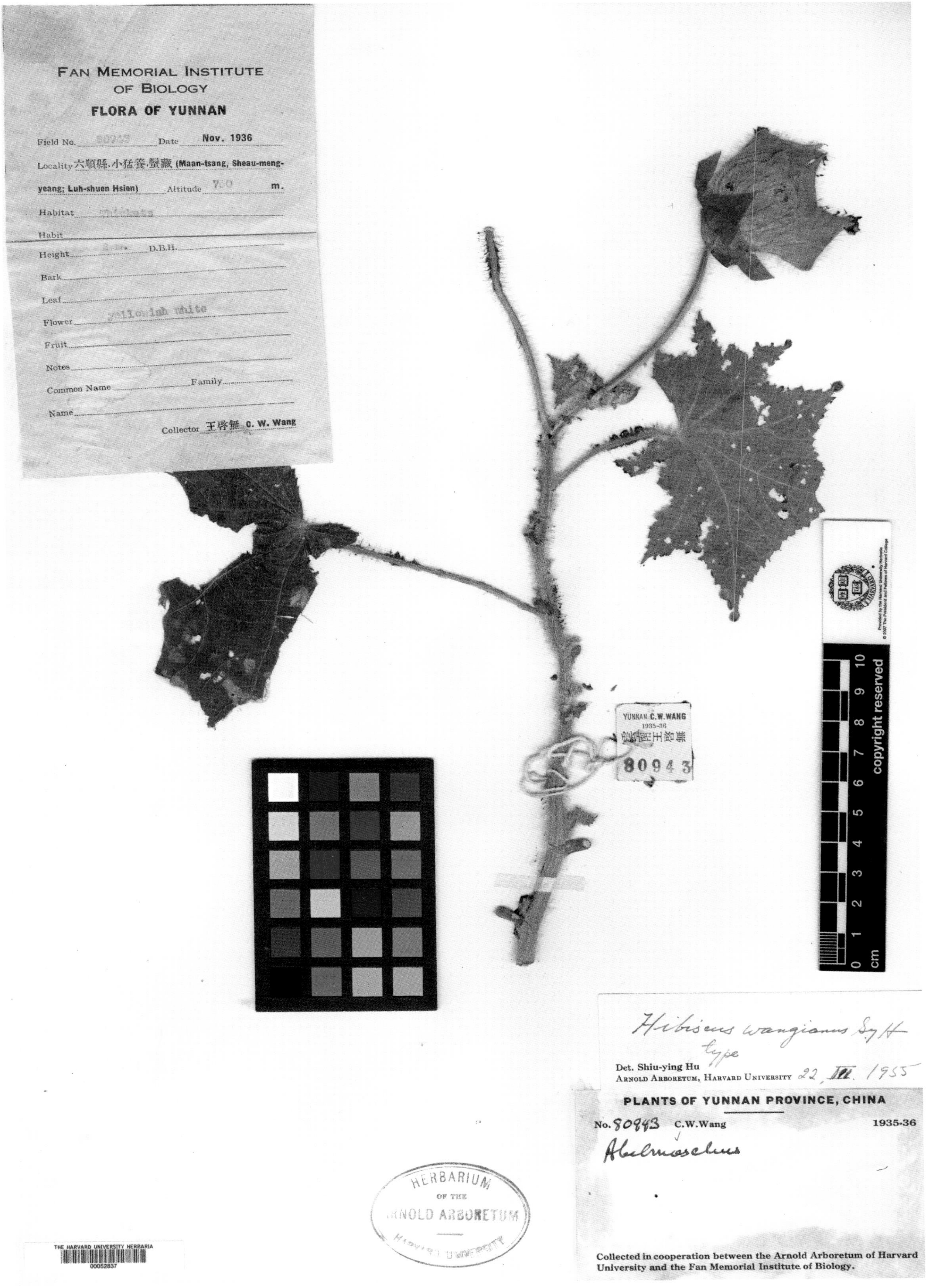
FAN MEMORIAL INSTITUTE
OF BIOLOGY
FLORA OF YUNNAN
Field No. 80943 Date Nov. 1936
Locality 六順縣,小猛養,蠻藏 (Maan-tsang, Sheau-meng-yeang; Luh-shuen Hsien) Altitude 750 m.
Habitat Thickets
Habit
Height D.B.H.
Bark
Leaf
Flower yellowish white
Fruit
Notes
Common Name Family
Name
Collector 王啓無 C. W. Wang
YUNNAN C.W.WANG
1935-36
80943
copyright reserved
cm 0 1 2 3 4 5 6 7 8 9 10
Hibiscus wangianus S.Y.H.
type
Det. Shiu-ying Hu
Arnold Arboretum, Harvard University 22. III. 1955
PLANTS OF YUNNAN PROVINCE, CHINA
No. 80943 C.W.Wang 1935-36
Abelmoschus
Collected in cooperation between the Arnold Arboretum of Harvard University and the Fan Memorial Institute of Biology.
HERBARIUM OF THE ARNOLD ARBORETUM HARVARD UNIVERSITY
THE HARVARD UNIVERSITY HERBARIA
00052837

大萼葵 ***Hibiscus wangianus*** S.Y. Hu, Fl. China Family 153: 55, pl. 20: 7. 1955. **Holotype:** China. Yunnan: Luh-shuen (=Pu'er), alt. 750 m, 1936-11-??, C. W. Wang 80943 (A).

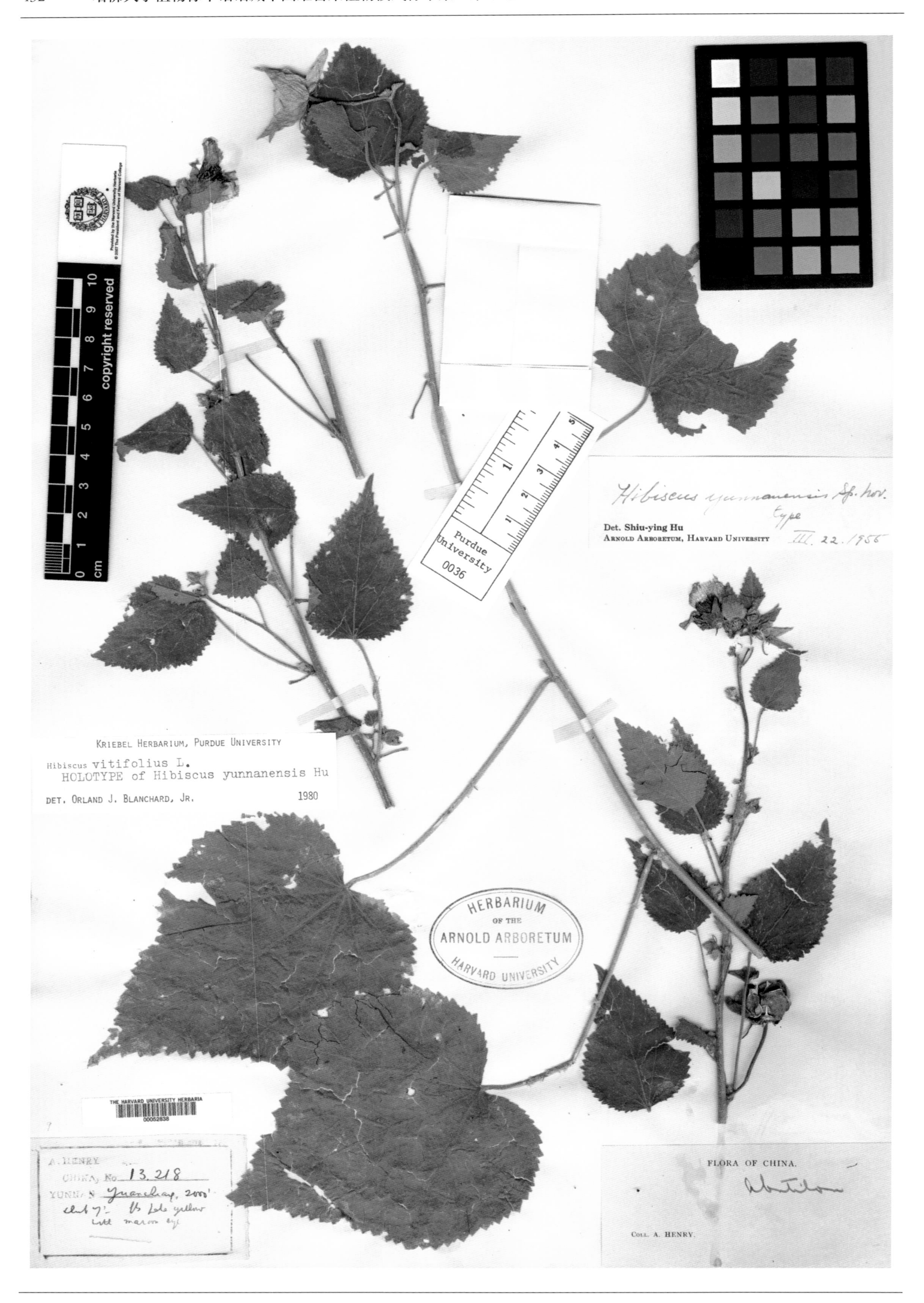

翅果葵 ***Hibiscus yunnanensis*** S.Y. Hu, Fl. China Family 153: 55, pl. 20: 5. 1955. **Holotype:** China. Yunnan: Yuanchiang (=Yuanjiang), alt. 610 m, A. Henry 13218 (A).

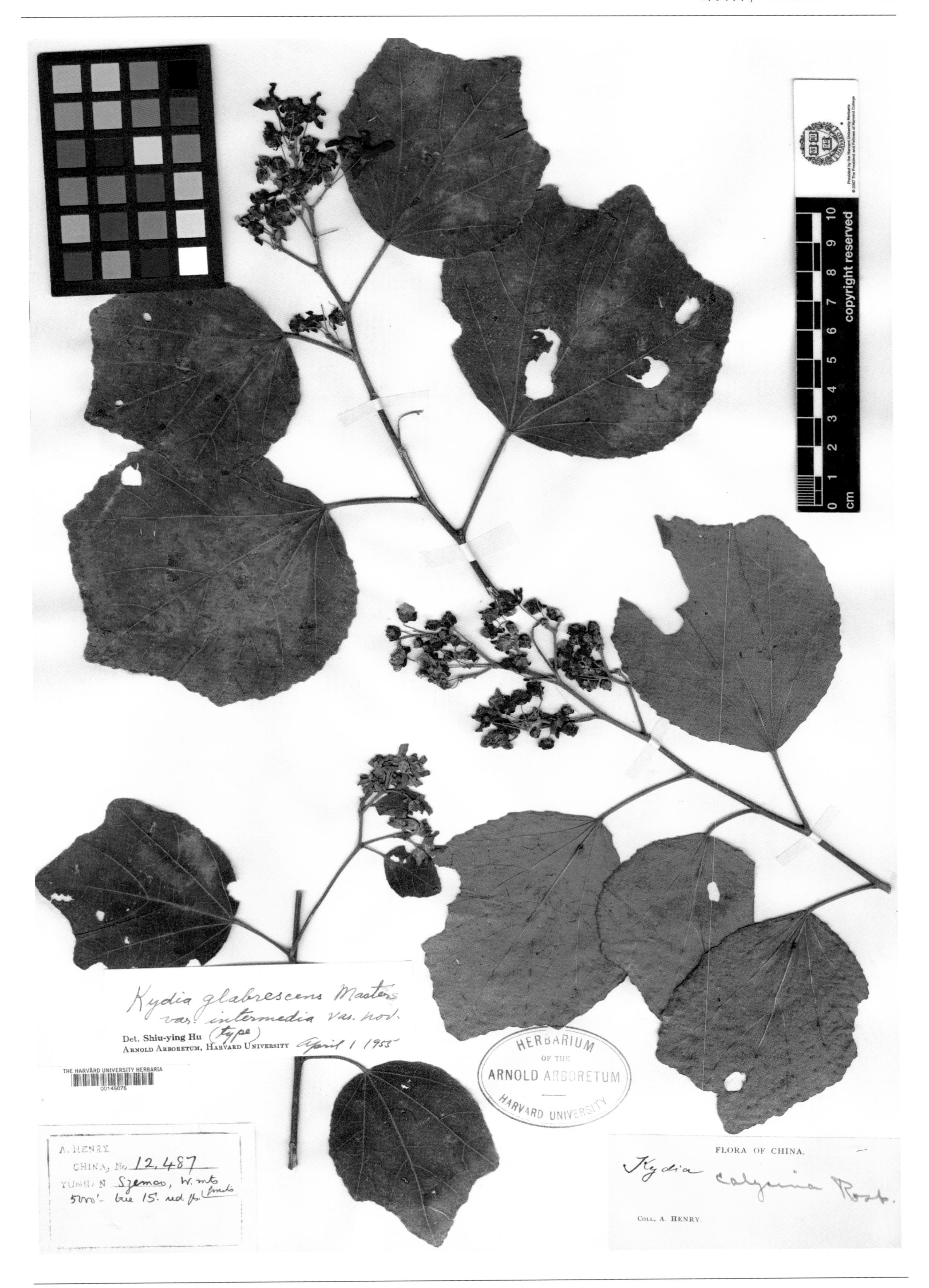

毛叶翅果麻 ***Kydia glabrescens*** Masters var. ***intermedia*** S.Y. Hu, Fl. China Family 153: 72, pl. 16: 9. 1955. **Holotype:** China. Yunnan: Simao, alt. 1 525 m, A. Henry 12487 (A).

中间型黄花稔 ***Sida acuta*** Burm. f. var. ***intermedia*** S.Y. Hu, Fl. China Family 153: 19. 1955. **Holotype:** China. Hainan: Kan-en (=Dongfang), 1934-03-30, S. K. Lau 3642 (GH).

圆叶黄花稔 ***Sida alnifolia*** L. var. ***orbiculata*** S.Y. Hu, Fl. China Family 153: 22, pl. 15: 6. 1955. **Holotype:** China. Guangdong: Pakhoi, G. M. H. Playfair s. n. (GH).

云南黄花稔 ***Sida yunnanensis*** S.Y. Hu, Fl. China Family 153: 16, pl. 16-7. 1955. **Holotype:** China. Yunnan: Precise locality not known, G. Forrest 11088 (A).

长梗桐棉 ***Thespesia howii*** S.Y. Hu, Fl. China Family 153: 69, pl. 22: 3. 1955. **Holotype:** China. Hainan: Yaichow (=Sanya), 1933-(03-07)-??, F. C. How 70921 (A).

湖北地桃花 ***Urena lobata*** L. var. ***henryi*** S.Y. Hu, Fl. China Family 153: 75, pl. 18: 2. 1955. **Holotype:** China. Hubei: Western Hubei, Precise locality not known, (1885—1888)-??-??, A. Henry 7180 B (GH).

FAN MEMORIAL INSTITUTE
OF BIOLOGY
FLORA OF YUNNAN

Field No. 17425 Date Aug. 20, 1938
Locality Chenfkang, Maliling
Altitude 1700 m.
Habitat In thicket
Habit Shrub
Height 3 ft. D.B.H.
Bark
Leaf
Flower Purplish pink
Fruit
Notes Common
Common Name Family Malvaceae
Name
Collector T. T. Yü

copyright reserved

cm 0 1 2 3 4 5 6 7 8 9 10

Urena lobata Linn.
var. yunnanensis Var. nov.
(type)
Det. Shiu-ying Hu
ARNOLD ARBORETUM, HARVARD UNIVERSITY IV. 14. 1955

T. T. Yu
17425

PLANTS OF YUNNAN PROVINCE, CHINA
No. 17425 T.T.Yü 1938
Urena lobata L. var.
scabriuscula DC.

Collected in cooperation between the Arnold Arboretum of Harvard University and the Fan Memorial Institute of Biology.

云南地桃花 *Urena lobata* L. var. *yunnanensis* S.Y. Hu, Fl. China 153: 77. 1955. **Holotype:** China. Yunnan: Chenkang (=Zhenkang), alt. 1 700 m, 1938-08-20, T. T. Yu 17425 (A).

木棉科
Bombacaceae

阴生木棉 ***Bombax tenebrosum*** Dunn in J. Linn. Soc. Bot. 35: 486. 1903. **Isotype:** China. Yunnan: Simao, alt. 1 525 m, A. Henry 12666 (A).

梧桐科

Sterculiaceae

角状果火绳 *Eriolaena ceratocarpa* Hu in Bull. Fan Mem. Inst. Biol., Bot. Ser. 10: 143. 1940. **Isotype:** China. Yunnan: Lancang, alt. 1 500 m, 1936-05-??, C. W. Wang 73378 (A).

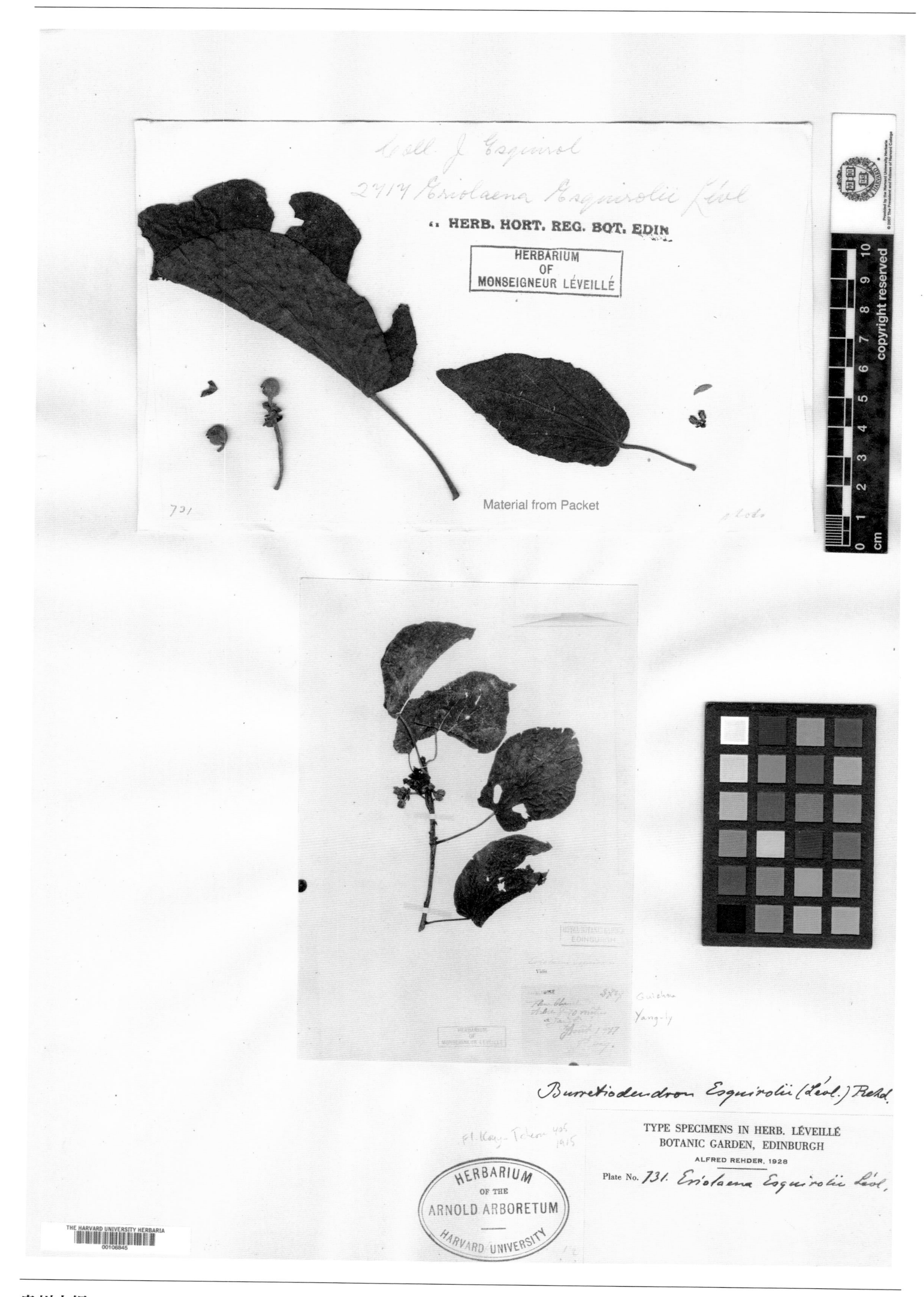

贵州火绳 ***Eriolaena esquirolii*** Lévl., Fl. Kouy-Tchéou 405. 1915. **Isotype:** China. Guizhou: Yang-Ly (=Luodian), 1911-08-??, J. Esquirol 2717 (A).

光叶火绳 ***Eriolaena glabrescens*** Hu in J. Arnold Arbor. 5: 231. 1924. **Holotype:** China. Yunnan: Simao, alt. 1 220 m, A. Henry 12343 (A).

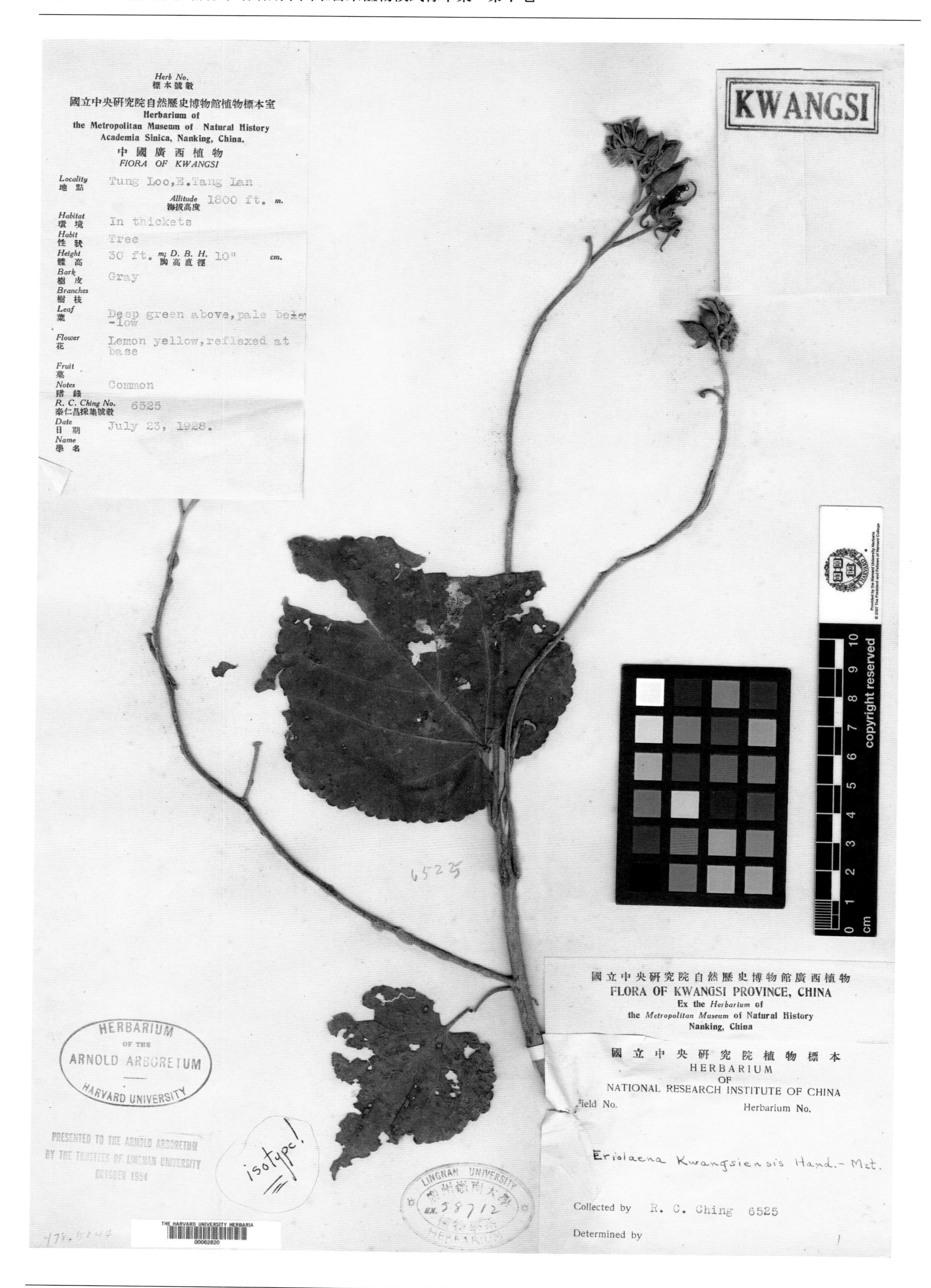

桂火绳 ***Eriolaena kwangsiensis*** Hand.-Mazz. in Sinensia 3(8): 193. 1933. **Isotype:** China. Guangxi: Donglan, alt. 549 m, 1928-07-23, R. C. Ching 6525 (A).

思茅火绳 ***Eriolaena szemaoensis*** Hu in J. Arnold Arbor. 5: 230. 1924. **Holotype:** China. Yunnan: Simao, alt. 1 525 m, A. Henry 11873 (A).

海南梧桐 ***Firmiana hainanensis*** Kosterm. Reinwardtia 4(2): 308, f. 11. 1957. **Isotype:** China. Hainan: Changjiang, 1933-06-13, S. K. Lau 1932 (A).

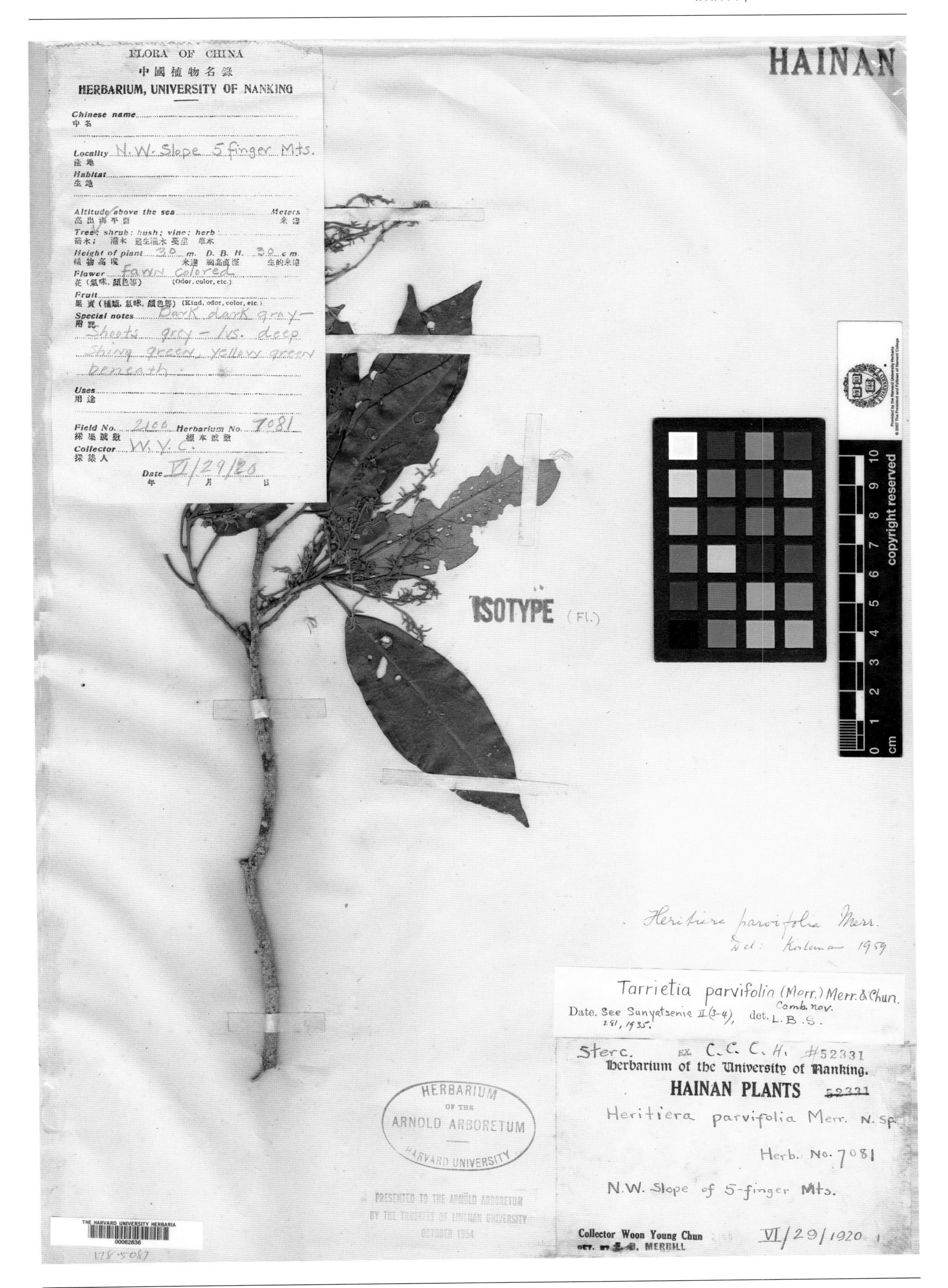

蝴蝶树 ***Heritiera parvifolia*** Merr. in J. Arnold Arbor. 6: 137. 1925. **Isotype:** China. Hainan: Qiongzhong: Wuzhi Shan, 1920-06-29, W. Y. Chun 2100 (A).

云南平当树 ***Paradombeya rehderiana*** Hu in Bull. Fan Mem. Inst. Biol., Bot. 10: 145. 1940. **Isotype:** China. Yunnan: Lu-shuei (=Lushui), alt. 1 500 m, 1933-09-20, H. T. Tsai 54547 (A).

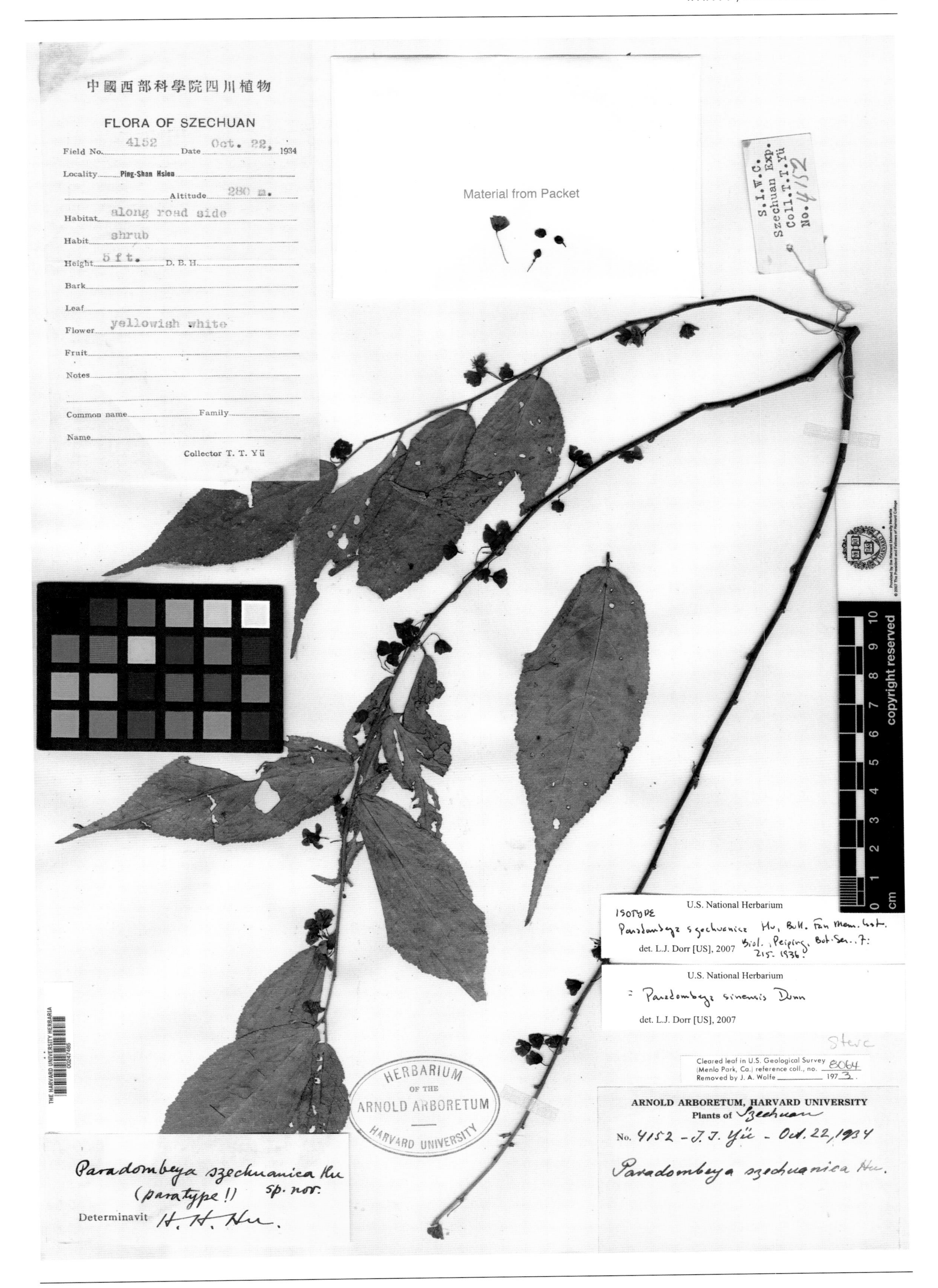

四川平当树 ***Paradombeya szechuenica*** Hu in Bull. Fan Mem. Inst. Biol., Bot. Ser. 7: 215. 1936. **Isotype:** China. Sichuan: Pingshan, alt. 280 m, 1934-10-22, T. T. Yu 4152 (A).

翻白叶树 ***Pterospermum heterophyllum*** Hance in J. Bot. 6: 112. 1868. **Isotype:** China. Guangdong: Qujiang, 1866-09-18, Sampson & Hance s. n. (=Herb. H. F. Hance 13743) (GH).

广州翅子树 ***Pterospermum levinei*** Merr. in Philipp. J. Sci. 13(3):146. 1918. **Isotype:** China. Guangdong: Guangzhou, 1917-09-07, C. O. Levine 1173(GH).

贵州梭罗 ***Reevesia cavaleriei*** Lévl. & Van. in Feede, Repert. Sp. Nov. 4: 330. 1907. **Isotype:** China. Guizhou: between Guiding & Kouy-yang (=Guiyang), 1905-03-20, J. Cavalerie 2347 (A).

瑶山梭罗树 ***Reevesia glaucophylla*** H. H. Hsue in Acta Phytotax. Sin. 8(3): 272. 1963. **Isotype:** China. Guangxi: Xiangzhou, Yao Shan, 1936-10-12, C. Wang 40049 (A).

剑叶梭罗 ***Reevesia lancifolia*** Li in J. Arnold Arbor. 25(2): 208. 1944. **Holotype:** China. Hainan: Ganen (=Dongfang), 1934-02-19, H. Y. Liang 64955 (A).

长柄梭罗树 ***Reevesia longipetiolata*** Merr. & Chun in Sunyatsenia 2: 40. 1934. **Isotype:** China. Hainan: Manyin (=Wanning ?), alt. 244 m, 1932-04-05, H. Y. Liang 61505 (A).

上思梭罗 ***Reevesia shangszeensis*** H.H. Hsue in Acta Phytotax. Sin. 8: 274. 1963. **Isotype:** China. Guangxi: Shangsi, Shiwan Dashan, 1933-05-24, W. T. Tsang 22370 (A).

华梭罗 ***Reevesia sinica*** Wils. in J. Arnold Arbor. 5: 233. 1924. **Holotype:** China. Sichuan: Dujiangyan, Pan-lan-shan, alt 2 135 m, 1910-10-??, E. H. Wilson 4395 (A).

绒果梭罗 ***Reevesia tomentosa*** H. L. Li in J. Arnold Arbor. 24: 446. 1943. **Holotype:** China. Guangxi: Yung Hsien (=Yongfu), alt. 380 m, 1933-09-03, A. N. Steward & H. C. Cheo 922 (A).

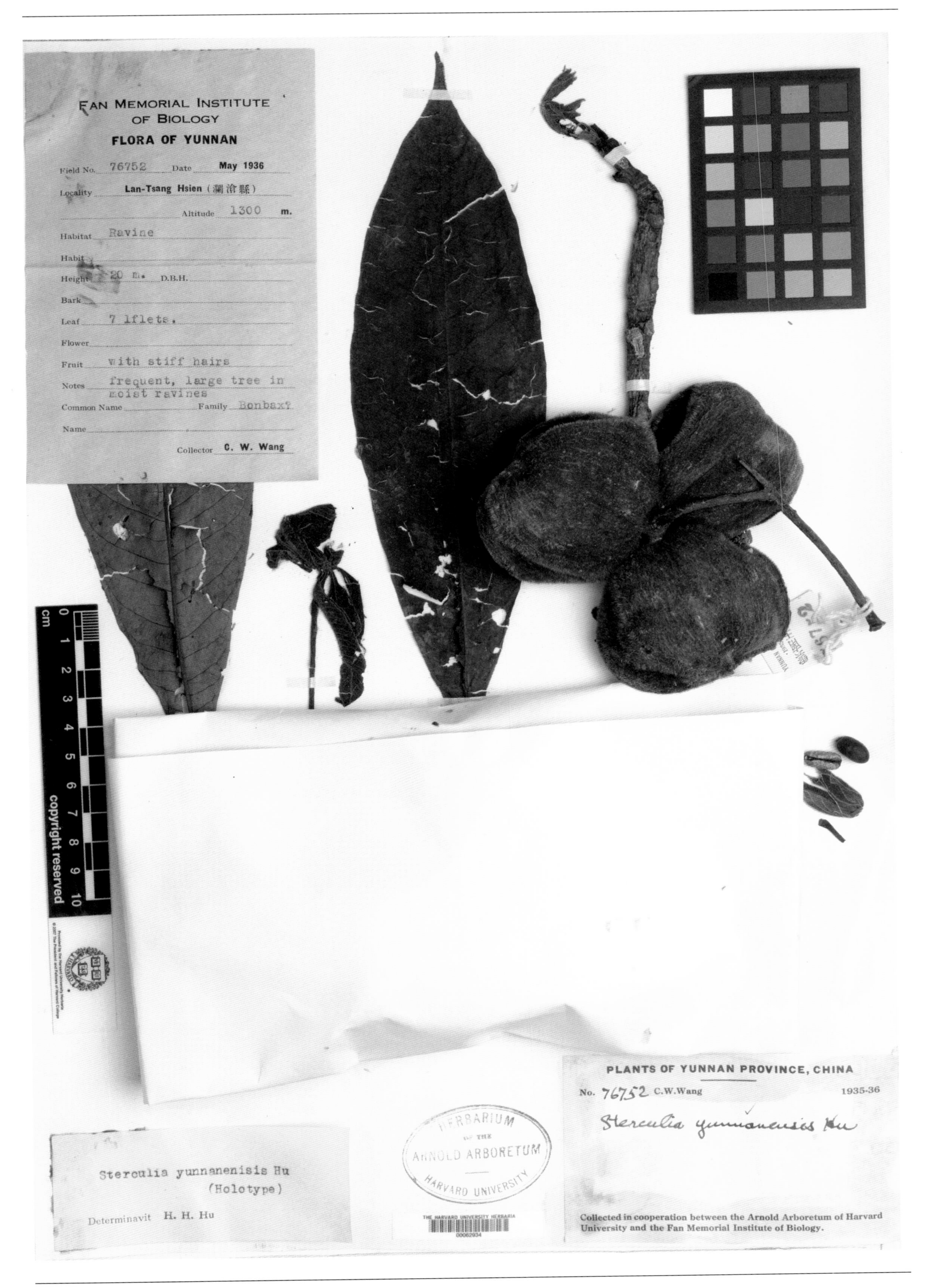

云南苹婆 ***Sterculia yunnanensis*** Hu in Bull. Fan Mem. Inst. Biol., Bot. 8(1): 43. 1937. **Isotype:** China. Yunnan: Lancang, alt. 1 300 m, 1936-05-??, C. W. Wang 76752 (A).

五桠果科

Dilleniaceae

白云山锡叶藤 ***Tetracera levinei*** Merr. in Philipp. J. Sci.13: 147. 1918. **Lectotype** (designayed by R. D. Hoogland in Reindwardtia 2: 194. 1953.): China. Guangdong: Guangzhou, Baiyun Shan, 1917-10-22, C. O. Levine s. n. (=Canton Christian College Herb. 1794) (A).

猕猴桃科

Actinidiaceae

京梨猕猴桃 ***Actinidia callosa*** Lindl. var. ***henryi*** Maxim. in Trudy Imp. St.-Peterb. Bot. Sada 11: 36. 1890. **Isosyntype**: China. Hubei: Yichang, 1887-10-??, A. Henry 3494 (GH).

京梨猕猴桃 ***Actinidia callosa*** Lindl. var. ***henryi*** Maxim. in Trudy Imp. St.-Peterb. Bot. Sada 11: 36. 1890. **Isosyntype**: China. Hubei: Yichang, 1888-??-??, A. Henry 4377A (GH).

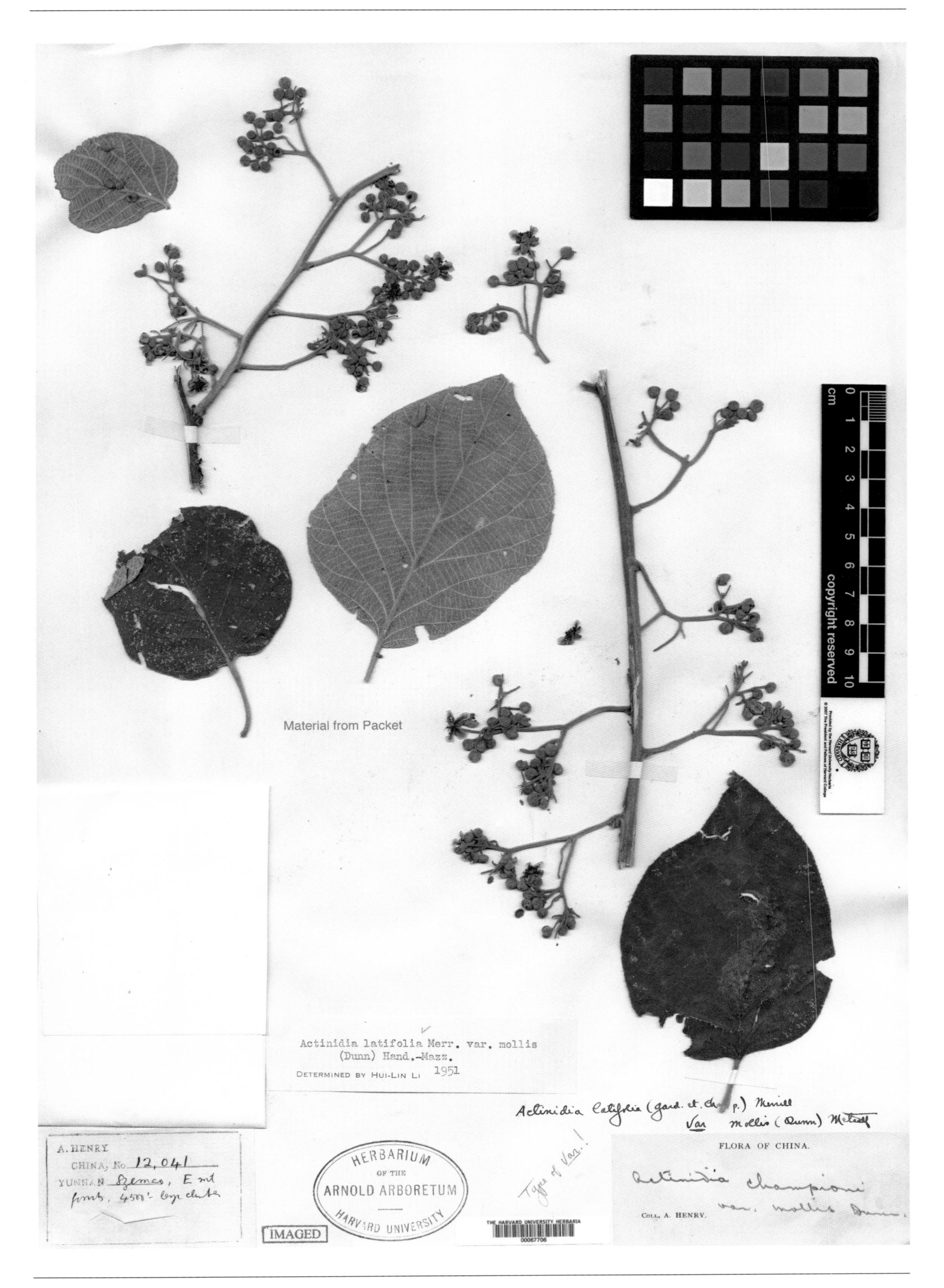

长绒猕猴桃 ***Actinidia championi*** Benth. var. ***mollis*** Dunn in J. Linn. Soc. Bot. 39: 407. 1911. **Isotype:** China. Yunnan: Simao, alt. 1 373 m, A. Henry 12041 (A).

宜昌猕猴桃 ***Actinidia curvidens*** Dunn in Bull. Mis. Inf. Kew 1906(1): 1. 1906. **Isosyntype**: China. Hubei: Yichang, (1885—1888)-??-??, A. Henry 3494 (A).

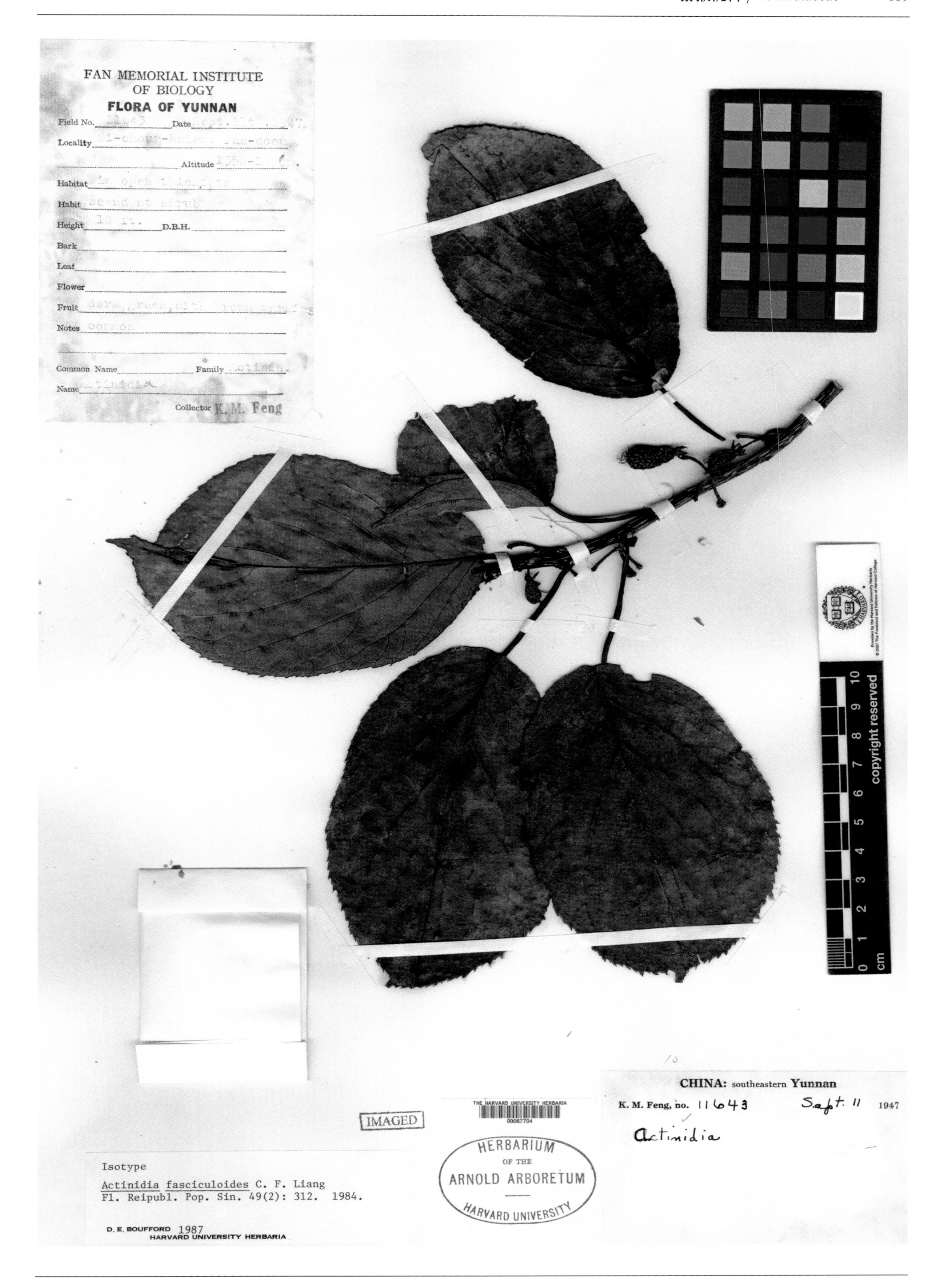

簇花猕猴桃 ***Actinidia fasciculoides*** C. F. Liang, Fl. Reip. Popul. Sin. 49(2): 312, pl. 62: 1. 1984. **Isotype:** China. Yunnan: Xichou, alt. 1 350~1 450 m, 1947-09-11, K. M. Feng 11643 (A).

川猕猴桃 ***Actinidia gagnepaini*** Nakai in Bot. Magaz. Tokyo 47: 258. 1933. **Isotype:** China. Sichuan: Precise locality not known, A. Henry 8806 (GH).

长叶猕猴桃 ***Actinidia hemsleyana*** Dunn in J. Linn. Soc. Bot. 38: 355. 1908. **Isotype:** China. Fujian: Nanping, Yanping, 1905-(04-06)-??, Dunn Exped. s. n. (=Hongkong Herb. 2400) (A).

粗齿猕猴桃 ***Actinidia kengiana*** Metc. in Lingnan Sci. J. 11: 16. 1932. **Holotype:** China. Zhejiang: Jingning, 1926-08-16, Y. L. Keng 394 (A).

小叶猕猴桃 ***Actinidia lanceolata*** Dunn in J. Linn. Soc. Bot. 38: 356. 1908. **Isotype:** China. Fujian: Nanping, Yanping, 1905-(04-06)-??, Dunn Exped. s. n. (=Hong Kong Herb. 2399) (A).

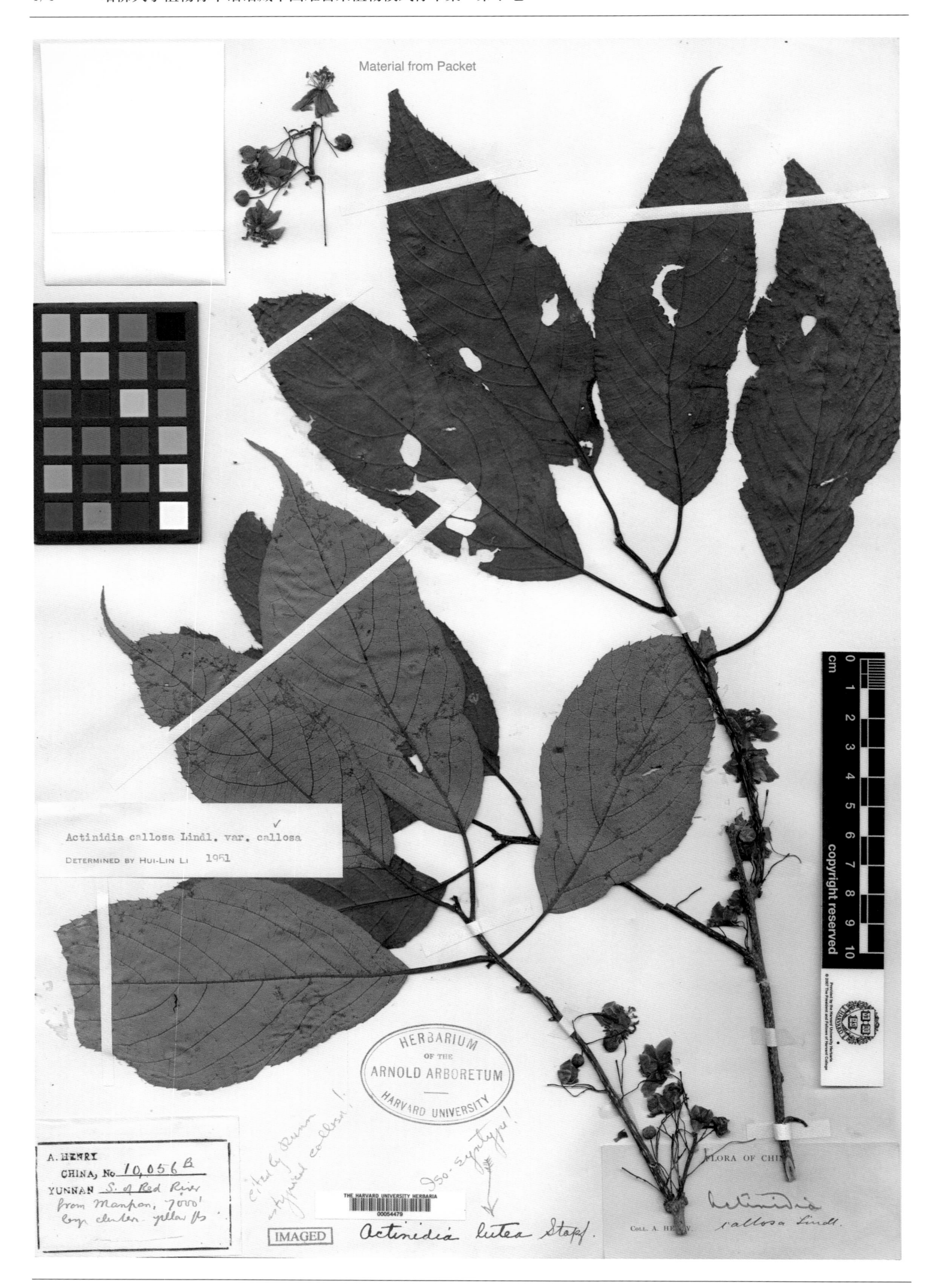

红河猕猴桃 *Actinidia lutea* Stapf in Hook. Bot. Mag. 152: t. 9140. 1928. **Isosyntype**: China. Yunnan: S. of Red River, Manpon, alt. 2 135 m, A. Henry 10056 B (A).

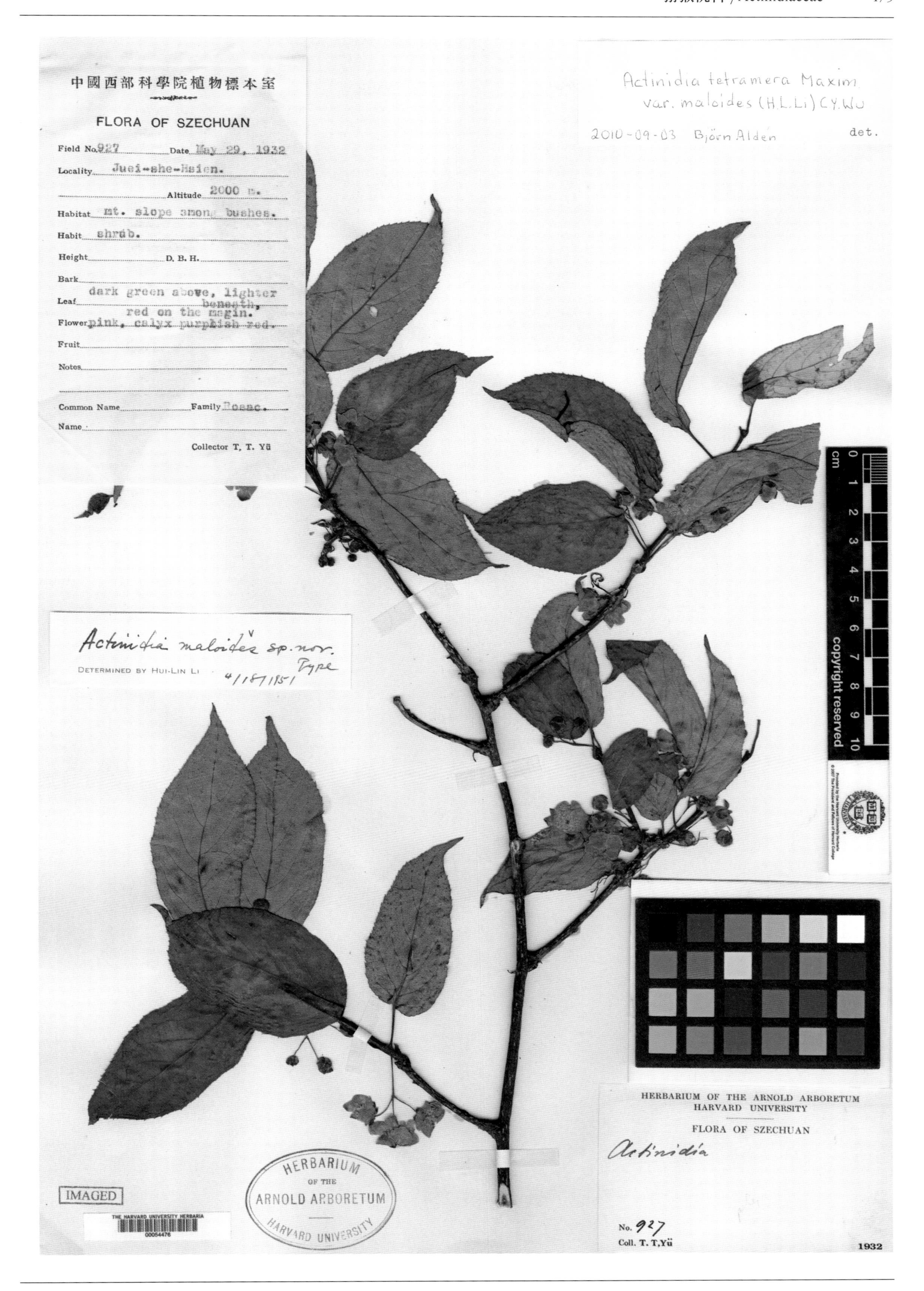

海棠猕猴桃 *Actinidia maloides* H. L. Li in J. Arnold Arbor. 33: 25. 1952. **Holotype:** China. Sichuan: Juei-she (=Yuexi), alt. 2 000 m, 1932-05-29, T. T. Yu 927(A).

紫果猕猴桃 ***Actinidia purpurea*** Rehd. in Sargent, Pl. Wils. 2: 378. 1915. **Syntype**: China. Sichuan: Kangding, alt. 1 830~2 135 m, 1908-06-??, E. H. Wilson 1314 (GH).

紫果猕猴桃 ***Actinidia purpurea*** Rehd. in Sargent, Pl. Wils. 2: 378. 1915. **Syntype**: China. Sichuan: Kangding, alt. 1 830~2 135 m, 1908-10-??, E. H. Wilson 1314 (GH).

红茎猕猴桃 *Actinidia rubricaulis* Dunn in Bull. Misc. Inform. Kew 1906(1): 2. 1906. **Isosyntype**: China. Yunnan: Mengzi, alt. 2 135 m, A. Henry 10696 (A).

昭通猕猴桃 ***Actinidia rubus*** Lévl. in Feede, Repert. Sp. Nov. 12: 282. 1913. **Isotype:** China. Yunnan: Tchao-Tong (=Zhaotong), alt. 2 000 m, 1912-06-??, E. E Marie s. n.(A).

清风藤猕猴桃 ***Actinidia sabiaefolia*** Dunn in J. Linn. Soc. Bot. 38: 357. 1908. **Isotype:** China. Fujian: Nanping, Yanping, 1905-(04-06)-??, Dunn Exped. s. n. (=Hong Kong Herb. 2402) (A).

近粉绿叶猕猴桃 ***Actinidia subglaucifolia*** Metc. in Lingnan Sci. J. 11: 15. 1932. **Holotype:** China. Fujian: Shouning, 1926-08-12, Y. L. Keng 339 (A).

显脉猕猴桃 *Actinidia venosa* Rehd. in Sargent, Pl. Wils. 2: 383. 1915. **Holotype:** China. Sichuan:Wenchuan, alt. 1 830~2 440 m, 1908-10-??, E. H. Wilson 1029 (A).

柔毛猕猴桃 ***Actinidia venosa*** Rehd. f. pubescens H. L. Li in J. Arnold Arbor. 33: 42. 1952. **Holotype:** China. Sichuan: Huei-li (=Huili), alt. 2 700 m, 1932-09-09, T. T. Yu 1451 (A).

二列藤山柳 ***Clematoclethra disticha*** Hemsl. in Hook. Icon. Pl. 9: pl. 2808, in nota p. 2. 1906. **Isotype:** China. Sichuan: Emeishan, Emei Shan, 1904-06-??, E. H. Wilson 4763 (A).

绵毛藤山柳 *Clematoclethra lanosa* Rehd. in Sargent, Pl. Wils. 2: 388. 1915. **Holotype:** China. Hubei: Chang lo (= Zigui), alt. 1 220~1 830 m, 1907-06-??, E. H. Wilson 2014 (A).

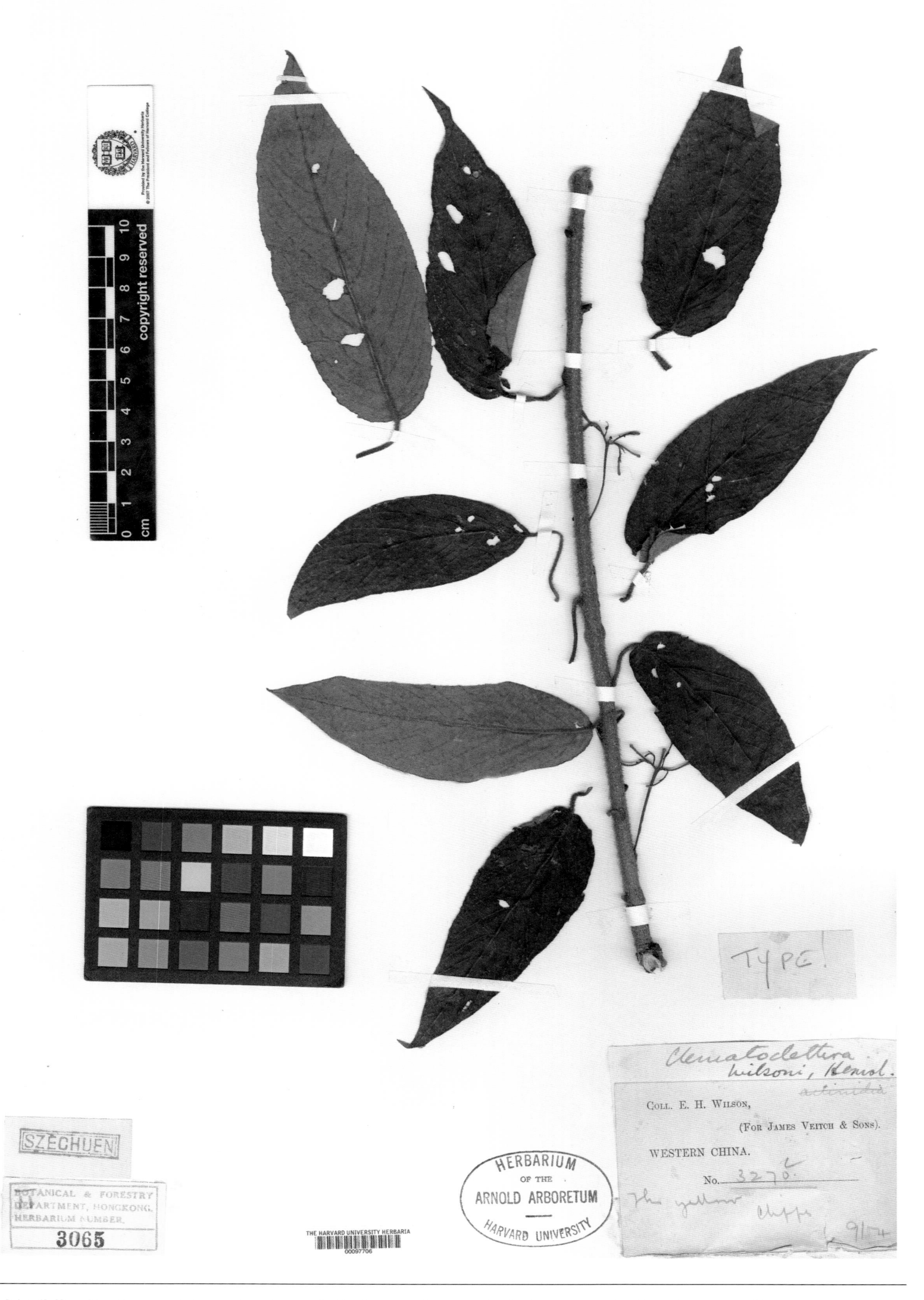

威尔逊藤山柳 ***Clematoclethra wilsoni*** Hemsl. Hook. Icon. Pl. 29:, pl. 2808, in nota p. 2. 1906. **Isotype:** China. Sichuan: Precise locality not known, 1904-09-??, E. H. Wilson 3270 (A).

红果水东哥 ***Saurauia erythrocarpa*** C. F. Liang & Y. S. Wang, Fl. Reip. Popul. Sin. 49(2): 292, 330, pl. 84: 2-3. 1984. **Isotype:** China. Yunnan: Precise locality not known, 1934-??-??, H. T. Tsai 57051 (A).

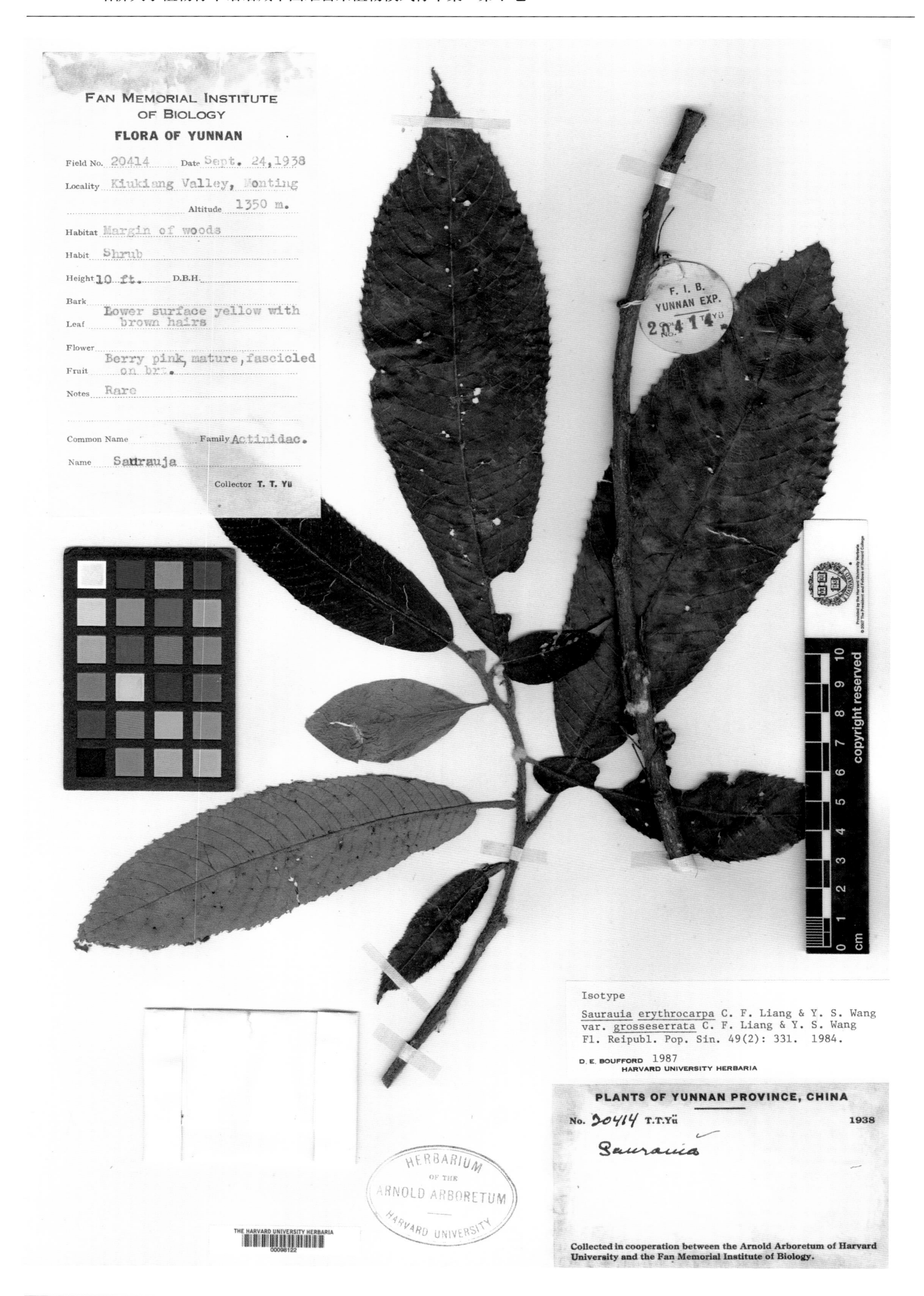

粗齿水东哥 ***Saurauia erythrocarpa*** C. F. Liang & Y. S. Wang var. ***grosseserrata*** C. F. Liang & Y. S. Wang, Fl. Reip. Popul. Sin. 49(2): 331. 1984. **Isotype:** China. Yunnan: Jinping, alt. 1 350 m, 1938-09-24, T. T. Yu 20414 (A).

硃毛水东哥 ***Saurauia miniata*** C. F. Liang & Y. S. Wang, Fl. Reip. Popul. Sin. 49(2): 329, pl. 82: 2-4. 1984, "minata"; S. Y. Jin, Cat. Type Specim. (Cormophyta) Herb. China 126. 1994. **Isoparatype**: China. Yunnan: Xichou, alt. 1 200 m, 1947-10-04, K. M. Feng 12154(A).

台湾水东哥 ***Saurauia oldhamii*** Hemsl. in J. Linn. Soc. Bot. 23: 79. 1886. **Isosyntype**: China. Taiwan: Taipei, Tamsui, 1864-??-??, R. Oldham 34 (GH).

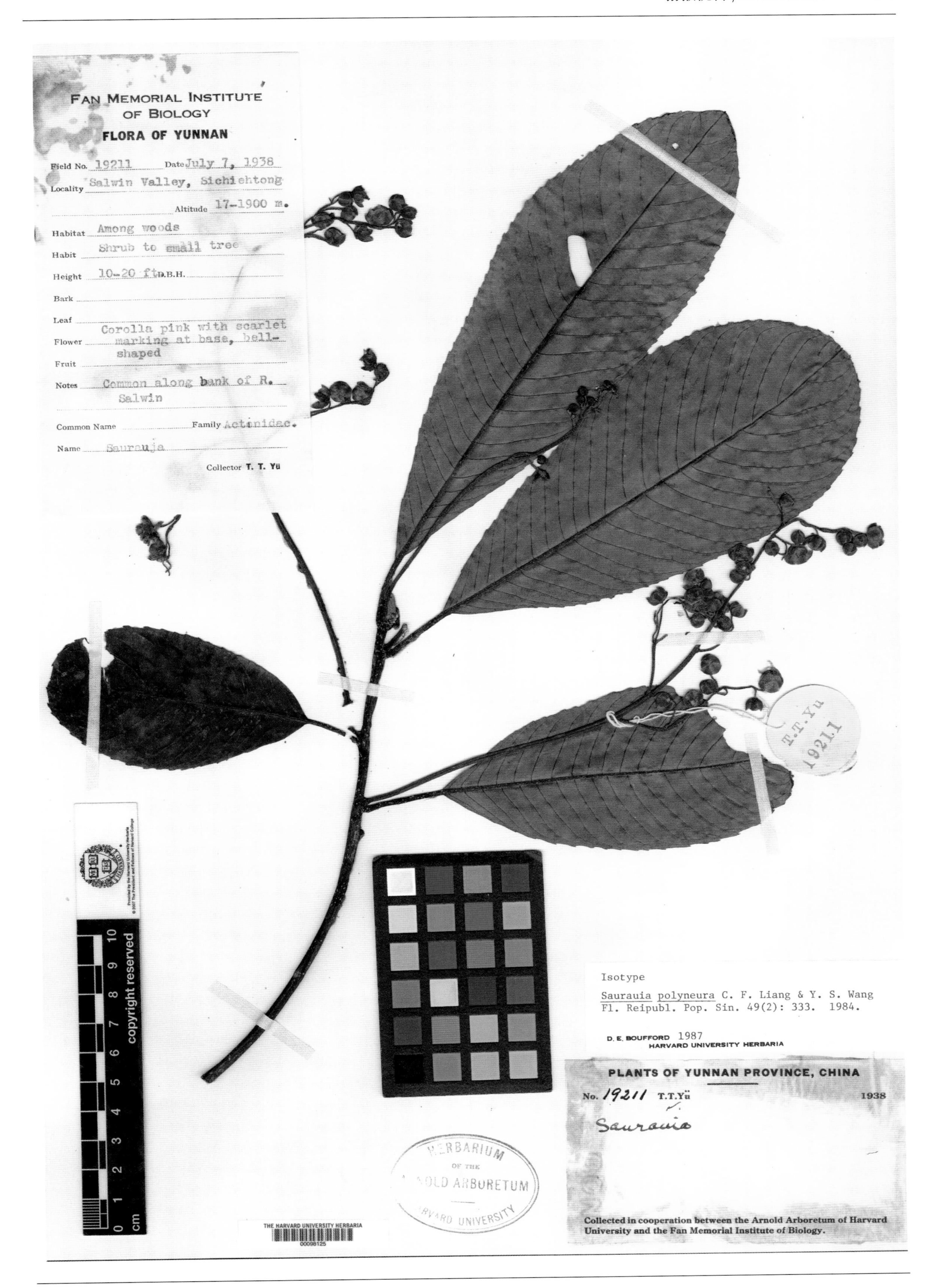

多脉水东哥 ***Saurauia polyneura*** C. F. Liang & Y. S. Wang, Fl. Reip. Popul. Sin. 49(2): 333, pl. 86: 1-6. 1984. **Isotype:** China. Yunnan: Gongshan, alt. 1 700~1 900 m, 1938-07-07, T. T. Yu 19211 (A).

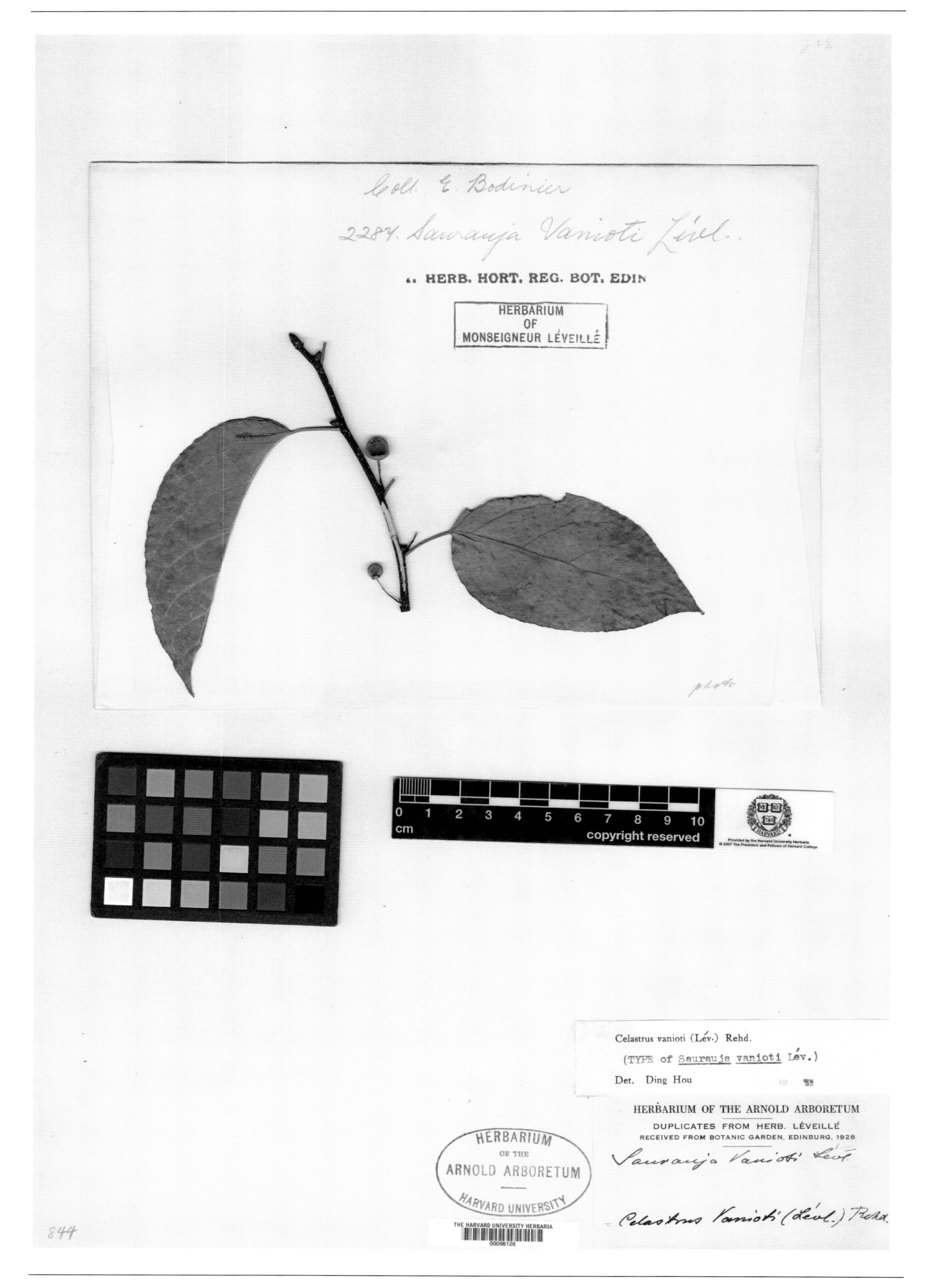

贵阳水东哥 ***Saurauia vanioti*** Lévl., Fl. Kouy-Tchéou 415. 1915. **Isotype:** China. Guizhou: Guiyang, 1898-05-??, E. Bodinier 2287 (A).

云南水东哥 ***Saurauia yunnanensis*** C. F. Liang & Y. S. Wang, Fl. Reip. Popul. Sin. 49(2): 334, pl. 87: 1-4. 1984. **Isoparatype**: China. Yunnan: Che-li (=Jinghong), alt. 900 m, 1936-09-??, C. W. Wang 78789 (A).

中名索引
Index to Chinese Names

N

P

Q

R

S

T

W

X

Y

Z

拉丁学名索引
Index to Scientific Names

A

F

G

H

I

K

L

M

P

R

S

T

U

V

X